矿区生态环境修复丛书

矿山酸性废水治理

罗　琳　张嘉超　罗　双　等 著
谢先德　杨　远　黄红丽

科　学　出　版　社
龙　门　书　局
北　京

内 容 简 介

在采选冶过程中，会产生大量含硫酸或硫酸盐的废水，同时溶有多种金属离子，从而形成矿山酸性废水，被普遍认为是矿业行业产生的主要重金属污染源。本书反映矿山酸性废水处理技术与研究方法的最新进展，介绍矿山酸性废水来源、形成和对环境的影响，当前矿山酸性废水的源头阻控和过程处理技术，铅锌矿流域重金属污染特征及潜在风险评价，污染流域微生物种群特征及驱动因子，改性材料及生物技术在矿山酸性废水治理中的应用及其形成的示范工程。

本书可供从事矿山生态环境修复相关领域工作的研究人员及技术工程师参考借鉴，亦可供环境、生态、矿业工程等相关专业的本科生、研究生阅读参考。

图书在版编目（CIP）数据

矿山酸性废水治理 / 罗琳等著.—北京:龙门书局，2021.4
（矿区生态环境修复丛书）
国家出版基金项目
ISBN 978-7-5088-5979-8

Ⅰ.① 矿⋯ Ⅱ.① 罗⋯ Ⅲ.① 矿山废水-酸性废水-废水处理 Ⅳ.① X703

中国版本图书馆 CIP 数据核字（2021）第 058052 号

责任编辑：李建峰 杨光华 刘 畅/责任校对：高 嵘
责任印制：彭 超/封面设计：苏 波

科 学 出 版 社 出版
龍 門 書 局
北京东黄城根北街 16 号
邮政编码：100717
http://www.sciencep.com
武汉精一佳印刷有限公司印刷
科学出版社发行 各地新华书店经销
＊
开本：787×1092 1/16
2021 年 4 月第 一 版 印张：15 3/4
2021 年 4 月第一次印刷 字数：385 000
定价：208.00 元
（如有印装质量问题，我社负责调换）

"矿区生态环境修复丛书"

编 委 会

顾问专家

　　傅伯杰　彭苏萍　邱冠周　张铁岗　王金南

　　袁　亮　武　强　顾大钊　王双明

主 编

　　干　勇　胡振琪　党　志

副主编

　　柴立元　周连碧　束文圣

编 委（按姓氏拼音排序）

　　陈永亨　冯春涛　侯恩科　侯浩波　黄占斌　李建中

　　李金天　林　海　刘　恢　卢桂宁　罗　琳　齐剑英

　　沈渭寿　汪云甲　夏金兰　谢水波　薛生国　杨胜香

　　杨志辉　余振国　赵廷宁　周　旻　周爱国　周建伟

秘 书

　　杨光华

《矿山酸性废水治理》撰著组

罗　琳　　张嘉超　　罗　双

谢先德　　杨　远　　黄红丽

周耀渝　　曹林英　　颜丙花

张立华

"矿区生态环境修复丛书"序

　　我国是矿产大国，矿产资源丰富，已探明的矿产资源总量约占世界的12%，仅次于美国和俄罗斯，居世界第三位。新中国成立尤其是改革开放以后，经济的发展使得国内矿山资源开发技术和开发需求上升，从而加快了矿山的开发速度。由于我国矿产资源开发利用总体上还比较传统粗放，土地损毁、生态破坏、环境问题仍然十分突出，矿山开采造成的生态破坏和环境污染点多、量大、面广。截至2017年底，全国矿产资源开发占用土地面积约362万公顷，有色金属矿区周边土壤和水中镉、砷、铅、汞等污染较为严重，严重影响国家粮食安全、食品安全、生态安全与人体健康。党的十八大、十九大高度重视生态文明建设，矿业产业作为国民经济的重要支柱性产业，矿产资源的合理开发与矿业转型发展成为生态文明建设的重要领域，建设绿色矿山、发展绿色矿业是加快推进矿业领域生态文明建设的重大举措和必然要求，是党中央、国务院做出的重大决策部署。习近平总书记多次对矿产开发做出重要批示，强调"坚持生态保护第一，充分尊重群众意愿"，全面落实科学发展观，做好矿产开发与生态保护工作。为了积极响应习总书记号召，更好地保护矿区环境，我国加快了矿山生态修复，并取得了较为显著的成效。截至2017年底，我国用于矿山地质环境治理的资金超过1 000亿元，累计完成治理恢复土地面积约92万公顷，治理率约为28.75%。

　　我国矿区生态环境修复研究虽然起步较晚，但是近年来发展迅速，已经取得了许多理论创新和技术突破。特别是在近几年，修复理论、修复技术、修复实践都取得了很多重要的成果，在国际上产生了重要的影响力。目前，国内在矿区生态环境修复研究领域尚缺乏全面、系统反映学科研究全貌的理论、技术与实践科研成果的系列化著作。如能及时将该领域所取得的创新性科研成果进行系统性整理和出版，将对推进我国矿区生态环境修复的跨越式发展起到极大的促进作用，并对矿区生态修复学科的建立与发展起到十分重要的作用。矿区生态环境修复属于交叉学科，涉及管理、采矿、冶金、地质、测绘、土地、规划、水资源、环境、生态等多个领域，要做好我国矿区生态环境的修复工作离不开多学科专家的共同参与。基于此，"矿区生态环境修复丛书"汇聚了国内从事矿区生态环境修复工作的各个学科的众多专家，在编委会的统一组织和规划下，将我国矿区生态环境修复中的基础性和共性问题、法规与监管、基础原理/理论、监测与评价、规划、金属矿冶区/能源矿山/非金属矿区/砂石矿废弃地修复技术、典型实践案例等已取得的理论创新性成果和技术突破进行系统整理，综合反映了该领域的研究内容，系统化、专业化、整体性较强，本套丛书将是该领域的第一套丛书，也是该领域科学前沿和国家级科研项目成果的展示平台。

　　本套丛书通过科技出版与传播的实际行动来践行党的十九大报告"绿水青山就是金山银山"的理念和"节约资源和保护环境"的基本国策，其出版将具有非常重要的政治意义、理论和技术创新价值及社会价值。希望通过本套丛书的出版能够为我国矿区生态环境修复事业发挥积极的促进作用,吸引更多的人才投身到矿区修复事业中,为加快矿区受损生态环境的修复工作提供科技支撑,为我国矿区生态环境修复理论与技术在国际上全面实现领先奠定基础。

干 勇 胡振琪 党 志
柴立元 周连碧 束文圣
2020 年 4 月

序

十八大以来，党中央高度重视和大力推进生态文明建设，把生态文明建设纳入中国特色社会主义事业五位一体总体布局，明确提出大力推进生态文明建设，努力建设美丽中国，实现中华民族永续发展。习近平总书记在十九大报告中指出，加快生态文明体制改革，建设美丽中国要推进绿色发展、着力解决突出环境问题、加大生态系统保护力度，树立和践行"绿水青山就是金山银山"的理念。

我国水体重金属污染形势仍然严峻，极大地影响了我国水资源安全利用战略实施。有色金属工业是重金属污染排放重点行业之一，金属矿山开采、选矿废水排放及尾矿坝渗漏水造成大量的含重金属地表径流向周边环境扩散，无序排放与难以拦截控制造成了长期的重金属面源污染，严重威胁周边水环境质量、生态环境、农业生产及人民群众健康安全。重金属冶炼工业不仅是典型的高耗水大户、水资源利用率低，亦是环境重金属污染的重要来源。目前，有色金属行业已被列入我国水污染防治行动计划中重点整治的十大重点行业之一。有效推进有色采选冶区域重金属废水污染防控，实现水资源的高效利用是保障当前我国水安全创新工程可持续实施的关键。而矿山酸性废水呈现水量大、酸度高、污染成分复杂、重金属含量高、多价态铁锰硫含量高、排放点分散和难以控制等特点，是重金属污染治理中的难点和重点。

十多年来，湖南农业大学罗琳教授及其研究团队通过环境微生物学、环境工程学、冶金工程学、材料学、化学、流体力学、生态学、植物学和工程学等多学科交叉融合，聚焦新型功能矿物材料和微生物技术研发，对矿山酸性废水及其治理开展了较系统的研究。通过对矿区流域矿山酸性废水污染特征及风险评估，分析了流域源头微生物群落结构及多样性分析，筛选出本土功能微生物；针对重金属酸性废水的治理开发了一系列具有优良吸附性能的改性矿物材料，通过功能微生物对铁、锰、硫等离子价态的定向调控、絮凝和沉淀，以及功能材料对其的固定化和功能耦合强化，实现了矿山酸性废水中多重金属的低能耗高效去除，构建了物化预处理—铁锰氧化菌中间处理—硫酸盐还原菌生物滤池被动式低能耗深度处理矿山酸性废水的技术体系，为金属矿山酸性废水的处理开辟了新思路。

《矿山酸性废水治理》是一本利用功能材料与微生物耦合处理矿山酸性废水的专著。书中介绍了矿区流域重金属污染评价及其与微生物群落的关系，改性材料制备及其在重金属废水处置中的应用，砷氧化功能菌、铁锰氧化菌及硫酸盐还原菌在矿山酸性废水治理中的应用，及其形成的典型尾矿渗滤液及地表径流的废水处理示范工程。该书所介绍的技术可应用于煤矿矿涌水、金属矿山露采采空面的酸性地表径流、尾矿渗漏水、废石堆与废渣渗漏液的处理及含重金属废水、地表水、地下水的深度处理。相信该书的出版，对矿山酸性废水治理具有重要的学术和应用借鉴意义。

2020 年 6 月 30 日

前　言

重金属污染防治是当前我国水资源安全利用战略实施的重要支撑。矿山开采与金属冶炼是流域矿山酸性废水污染的重要来源。废石堆、废渣堆渗滤液及采空面径流中的重金属随着地表径流进入河流，在流域范围内迁移转化。经过多年的治理与修复，矿山酸性废水污染问题得到有效遏制，但仍然是我国最主要的重金属污染源之一，仍在持续污染和威胁着流域的工农业生产、人民群众健康和生态环境质量。而我国矿山地质复杂、地区差异性大，面源污染时空变异性强，难管控，矿山酸性废水的治理成为重金属污染防治中重要的研究课题。

本书是在总结课题组多年研究成果的基础上撰写而成的，书中介绍的研究成果是在课题组张嘉超、罗双、谢先德、杨远、周耀渝、黄红丽、曹林英、颜丙花、张立华等老师及其所指导毛启明、魏东宁、侯冬梅、李慧、彭清辉等博士研究生，张琪、周睿、王芳、孟成奇、张凤凤、毛石花、任力恒等硕士研究生大力支持和共同努力下完成的，他们的科学实验、学术论文及共同发表的科研论文是本书写作的基础。全书共计 7 章，第 1 章介绍矿山酸性废水来源、形成及对环境的影响，部分参考了英文专著 *Treatise on geochemistry* 中有关矿山酸性废水的内容；第 2 章介绍当前矿山酸性废水的处理技术，包括源头控制技术、主动式处理技术、被动式处理技术等；第 3 章介绍铅锌矿流域重金属污染特征及潜在风险评价；第 4 章介绍污染流域微生物种群特征及驱动因子；第 5 章介绍改性材料在重金属酸性废水处置中的应用；第 6 章介绍生物技术在矿山酸性废水治理中的应用；第 7 章介绍尾矿渗滤液及地表径流废水处理工程案例。

本书所介绍的工作得到了国家重点研发计划项目"重金属废水深度处理与安全利用技术集成示范及转化模式"（2016YFC0403000）、湖南省重点研发计划项目"稻田重金属污染修复的新型硅肥技术引进创新与示范"（2019KW2031）、"入河水体重金属污染阻控与锑微污染深度净化关键技术"（2019SK2281）、"湘江流域重金属矿山酸性废水的耐受微生物种群的筛选及其生物固定化处理技术"（2015WK3016），湖南省国际科技创新合作基地建设计划项目"湖南农业典型污染生态修复与湿地保护国际科技合作基地"（2018WK4007）及湖南农业大学"双一流"建设项目的资助。在项目执行过程中，得到了中南大学、湖南省环境保护科学研究院、永清环保股份有限公司、赛恩斯环保股份有限公司的支持和协助，特此感谢！

在写作过程中查阅了众多相关文献及著作，在此向所有参考文献的原作者致谢。

感谢邱冠周院士为本书作序。

由于水平有限，书中难免存在疏漏和不足之处，敬请读者和同行批评指正。

罗　琳

2020 年 6 月 28 日于长沙

目　　录

第 1 章　绪　　论

矿山酸性废水是矿井内的天然溶滤水、选矿废水、选矿废渣堤堰的溢流水及矿渣堆场的渗滤液等的总称。矿山酸性废水主要是由还原性的硫化物矿物在开采、运输、选矿及废石排放和尾矿储存等过程中经空气、降水和微生物的氧化作用形成的。矿山酸性废水 pH 较低，含高浓度的硫酸盐和可溶性的重金属离子，主要通过冶炼废水、矿山废水排放，污染物组分多，且逐步呈现多重金属、重金属-有机物等多元复合污染形式，不仅直接影响地表水体的水质安全，而且重金属废水污染累积会侵入周边区域，以持续性、无序性、发散性等面源污染模式侵蚀、渗入周边土壤及地下水体，对生态环境产生极大的威胁。

1.1　矿山酸性废水的来源

1.1.1　地下采矿

地下采矿过程中形成的地下水、废水和地表水渗漏等都是地下采矿形成矿山酸性废水的源头。在含有硫化物矿物的矿井中，含硫矿物经氧化、分解并溶出在矿井水中，是地下采矿活动形成酸性水的重要来源。尤其在矿井的巷道中，大量地下水渗入和良好的通风条件为硫化物矿物的氧化、分解提供了有利的环境，促使含硫矿物形成矿山酸性废水。

1.1.2　露天矿坑

露天采矿形成裸露于空气中的围岩，岩石中含有硫化物矿物和其他重金属使露天矿坑成为采矿期间和采矿后的酸性物质的重要排放源。裸露的岩体暴露在空气中，其中含硫化物被氧化后易导致酸性物质和硫酸盐、金属溶出及其他微量元素的大量释放（Amos et al.，2009；Davis et al.，1989）。硫化物矿物的裸露表面积和开采时间决定了硫化物氧化的程度。地下水位较高的露天矿坑需要使用抽水或排水技术对采掘坑内及其周围进行排水。另外，许多开采过程中产生的含硫化物的废石、尾矿和其他材料回填矿坑，可能已经被大量氧化，也可能产生低浓度的矿山酸性废水。露天矿开采期间及开采后形成酸性废水示意图见图 1.1。

闭矿之后，矿井和矿坑会停止向外排水，但是降雨和地表、地下径流的水体流入会导致矿坑内大量积水，积水深度取决于当地的水文和地质条件，可以根据废水主成分分析、矿坑内水量平衡来预测矿坑水量、水质变化。Levy 等（1997）估算了加利福尼亚州

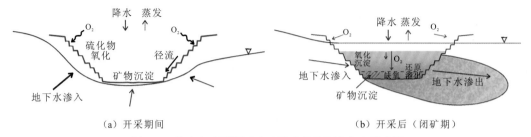

（a）开采期间　　　　　　　　　　　（b）开采后（闭矿期）

图 1.1　露天矿开采期间及开采后形成酸性废水示意图

一个矿坑的水量平衡，废水主要来源依次为地表径流、降水、地下水渗入，矿坑内废水主要排出途径依次为直接蒸发、地下水外渗，大约两年时间能够使坑内填满水，之后地表水会开始流出，地下水和地表水流出量逐渐增加。相比之下，位于蒙大拿州的一个矿坑填满时间超过 30 年甚至更长时间，导致矿坑壁上硫化矿长时间暴露在氧化环境下，形成次生矿物的积累，这些次生矿物在降雨和地表径流作用下能够溶出进入矿坑积水中。由于氧在水中的溶解度较低，硫化物矿物进入矿坑水中，沉积在矿坑积水底部的硫化矿氧化进一步受限，但是矿坑表面的硫化物矿物将继续氧化。但是在坑内的水淹地带，以 Fe(III) 为电子受体的硫化物矿物的氧化仍会继续进行（Gammons et al.，2006）。矿坑水的化学成分取决于许多因素，包括矿坑壁和周围矿体材料的硫化物被氧化的时间及当地水文条件。有些矿坑形成的湖泊水体 pH 接近中性，其中溶解的金属成分浓度低。然而，大部分矿坑水是呈酸性的，含有较高浓度的金属，可能污染地表水和河道，损害动植物，危害人体健康。Miller 等（1996）和 Shevenell 等（1999）比较了美国西部几个矿坑的水化学性质，发现硫化物含量较高、碳酸盐含量低的矿坑的矿山酸性废水中含有高浓度的（重）金属，而在碳酸盐含量较高的岩体中形成的矿山废水 pH 呈中性，溶解性重金属浓度低，但是砷、硒和汞等元素浓度较高。

1.1.3　废石堆

在采矿过程中，通常会将矿石分成高品位的矿石和低品位的矿石，高品位的矿石将进入选矿过程，而低品位的矿石将直接被堆放在废石场，形成废石堆。一般矿区的废石堆通常可高达 30～100 m，面积达几平方千米甚至更大。废矿石一般用连续传带机或者从废石场顶部倒入，致使废石场中废石形成按颗粒大小分布的特征。废石堆场地水文变化特征与矿山酸性废水形成有密切关联。部分废石堆直接在场地堆放，没有做防渗处理，导致废石堆内孔隙水可能与地下水进行交换。在空气欠饱和流动条件下，一个面积为 25 hm^2 废石堆预计需要 5 年甚至更长时间才能在底部形成水流。大多数废石堆中氧气浓度限制了硫化物矿物的氧化速率和程度，废矿石中最初的氧气逐渐被消耗，并通过扩散、平流、对流和气压差 4 种方式与堆体表面进行气体交换得到逐渐补充，氧的扩散速率与废石堆的扩散系数成正比。虽然废石堆中空气扩散系数很高，但是低含水率导致了与空气（氧）的扩散传输速度非常缓慢，限制了硫化物氧化的速率。然而废石堆与大气之间的气压差促进了氧气的对流传输，在扩散输送机制下，风能驱动氧气运输到废石堆更深处（Amos et al.，2009）。黄铁矿的氧化过程是放热过程，废石堆在剧烈氧化过程中产生高温会导致热的积累，温度将超过 60 ℃，升温过程能促使大气中的氧气以对流形式输送到废石堆的深部（Ritchie et al.，2003），将加速废石堆中硫化物矿物的氧化速率（Cathles，1979）。靠近废石堆边缘处的氧化将加快，加剧污染物的短期释放，缩短硫化物氧化的持续时间。在废石堆表面、边缘处的温度相对一致，然而氧气浓度从边缘处的 20.9%到距表面 10 m 深处下降到仅 1%左右，气体的对流运输可将富氧的空气从边缘输送到距表面大约 150 m 深处，氧气在该区域的对流迁移，加速废石堆边缘处的硫化物氧化速率，硫化矿的氧化导致了金属的溶出，在水的作用下形成矿山酸性废水。通过模型估算，一个废石堆中的黄铁矿 150 年左右才能被氧化 2%。废石堆产生酸性废水示意图见图 1.2。

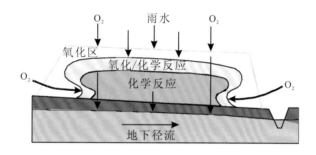

图 1.2 废石堆产生酸性废水示意图

1.1.4 尾矿库

尾矿是选矿后产生的无法用于生产的残渣，尾矿的粒度大小取决于矿石的性质和选矿过程。尾矿材料主要是淤泥，细到中等的砂，一般黏土含量少于 10%。含 30%（质量分数）固体颗粒的浆料通过机械输送形式排入尾矿库的蓄水池。沉积方法会影响尾矿颗粒在尾矿库中的分布，大颗粒沉降在堆放点附近，细颗粒的尾矿沉积在尾矿库远端（Al et al.，1996）。大多数有色金属采矿作业形成的尾矿无法使用冶金技术直接加工。

尾矿库的运行过程中，蓄水量不断增加，地下水位维持在蓄水池附近。当尾矿库停止运行后，地下水位下降到由降水速率、蒸散速率、尾矿和下垫料的水力特性控制的平衡位置（Blowes et al.，1990；Dubrovsky et al.，1984）。尾矿的细粒度使得这些尾矿渣具有较高的含水率，常规尾矿库含水率从 10%到饱和不等。矿井尾矿排水缓慢，在重力排水下保持较大的残余含水率（Al et al.，1994）。尾矿渣中高含水率导致了孔隙中空气含量降低，将会使得硫化过程能够快速响应由降水等过程引起的水力梯度变化，使得硫化过程随水位变化而变化（Al et al.，1996；Blowes et al.，1988）。

尾矿库的表面积从不足 10 hm² 到几平方千米不等，高度从几米到超过 50 m 不等。尾矿库面积较大，地表降水通过尾矿库向下纵向移动，进入下垫面，而地下水流速相对较低，导致地下水入渗时间与地下水向含水层或地表水环境排放时间间隔增大（Johnson et al.，2000）。Coggans 等（1998）估计加拿大某铜矿的地下水垂直速率为 0.2～1.0 m/a，而水平速率为 10～15 m/a。Johnson 等（2000）估计某镍尾矿库的地下水垂直速率为 0.1～0.5 m/a，水平速率为 1～16 m/a。因此与尾矿库相关的环境问题可能要经长时间后才会显现。尾矿中污染物长距离的迁移和地下迁移较慢，不仅可能导致尾矿库中污染物的长期释放，而且也会造成长期处理费用较高。一个尾矿库硫化物的氧化产物可能在闭坑 50 年后达到高峰期，但会持续 400 年左右不断地释放高浓度的酸性废水和重金属（Coggans et al.，1998）。

在大多数尾矿库中，气体扩散是氧气传输最重要的机制。氧的扩散速率取决于尾矿成分的浓度梯度和扩散系数，尾矿扩散系数又与尾矿充填孔隙度密切相关，并且随孔隙率的升高而升高，而随含水率的升高而降低，当含水率升高并超过 70%时，扩散系数下降更快（Reardon et al.，1985）。含水率与扩散系数的相互关系导致尾矿库下渗层的浅层含水率较低，氧气扩散迅速，可补充硫化物矿物氧化所消耗的氧气。随着尾矿浅层硫化物矿物的耗尽，因深层尾矿含水率较高、扩散距离变长，硫化物氧化速率降低。Jambor（1994）报道了在几个尾矿库中观察到的硫化物-矿物反应顺序，从易到难为黄铁矿黑云母、黄铁矿-砷银矿、黄铜矿、磁铁矿。Blowes 等（1990）观察到在加拿大某尾矿库中硫化物-矿物蚀变与尾矿深度相关，其中黄铁矿是最易蚀变的硫化物矿物。

尾矿中微生物也参与硫化物矿物的氧化过程和酸性废水的产生，能溶出高浓度重金属。加拿大 Heath-Steele 铜矿的尾矿含有 85%硫化物矿物（Boorman，1976），尾矿库浅层孔隙水 pH 低至 1.0，溶解的 SO_4^{2-} 浓度高达 85 000 mg/L，并含有 48 000 mg/L Fe、3 690 mg/L Zn、70 mg/L Cu 和 10 mg/L Pb 等重金属（Blowes et al.，1991）。加拿大魁北克省西北部 Waite Amulet 尾矿库浅层孔隙水 pH 从 2.5 到 3.5 不等，含有 21 000 mg/L SO_4^{2-}、9.5 mg/L Fe、490 mg/L Zn、140 mg/L Cu 和 80 mg/L Pb（Blowes et al.，1990）。在瑞典北部 Laver 铜矿山浅层地下水含有高浓度的溶解性 Zn（48 mg/L）、Cu（30 mg/L）、Ni（2.8 mg/L）、Co（1.5 mg/L）（Holmström et al.，1999）。这些高浓度金属酸性水一般产生于尾矿库的最浅部分，当这些废水通过尾矿或相邻含水层向下渗时，许多金属通过沉淀、共沉淀或吸附反应可从水中去除，使 pH 逐渐上升。然而，高浓度的 Fe^{2+} 和 SO_4^{2-} 不易被沉淀，通过尾矿和含水层沉积物向下移动并随地下水排出时，亚铁被氧化后以铁的氢氧化物和硫酸铁矿物的形式沉淀，并释放 H^+，在地表水中形成酸性条件。因此，Fe(II)沿地下水流动途径为酸性物质长距离输送到地表水流系统提供了载体（Moncur et al.，2005；Johnson et al.，2000）。

1.2 矿山酸性废水的形成

1.2.1 铁矿氧化

黄铁矿是地壳中最丰富的硫化物矿物，通常存在于火成岩、变质岩、沉积岩中。黄铁矿氧化和矿山酸性废水形成有非常重要的关系，黄铁矿的氧化能力和氧化动力学与 O_2、Fe^{3+}、温度、pH、氧化还原电位（Eh）和微生物等影响因素相关，在环境修复和浮选矿物分离中占据非常重要的地位。当矿物表面暴露于含氧化剂的水中，或者含氧水时，可能发生黄铁矿的氧化，这个过程取决于其中的氧化剂，主要涉及化学、生物和电化学等复杂反应过程。黄铁矿的化学氧化包括与溶解的 O_2、Fe^{3+} 和其他矿物催化剂（例如 MnO_2）界面上的相互作用（Darrell，1982）：

$$FeS_2 + 7/2\ O_2 + H_2O \longrightarrow Fe^{2+} + 2\,SO_4^{2-} + 2H^+ \tag{1.1}$$

由此释放的 Fe^{2+} 可被氧化成 Fe^{3+}：

$$Fe^{2+} + 1/4\ O_2 + H^+ \longrightarrow Fe^{3+} + 1/2\ H_2O \tag{1.2}$$

Fe^{3+} 的羟基氧化物如水铁矿（$5Fe_2O_3 \cdot 9H_2O$）可能会沉淀：

$$Fe^{3+} + 3H_2O \longrightarrow Fe(OH)_3 + 3H^+ \tag{1.3}$$

其中 $Fe(OH)_3$ 是水铁矿的替代物，三个反应式可以合成一个总反应式：

$$FeS_2 + 15/4\ O_2(aq) + 7/2\ H_2O(aq) \longrightarrow 2\,SO_4^{2-} + Fe(OH)_3(s) + 4H^+(aq) \tag{1.4}$$

在该总反应式中 1 mol 黄铁矿氧化释放 4 mol H^+。

最初黄铁矿氧化过程是黄铁矿表面吸附的 O_2、水和 Fe^{2+} 结合，造成矿物表面部分酸化（Fornasiero et al.，1994）。由于 pH 的不同，各种不同的硫化物和羟基铁氧化物的中间产物可在黄铁矿表面上形成。根据 Todd 等（2003）的报道，在酸性条件下（pH<4）的含氧水中，Fe^{3+} 的羟基硫酸盐是黄铁矿的主要氧化产物。随着 pH 上升，还会生成 Fe^{3+} 的羟基氢氧化物，并且在碱性条件下，黄铁矿表面主要以针铁矿（α-FeOOH）为主。Singer 等（1970）认为，在酸性条件下，黄铁矿的主要氧化剂是 Fe^{3+}，同时 SO_4^{2-}、Cl^- 等阴离子和溶解氧能够影响 Fe^{3+} 氧化黄铁矿，当 Fe^{3+} 和溶解氧存在时明显加快黄铁矿的氧化。而在中性 pH 下 Fe^{3+} 的溶解度降低，O_2 成为主要的氧化剂。在中性 pH 下的硫铁矿也能被 Fe^{3+} 氧化，但是如果没有溶解氧使 Fe^{3+} 继续氧化，则反应不能持续。在近中性条件下，O_2 作为氧化剂时，生成的硫酸盐中一个 O 原子来自溶解的 O_2，其余来自 H_2O。而在酸性条件下，硫酸盐中的所有 O 原子都来自 H_2O（Reedy et al.，1991）。尽管 Fe^{3+} 和 O_2 都能与矿物表面发生化学结合，但与 O_2 相比，Fe^{3+} 的氧化速率更快，这是由于 Fe^{3+} 的电子转移效率更高（Luther III，1987）。

Rimstidt 等（2003）和 Williamson 等（1994）根据黄铁矿与溶解的 O_2 反应的速率数据，得出了氧化速率定律适用于 4 个数量级 O_2 浓度且 pH 为 2～10 的条件：

$$R = 10^{-8.19(\pm 0.04)} \frac{m_{DO}^{0.5(\pm 0.04)}}{m_{H^+}^{0.11(\pm 0.01)}} \tag{1.5}$$

式中：R 为黄铁矿溶解速率，$mol/(m^2 \cdot s)$；m_{DO} 为溶解氧质量；m_{H^+} 为 H^+ 质量。

现已有众多经验速率定律用以描述黄铁矿氧化，样品前处理、比表面积、黄铁矿的类型（如低温、高温、球状或块状）及矿物或溶液中的杂质等因素都会影响黄铁矿的氧化。当 pH 为 6～8 时，无论溶解氧还是 Fe^{3+} 作为氧化剂，黄铁矿氧化的活化能可以从 50 kJ/mol（pH 为 2～4）上升至 92 kJ/mol（pH 为 6～8）（Nicholson，1994；Wiersma et al., 1984)。Casey 等（1992）认为，氢离子的吸附/解吸反应可以为硅酸盐矿物的溶解反应的活化能贡献高达 50 kJ/mol，因此，氢离子活度或 pH 在硫化物矿物氧化的活化能中可能起重要作用，高活化能表明黄铁矿氧化中的限速步骤与黄铁矿表面的电子转移有关。

通过电化学技术可研究黄铁矿氧化和还原的动力学，在矿物-溶液界面发生的电化学反应主导了矿物的溶出速率（Holmes et al.，2000；Williamson et al.，1994；Mckibben et al.，1986）。Rimstidt 等（2003）所总结的电化学反应步骤是：①阴极反应将电子从黄铁矿表面转移到含水氧化剂物质；②电子从阳极转移到阴极；③阳极反应涉及 H_2O 与 S 原子相互作用形成硫氧基化合物。黄铁矿的反应可能受到矿物成分中微量元素变化的影响，因为微量元素具有半导体性质（Rimstidt et al.，2003）。比如，黄铁矿中含金（Au）、锑（Sb）、钴（Co）和镍（Ni）等可变价的金属元素及可变价的砷（As）和硫（S）将影响黄铁矿的电化学性质及其活性（Abraitis et al.，2004）。在中性 pH 下形成 Fe(III)羟基氧化物界面可阻碍反应物向黄铁矿表面的氧传输，从而降低了黄铁矿氧化速率。根据 Huminicki 等（2009）和 Rimstidt 等（2003）的研究，Fe(III)羟基氧化物分两个阶段生长，Fe 羟基氧化物胶体的形成及在黄铁矿表面的附着，Fe 羟基氧化物沉淀在胶体颗粒之间的间隙，两个阶段都能限制氧化剂向黄铁矿表面的传输。

1.2.2 磁黄铁矿氧化

磁黄铁矿是另一种常见的硫铁矿物，但有关磁黄铁矿氧化的研究较少。磁黄铁矿是六面体结构无序堆积形式（类似于 NiAs 型结构），其中 $Fe_{1-x}S$ 中的 x 可以从 0.125（Fe_7S_8）变化到 0（FeS），六面体结构内部的 Fe 空位可以被 Fe^{3+} 或类似的结构填充（Vaughan，1978）。真空条件下对刚破碎的磁黄铁矿表面的分析表明磁黄铁矿表面有 Fe^{3+} 与 S 相互作用（Pratt et al.，1994）。磁黄铁矿结构中 Fe 的不足可导致磁黄铁矿矿物结构从单斜晶（Fe_7S_8）到六方晶形（$Fe_{11}S_{12}$）变化，并影响氧化行为。Orlova 等（1988）对比了单斜晶和六方晶形黄铁矿的氧化反应速率，表明六方晶形氧化反应性更强。

磁黄铁矿氧化的活化能依赖于 pH：pH 为 2～4 时，活化能为 52～58 kJ/mol；中性条件（pH 6～7）下，活化能迅速增加到 100 kJ/mol。这些活化能与 pH 关系类似于黄铁矿的活化能变化。Orlova 等（1988）观察到单斜晶和六方晶形的活化能为 46～50 kJ/mol，六方晶形结构有较低的活化能。然而，Janzen 等（2000）研究并未发现活化能和晶体结构之间的关系。

磁黄铁矿分解可以通过氧化或非氧化反应进行，氧化分解速率为非氧化分解的 10^{-3} 倍（Thomas et al.，1998）。溶解氧和 Fe^{3+} 可以是磁黄铁矿的重要氧化剂。当氧气作为主要氧化剂时，整体反应可写为

$$Fe_{1-x}S + (2-0.5x)O_2 + xH_2O \longrightarrow (1-x)Fe^{2+} + SO_4^{2-} + 2xH^+ \qquad (1.6)$$

氢离子的产生与矿物化学组成有关。其中 1 mol Fe 缺失形式（$x=0.125$）的氧化可产生 0.25 mol 的氢，而单硫铁矿（$x=0$）则不会产生氢。氢离子也可通过溶解性铁的氧化过程产生，从而生成氢氧化铁的沉淀：

$$Fe^{2+}+0.25O_2+2.5H_2O \longrightarrow Fe(OH)_3(s)+2H^+ \qquad (1.7)$$

在其他情况下，氧化反应难以进行。只有当一部分硫转化为硫酸盐后，能够发生部分氧化，其余硫在矿物表面以还原性的硫（多硫化物和单质硫）累积（Janzen et al., 2000）：

$$Fe_{1-x}S(s)+\left(\frac{1-x}{2}\right)O_2+2(1-x)H^+ \longrightarrow (1-x)Fe^{2+}+S_x^{n<0}+(1-x)H_2O \qquad (1.8)$$

在 25 ℃和标准氧浓度下，磁黄铁矿氧化速率比黄铁矿快 20～100 倍。在磁黄铁矿颗粒的氧化过程中，Fe 扩散到暴露的表面，内部形成含有二硫化物和多硫化物的富含硫区域（Mycroft et al., 1995）。

当 S^2 暴露在矿物表面时，磁黄铁矿在酸性水体中能够通过非氧化形式分解：

$$FeS+2H^+ \longrightarrow Fe^{2+}+H_2S \qquad (1.9)$$

Jones 等（1992）发现磁黄铁矿的表面富硫区域能够在缺氧的酸性水体中发生反应，主要生成了一个非连续的矿物层，该结构中 Fe_2S_3 在四方体中间。Janzen 等（2000）研究表明在无氧的酸性水环境中，磁黄铁矿中的 Fe^{2+} 溶出速率明显加快。Fe^{2+} 浓度随时间线性升高，但硫酸盐质量或浓度仍保持不变，硫仍以还原状态（S^{2-}）从磁黄铁矿中溶出。Thomas 等（2001，1998）提出了两种不同来源途径的雌黄铁矿的分解机制：①铁从矿物表面溶出后，没有额外的电子释放；②电荷在表面累积到临界值后，以 HS 形式释放负电荷，将多硫化物还原成硫化物，该过程的重要特征是 Fe^{2+} 和 HS^- 之间电荷释放延迟。

1.2.3　含砷矿物氧化

砷黄铁矿（FeAsS）的氧化反应能够同时释放出 S 和 As。Buckley 等（1988）研究了在碱性和酸性水环境中砷黄铁矿的氧化反应。在空气中矿物能迅速发生氧化，矿物中 As 能够氧化成 As(III)，其氧化速率比同一表面上 Fe 的氧化更快，在这一过程中，仅少量的硫发生氧化反应。在酸性条件下，矿物形成富硫表面。Nesbitt 等（1995）对含氧水环境中砷黄铁矿的氧化进行了详细研究，在矿物表面观察到 As 和 S 存在多种氧化态。在与空气中水反应后，Fe(III)-羟基氧化物是表面形成的主要含铁矿物层，同时表层还有丰富的 As(V)、As(III) 和 As(I) 与 As(-I) 化合物，在矿物表面上也有少量的硫酸盐。与 S 相比，As 更容易被氧化，As(-I) 和 Fe(II) 有相近的氧化速率，As 持续向表面扩散从而产生大量的 As(III) 和 As(V)，促进亚砷酸盐和砷酸盐的选择性快速浸出。Walker 等（2006）认为亚砷酸盐占砷总释放量的 60%，其余砷化合物是由砷硫摩尔比为 1∶1 的砷酸盐构成的，表明它们分解过程类似。砷酸盐氧化反应包括以下反应，产生等量的 $H_2AsO_2^-$ 和 $HAsO_4^-$：

$$4FeAsS+11O_2+6H_2O \longrightarrow 4Fe^{2+}+4H_3AsO_3+4SO_4^{2-} \qquad (1.10)$$

$$2H_3AsO_3+O_2 =\!=\!= 2HAsO_4^{2-}+4H^+ \qquad (1.11)$$

$$2H_3AsO_3+O_2 =\!=\!= 2H_2AsO_4^-+2H^+ \qquad (1.12)$$

如黄铁矿中生成氢氧化铁沉淀一样，溶解性铁化合物的氧化进一步生成了酸。总的来说，1 mol 砷酸盐的氧化会产生 3.5 mol 氢离子。Rimstidt 等（1994）测定了在典型矿山酸性废水中砷黄铁矿的氧化速率。砷黄铁矿比黄铁矿、黄铜矿、方铅矿和闪锌矿更容易被氧化。砷黄铁矿的氧化使其表面形成了臭葱石（scorodite）。砷黄铁矿氧化的活化能 E_a 从 18 kJ/mol（0～25 ℃）至-6 kJ/mol（25～60 ℃）。Rimstidt 等（1994）认为反应的活化能为负，主体反应在所有温度下都能发生，在高温下，较弱的副反应有助于限制反应速率。砷黄铁矿的氧化速率在酸性介质中比在空气、水或碱性溶液中快。

在 25 ℃近中性（pH 6～7）条件下，砷黄铁矿被溶解氧氧化表明砷黄铁矿的氧化速率与溶解氧基本无关，同时也说明与 As 和 S 一样能够发生氧化分解（Walker et al.，2006）。Mckibben 等（2008）研究也表明在酸性溶液中，使用铁释放率来衡量砷黄铁矿的氧化分解速率，比使用砷释放率要快接近 4 个数量级。从 Nesbitt 等（1998，1995）研究中也可以明显看出表面分解速率不一致，砷在砷黄铁矿的表面更容易富集。换句话说，砷黄铁矿表面的砷和硫释放比铁要慢得多。因此，释放砷的速率并不代表砷黄铁矿的氧化分解。与黄铁矿类似，砷黄铁矿的氧化是一个包含阴极反应、电子传递和阳极反应的三步电化学过程（Corkhill et al.，2009）。砷黄铁矿的表面能够形成一层钝化膜，可以保护矿物免受进一步的氧化（Nesbitt et al.，1998），然而当同样的矿物在矿井废水中时，砷黄铁矿氧化层下的矿物元素（As、S 等）大量浸出，浸出后产生的酸性废水将使累积的亚砷酸铁和砷酸盐溶出。黄铁矿中含有大量的砷，砷取代硫后形成了 As-S 双阴离子基团，同黄铁矿中的砷一样，使黄铁矿反应性更强，加速了矿物的分解过程。

砷硫化物的氧化过程，包括雄黄和雌黄产生的亚砷酸盐为主要砷化合物和硫化中间产物，氧化速率随 pH、溶解氧浓度和温度的升高而加快。与黄铁矿相比，雌黄和雄黄的氧化速率在 pH 为 2.5～9 时较慢，而在中性至碱性条件下，非晶态的砷硫化物氧化速率较快（Lengke et al.，2005，2003）。在酸性条件下，砷黄铁矿氧化速率比雌黄和雄黄快 4～5 个数量级，比亚砷黄铁矿快 3～4 个数量级（Mckibben et al.，2008）。砷酸盐最重要的吸收汇是铁氧氢氧化物的吸附，铁氧氢氧化物作为桥接或双核型复合物，具有吸附大量砷酸盐的能力。砷黄铁矿在矿山酸性废水形成之后，三价砷的氧化物也可发生二次氧化，砷氧化物存在于矿山废弃物和土壤/沉积物中。

1.2.4 其他金属硫化物的氧化

1. 闪锌矿

闪锌矿的氧化取决于诸多因素，主要是溶解氧、三价铁等氧化剂的浓度，还包括温度、pH 等因素。闪锌矿在 25 ℃水中溶度积 $K_{sp}=1\times10^{-20.6}$（Daskalakis，1993）。对于低浓度 Fe(III)溶液中的闪锌矿，Rimstidt 等（1994）报道了在 25～60 ℃的闪锌矿的溶解速率为 7.0×10^{-8} mol/(m$^2\cdot$s)，相应的活化能为 27 kJ/mol，其中 Fe(III)的浓度为 0.001 mol/L，与在酸性矿井水中观察到的 Fe(III)的浓度（2×10^{-3}～9×10^{-3} mol/L）相似。假定矿物中硫全被氧化成硫酸盐，纯闪锌矿的整体氧化反应为

$$ZnS+4H_2O \longrightarrow Zn^{2+}+SO_4^{2-}+8H^+ \qquad (1.13)$$

氧化闪锌矿的 X 射线光电子能谱（X-ray photoelectron spectroscopy，XPS）检测显示出矿物表面在酸性水溶液中形成了金属空缺的硫化物层（Buckley et al.，1989）：

$$ZnS \longrightarrow Zn_{1-x}S + xZn^{2+} + 2xe^- \tag{1.14}$$

Weisener 等（2011）观察到随着闪锌矿（(Zn,Fe)S）中 Fe 的固液分配系数增加，矿物氧化速率和酸的消耗变快，在 25～85 ℃下获得的表观活化能为 21～28 kJ/mol，这与 Rimstidt 等（1994）报道的结果类似，认为是多硫化物的存在降低了矿物表面的扩散程度，从而导致氧化剂的活化能降低，抑制了 Zn 和 Fe 从矿物中的释放，但未观察到单质硫的存在限制矿物表面的反应活性。在氧化条件下，闪锌矿表面上多硫化物和 S^0 的积累会影响酸中和能力，当 pH<3 时，多硫化物和 S^0 消耗了氢离子，由此形成了富含硫的表面，这样在没有微生物作用的情况下减缓了闪锌矿的溶解速率。在这种情况下，S^0 不会使矿物表面钝化。尾矿库中的闪锌矿比磁黄铁矿稳定性要高，但不如黄铁矿（Moncur et al.，2009）。

2. 方铅矿和黄铜矿

方铅矿和黄铜矿通常与产酸矿物有关，例如黄铁矿和磁黄铁矿。通过硫化铁的氧化产生的酸性硫酸铁溶液可以促进含铅和铜的硫化物矿物的氧化。XPS 检测结果表明，方铅矿在过氧化氢溶液中被氧化形成 S^0。在天然氧化环境中，方铅矿会在 pH 低于 6 的情况下呈微溶状态（Shapter et al.，2000；Lin，1997）：

$$PbS(s) + 2O_2(aq) \longrightarrow Pb^{2+}(aq) + SO_4^{2-}(aq) \tag{1.15}$$

$$Pb^{2+}(aq) + SO_4^{2-}(aq) \longrightarrow PbSO_4(s) \tag{1.16}$$

在酸性条件下，方铅矿也可被 Fe(III)氧化（Rimstidt et al.，1994）：

$$PbS + 8Fe^{3+} + 4H_2O \longrightarrow 8H^+ + SO_4^{2-} + Pb^{2+} + 8Fe^{2+} \tag{1.17}$$

方铅矿在空气中氧化后能形成氢氧化铅和氧化铅。在水溶液中方铅矿的氧化可形成氧化铅和硫酸铅。在缺氧的水环境中，铅和含硫的离子能被释放到水溶液中形成游离的铅离子和硫化氢。Jennings 等（2000）研究表明方铅矿暴露在过氧化氢时会加速氧化，但不会产生酸，该反应导致矿物表面上斜长石的积累。

Buckley 等（1989）通过 XPS 研究表明，新破碎的黄铜矿表面暴露在空气中时，形成了由羟基氧化铁和 CuS_2 组成的覆盖层，经过酸处理后，表面 CuS_2 层厚度和单质硫含量增加。Hackl 等（1995）认为黄铜矿的分解被表面一层薄（<1 mm）富铜矿物所钝化，钝化层由铜的多硫化物 CuS_n 组成（其中 $n \geq 2$），其溶解动力学描述为混合扩散和化学反应，其速率受铜的多硫化物浸出速率的控制。在酸性条件下，铁离子与环境中黄铜矿的氧化还原反应可以表示为

$$CuFeS_2 + 4Fe^{3+} \longrightarrow 5Fe^{2+} + Cu^{2+} + 2S^0 \tag{1.18}$$

Hiroyoshi 等（1997）测定了不同 pH 下黄铜矿氧化过程中的氧消耗、硫的生成、总 Fe 和 Fe^{2+} 浓度。通过在酸性环境中生成的反应产物，可判断亚铁离子能够被溶解氧催化氧化，在此过程中并未观察到氢离子生成。

黄铜矿也可与酸反应，生成 S^0（Hiroyoshi et al., 1997）：

$$CuFeS_2 + 4H^+ + O_2 \longrightarrow Cu^{2+} + Fe^{2+} + 2S^0 + 2H_2O \qquad (1.19)$$

黄铜矿的分解也受到电化学效应的强烈影响。与黄铜矿结合的黄铁矿或辉钼矿的存在可以加速黄铜矿的溶解（Dutrizac et al., 1973），而富含铁的闪锌矿和方铅矿的存在可以减缓分解过程。

3. 硫化汞

硫化汞（HgS）是汞的主要矿物形式，也是其低温下热力学最稳定的形式（Barnett et al., 2001；Benoit et al., 1999）。微量杂质（如 Zn、Se 和 Fe）的存在会阻碍黑辰砂（metacinnabar）的转化。因为黑辰砂是高温情况下的汞-硫化物，痕量杂质降低了转化的温度，从而延缓了转化。因此，在某些环境中，含金属杂质利于辰砂（cinnabar）原位形成黑辰砂。在还原条件下利于 HgS 的形成，部分原因是汞化合物对硫具有高亲和力。在动力学上辰砂不利于抗氧化，即使在氧化条件下也能保留在土壤和尾矿中。尽管很少有人研究辰砂在土壤中的氧化速率，但在矿区土壤中能够观察到 HgS 的持续存在，表明其在典型的氧化环境下风化作用缓慢（Gray et al., 2000；Barnett et al., 1997）。

1.3　矿山酸性废水与微生物的关系

1.3.1　硫化物矿物溶出机制和微生物的作用

嗜酸微生物促进硫化物矿物的溶出作用机制一直是人们研究和争论的热点。硫化物矿物可分为酸溶性的闪锌矿（ZnS）和硫化铜（Cu_2S），以及酸不溶性的黄铁矿（FeS_2）和辉钨矿（WS_2）等。第一类硫化矿容易被硫代硫杆菌（*Thiobacillus*）分泌的酸溶解，氧化单质硫将无机硫化合物（RISCs）还原为硫酸。相比之下，酸不溶性硫化物矿物在稀硫酸溶液中是稳定的，但容易发生氧化分解。在酸性废水中，与氧分子相比，三价铁对硫化物矿物的氧化起到了更重要的作用。同时，某些细菌，如钩螺细菌属（*Leptospirillum* spp.）能够将亚铁氧化为三价铁，在硫化物矿物的溶出中起主要作用。即使是酸溶性的硫化物，当酸性水环境下有三价铁的存在，矿物溶出速率也会得到显著提升。

酸性环境中微生物促进硫化物分解存在两种机理（硫代硫酸盐和多硫化物）（Schippers et al., 1999）。硫化物的酸浸出是在矿物自身质子（水合氢离子）作用下，释放金属成分并生成硫化氢，形成的硫化氢被嗜酸微生物氧化为硫酸，使该过程得以继续：

$$MS + 2H_3O^+ \longrightarrow M^{2+} + H_2S + 2H_2O \qquad (1.20)$$

$$H_2S + 2O_2 + 2H_2O \longrightarrow 2H_3O^+ + SO_4^{2-} \qquad (1.21)$$

酸溶性硫化物也可能与三价铁发生反应。通常在该情况下，从硫化物中首先游离出的含硫基团被认为是不稳定的阳离子（H_2S^+），能形成一个二聚体（H_2S_2），然后通过多硫化物氧化，最后生成单质硫，也会被一些耐酸细菌和古生菌氧化生成硫酸盐，从而促进硫化物矿物的酸溶出循环进行：

$$MS_n+Fe^{3+}+H_3O^+ \longrightarrow M^{2+}+0.5H_2S_n+Fe^{2+}+H_2O \tag{1.22}$$

$$0.5H_2S_n+Fe^{3+}+H_2O \longrightarrow 0.125S_8+Fe^{2+}+H_3O^+ \tag{1.23}$$

$$0.125S_8+1.5O_2+3H_2O \longrightarrow 2H_3O^+ + SO_4^{2-} \tag{1.24}$$

在酸性溶液中，酸不溶性硫化物矿物被可溶性三价铁氧化，通过 6 个连续的单电子转移，破坏了黄铁矿等矿物中的硫—金属键：

$$FeS_2+6Fe^{3+}+9H_2O \longrightarrow 7Fe^{2+}+S_2O_3^{2-}+6H_3O^+ \tag{1.25}$$

另外一种从矿物中释放出来最初的硫产物是硫代硫酸盐，这种形式的硫化矿氧化分解被描述为"硫代硫酸盐机理"（Vera et al.，2013）。硫代硫酸盐在酸性溶液中是不稳定的（在铁存在时更不稳定），能被连四硫酸盐和其他硫氧阴离子氧化，最终形成硫酸盐：

$$S_2O_3^{2-}+2O_2+3H_2O \longrightarrow 2H_3O^++2SO_4^{2-} \tag{1.26}$$

许多嗜酸细菌已被证明附着在硫化物矿物上并形成生物膜（Rohwerder et al.，2003）。对于某些硫化物矿物来说，这种特定的吸附可能是（半）永久性的存在。不同种类的嗜酸菌，甚至一个物种内的菌株，在矿物表面的吸附速度和吸附程度上都会显示出明显的差异（Ghauri et al.，2007）。对嗜酸细菌吸附在硫化物矿物表面的原因已有深入的研究。例如嗜酸氧化亚铁硫杆菌是一种既能氧化亚铁又能还原硫的嗜酸菌，三价铁离子与细菌糖化酶中的两个羧酸残基络合，产生的正电荷容易附着在带负电荷的黄铁矿上（Vera et al.，2013）。一旦附着，细菌进一步产生的胞外聚合物（extracellular polymeric substance，EPS）将加快矿物表面生物膜的形成，因此在相同的 pH 和溶解氧浓度条件下，更利于矿物溶出。形成的生物膜和矿物都能被一种氧化亚铁钩端螺菌属（*Leptospirillum ferrooxidans*）微生物侵蚀，这种微生物不同于嗜酸铁氧化菌（*At. ferrooxidans*），不能氧化还原性的硫。*L. ferrooxidans* 分泌的 EPS 在黄铁矿上生成了一些小颗粒，被鉴定为胶态微晶黄铁矿（Tributsch et al.，2007）。这些细微颗粒的氧化作用有利于氧化亚铁钩端螺菌属生物群落的生长，这个过程会导致在硫化物矿物中形成深孔，被称为"电化学加工"过程。在嗜酸铁氧化菌（*At. ferrooxidans*）的 EPS 中检测到了胶体硫，是硫醇基团（如半胱氨酸）参与了嗜酸铁氧化菌（*At. ferrooxidans*）的界面化合物的分解（Tributsch et al.，2007）。

然而，细菌和硫化物矿物之间的物理接触并不是促进矿物溶出的先决条件。矿物的溶出有两方面的原因，一是附着在硫化物矿物上的细菌"直接"作用机制，二是在溶液中游离的氧化剂（三价铁）颗粒使矿物扩散并氧化的"间接"机制。然而在这两种情况下，原本在酸性条件中不溶的硫化物矿物，在三价铁质介导下能够氧化性溶出。铁与附着微生物分泌的糖类密切相关，并与铁氧化嗜酸细胞的生物膜循环。Hallberg 和 Johnson（2001）提出的"接触"和"非接触"浸出概念，已被广泛用来描述矿物表面吸附和浮游态微生物的浸出行为。

矿物的微生物间接作用所需因素就是水合氢离子和三价铁，它们可能是矿物自身浸出的，也有可能从其他地方产生的。例如，在尾矿潟湖曝气表面形成的高浓度三价铁的酸性废水，可以渗滤到较低的缺氧区，并导致黄铁矿和其他潜在活性矿物的氧化性溶出，然而三价铁对黄铁矿的氧化也可以发生在缺氧环境中，但有氧气参与的情况下，三价铁能够重新生成：

$$Fe^{2+} + 0.25O_2 + H_3O^+ \longrightarrow Fe^{3+} + 1.5H_2O \qquad (1.27)$$

鉴于嗜酸细菌和嗜酸古菌在硫化矿的溶出过程中作用机制不同，因此 Johnson（2010）提出了不同生物类群的划分。原生矿的分解主要是那些能催化亚铁氧化为三价铁的自养、混合营养型、异养微生物，从而产生氧化剂，促使黄铁矿和大多数金属硫化物的分解。另外嗜酸菌是硫氧化细菌和古细菌，它们产生的硫酸/硫酸盐为其他嗜酸菌活动提供了有力的酸性条件，而极端酸性条件（pH<2.5）会导致三价铁的溶出。最后，另外一部分嗜酸菌是专性兼性异养菌和古细菌，它们能降解有机碳，一定程度上抑制铁和硫的氧化物产生。大多数能形成酸性矿山废水的矿物氧化环境都能发现由以上三种微生物组成的群落。

1.3.2 铁和硫氧化嗜酸微生物的生物多样性

采矿活动形成的水域中有各种各样的微生物，包括喜酸和耐酸的微藻、真菌和酵母等真核生物、原生动物和一些多细胞动物，如轮虫（Johnson，2007）。然而，原核微生物（古菌，尤其是细菌）的个体和种类比真核生物要多，这些微生物能在矿山形成的废水环境中迅速繁殖。按照对氧需求和能量获取方式等可以分为专性好氧、兼性、专性厌氧微生物，自养和异养微生物，它们的电子来自有机和无机供体。在矿山酸性废水中原核生物共同特征是对强酸的耐受性，而低 pH 对大多数生物体来说都具有高毒害作用。根据在不同 pH 环境下的生长情况，可将嗜酸菌分为三类：在 pH<3 时生长较好的极端嗜酸菌，适应 pH 3~5 的中等嗜酸菌，在 pH>5 时生长的耐酸菌（同时也能适应 pH<3）。其他的胁迫因素，如渗透压和酸性废水中的金属浓度升高，会进一步限制原本生物多样性的增加。同时，嗜酸菌对温度的适应性也不同，可分为最适宜温度在 60~80 ℃的极端嗜热菌、40~60 ℃的中等嗜热菌、小于 40 ℃的耐热菌，但绝大多数的嗜酸菌最适宜的温度为 15~40 ℃。低于 5 ℃仍有小部分耐寒的嗜酸菌，但研究较少（Nordstrom et al.，2000）。

嗜酸细菌和古生菌催化亚铁离子的氧化或硫的还原是矿山酸性废水产生的主要途径。在不同环境下其他原核生物也可以催化三价铁、硫/硫氧化物的还原，因此微生物会影响这些元素的循环（Johnson et al.，2012，2008）。

1. 铁氧化菌

一些嗜酸细菌和古生菌能催化亚铁的氧化，但基本不能氧化还原态的硫。铁氧化嗜酸菌中研究最广泛的是钩螺细菌属（*Leptospirillum* spp.），属于硝化螺旋菌门（Nitrospira），是一类专性嗜酸和自养型细菌，它们在生物冶金和矿山酸性废水的形成中起着关键作用。目前有三种钩螺菌已被确认，铁氧化菌（*L. ferrooxidans*）和嗜铁钩端螺旋菌（*Leptospirillum ferriphilum*）能够在酸性矿山废水中共存，后者大多数菌株适应生长在高温的酸性废水中，因此并不是太常见。另外固氮氧化亚铁钩端螺旋菌（*Leptospirillum ferrodiazotrophum*），尽管与铁氧化菌存在诸多相似特性，但仍有待验证。钩螺细菌属的生长速率通常比嗜酸芽孢杆菌（*Acidithiobacillus* spp.）的生长速率慢，但它们对铁的耐受性和对铁的亲和力明显更强。

另外两种不能氧化硫的铁氧化菌在矿山废水形成中的作用也是很重要的，但对它们的研究不足，由于繁殖较快，它们在矿山废水中容易被观察到。一种 β 变形杆菌 *Ferrovum myxofaciens*，它与钩螺细菌属有一些共同的关键特性，尽管它的耐酸性远不如钩螺细菌属（其可生长在 pH 为 2.0 的极端环境中）。然而，*Ferrovum myxofaciens* 最显著的特征是能产生大量的 EPS，促进细胞生长，并使它们生长成凝胶状的生物膜，甚至在流动的矿山废水中能形成一种"酸飘带"（Kimura et al.，2011）。虽然其他嗜酸菌也会形成类似情况（Johnson et al.，2009），但在 pH 为 2~4 的极端环境（<30 ℃）矿山酸性废水中，*Ferrovum myxofaciens* 往往占主导地位。与钩螺细菌属和 *Ferrovum myxofaciens* 相比，嗜酸氧化亚铁硫杆菌（*Ferrimicrobium*（*Fm.*）*acidiphilum*）是一种革兰氏阳性菌，是专性异养微生物，能够从亚铁的氧化中获得能量，从有机碳源（如酵母提取物）获取碳。但是 *Fm. acidiphilum* 与自养硫氧化菌 *At. thiooxidans* 互利共生，在无外加碳源时，通过这种互利共生关系使黄铁矿能够被微生物分解。*Acidimicrobium ferrooxidans*（酸性铁氧化菌）也是一种阳性放线菌，但是与中性的 *Ferrimicrobium*（氧化亚铁硫杆菌）相比，*Acidimicrobium ferrooxidans*（氧化亚铁微酸菌）是一种更温和的嗜热微生物，因此在矿山废水中的分布有限。还有一种嗜热铁氧化古菌 *Ferroplasma* 同样地被绝大多数研究者认为是非自养的，其在矿山酸性废水中的研究报道较少。

2. 硫氧化的嗜酸菌和古生菌

一些嗜酸细菌和古生菌可将还原性硫（价态在-2~+4）氧化到+6 价的硫酸盐，从中获得所需的能量，而不是通过铁氧化获得的能量（Dopson et al.，2012）。单质硫和无机多连硫酸盐是这些原核生物典型的底物。一些硫氧化菌（主要是古生菌）是属于嗜热菌，在矿井水中不存在。低温（5~30 ℃）下的硫氧化菌属于另一类细菌，例如 1919 年首次发现并报道的 *At. thiooxidans*（嗜酸氧化硫）放线菌。嗜酸性喜温硫杆菌（*Acidithiobacillus caldus*）与 *At. thiooxidans* 放线菌具有许多相同的生理特性，但其最大的区别在于嗜酸性喜温硫杆菌是嗜酸性喜温菌。

还有一类硫单胞菌属（*Thiomonas*）（Slyemi et al.，2011），尽管其中一些是通过 16S rRNA 基因对比分析被鉴定为一个物种（Battaglia-Brunet et al.，2011）。硫单胞菌属于温和型细菌，通常在极强酸性和金属浓度较高的矿山废水中不存在，但它们可以利用有机碳以自养或异养的方式繁殖。尽管在封闭的环境中（例如在实验室摇瓶培养中），所有的硫单胞菌都可以利用氧化还原性硫的能量来为它们的生长提供支持。然而化学反应的进行会使溶液 pH 下降，从而导致它们迅速凋亡。一些硫单胞菌（如 *Thiomonas intermedia* 和 *Thiomonas arsenitoxydans*）也能从 As(III)氧化成 As(V)的氧化反应中获得能量，因此具有修复砷污染矿山废水的潜力。As(V)能与矿山废水中施氏矿物及其他含铁盐结合并迅速形成沉淀物，而 As(III)则更具有生物可利用性。目前，一些硫单胞菌可以直接氧化亚铁的说法受到了质疑，因为这些细菌在固体和液体培养基中的 pH 扰动会导致铁自发地发生化学氧化反应。

Acidiphilium acidophilum 是另外一类特殊的异养嗜酸硫氧化菌，也能够利用还原性硫作为能量实现自养。最初被认为是一类硫杆菌（嗜酸硫杆菌），后来通过 16S rRNA 基因测序被重新归类为嗜酸菌属。

3. 铁硫氧化嗜酸细菌和古菌

在酸性矿井水中常见的一些嗜酸细菌能够加速铁和还原硫的氧化分解。其中，革兰氏阴性的酸性硫杆菌属（*Acidithiobacillus* spp.）、酸性铁氧放线菌（*Acidiferrobacter thiooxydans*）和硫化芽孢杆菌（*Thiobacillus prosperus*）是专性自养微生物，而革兰氏阳性菌可以利用有机物作为碳源，也可以固定二氧化碳。到目前为止，氧化亚铁嗜酸硫杆菌（*At. ferrooxidans*）是所有嗜酸菌中研究得最透彻的一种，最早是在 20 世纪 40 年代末分离并鉴定出来的。它能通过自养方式在厌氧环境中与还原性硫、氢或者亚铁发生氧化反应（以铁为电子受体，取代氧）和好氧环境中生长。通常在矿山酸性废水中能发现氧化亚铁嗜酸硫杆菌，并且与其他许多铁氧化菌（如 *L. ferrooxidans*）相比，它的生长速度更快，这也意味着它在高浓度的 Fe^{2+} 矿山废水中占主导地位。现在人们已经通过多基因序列分析将氧化亚铁嗜酸硫杆菌（*At. ferrooxidans*）至少分为四类菌属（Amouric et al.，2011）。其中 *At. ferrivorans* 与 *At. ferrooxidans* 有许多相同的生理特性，但也有一个重要的区别，那就是它是一种耐寒细菌（4 ℃以上），在低温矿井水中有很好的适应性。*At. ferrivorans* 也不像 *At. ferrooxidans* 那么耐酸，而且酸性条件下不利于其生长。Amouric 等（2011）证实了 *At. ferrivorans* 和 *At. ferrooxidans* 的氧化铁的不同生化途径。至少其他两种变形菌门（Proteobacteria）专性自养铁硫氧化嗜酸性细菌是已被研究的。*Af. thiooxydans* 和 *Acidithiobacillus* spp. 具有亲缘关系。最初的菌株是从美国密苏里州的煤矿石中分离出来的，在其他酸性水域中发现这种菌株的报道相对较少。另外一种细菌 *T. prosperus* 是首次从意大利的武尔卡诺（Vulcano）岛上被分离出来，*T. prosperus* 类杆菌的关键特性是它们对盐（氯化钠）的需求，而相对低浓度的盐往往会抑制包括 *At. ferrooxidans* 等铁氧化菌的生长。*T. prosperus* 类嗜酸菌也从酸性海水中被分离出来，可以预期它们也能适应含盐的矿井水。而有关 *Af. thiooxydans* 和 *T. prosperus* 对亚铁的利用的研究报道都是通过在培养基中加入还原硫。革兰氏阳性铁硫氧化嗜酸菌大多数属于产芽孢厌氧菌的厚壁菌门（Firmicutes）。其中大多数具有耐热性或中度耐热性，不会在大多数矿井水中迅速生长，但在低温矿井水中已发现一些有可能是未知的新物种。

1.3.3 矿山酸性废水对微生物区系及功能的影响

目前，在矿山酸性废水生态系统中发现的微生物包括了各种化能自养型（以铁和硫的代谢作为能量基础）、化能异养型的原核生物（细菌和古菌）及光能自养型的真核微生物类群。虽然矿山酸性废水中微生物物种的丰富度较低，但在不同环境的酸性废水中仍能分离得到不同的微生物群落，影响微生物种类的主要因素有温度、矿物类型、离子强度和 pH 等（Bond et al.，2000）。

矿山酸性废水环境中已发现的细菌主要包括变形杆菌门（Preteobacteria）、硝化螺旋菌门（Nitrospira）、放线杆菌门（Acitinobacteria）、厚壁菌门（Firmicutes）和酸杆菌门（Acidobsteria），其中研究最多的是变形杆菌（包括 α 纲、β 纲、γ 纲和 δ 纲），特别是 γ 纲的硫杆菌属（Acidithiobacillus）和 β 纲的硫单胞菌属（Thiomonas）；此外，硝化螺旋菌门中的氧化亚铁钩端螺旋体（Leptospirillum ferrooxidaus）和厚壁菌门中的硫杆菌（Acidithiobacillus）也受到较多关注。其中以 γ-变形杆菌门嗜酸硫杆菌属（Acidithiobacillus）的氧化亚铁嗜酸硫杆菌（At. ferrooxidans）分布最为广泛。古菌类群则集中分布在热原体目（Thermoplamales）和硫化叶菌目（Sulfolobales）中。

目前矿山酸性废水中的嗜酸菌通过氧化 Fe^{2+}、硫代硫酸盐、单质硫或硫化物矿石等获取能源，同时释放出大量 H^+ 和 Fe^{3+}，进一步加速矿山中金属离子的溶出，并促进施氏矿物等次生矿物的形成。根据其耐受程度又可将矿山酸性环境中微生物分为嗜酸微生物和极度嗜酸微生物。一般认为在 pH 4.0～6.0 的环境中生长较好的微生物称为中度嗜酸微生物，能在 pH 低于 3.0 的环境中生长良好的微生物为极度嗜酸微生物。氧化亚铁嗜酸硫杆菌（Acidithiobacillus ferrooxidans）、氧化硫硫杆菌（Thiobacillus thiooxidans），它们能够在 pH 低于 1.0 的矿山酸性废水中生存，能氧化矿物中的铁和硫，微生物利用能够利用矿山酸性废水中能量、生长因子等生成有机物，是矿山酸性废水生态系统中的生产者。氧化硫硫杆菌在 pH=0.5 的矿山酸性废水环境中仍能很好地生长，在矿山酸性环境的形成过程中氧化低价硫，同时释放大量 H^+，对维持低 pH 有着重要的意义。

1.3.4　微生物在次生矿物形成和溶解中的作用

微生物对环境中金属的转化和循环有重大影响，主要是通过相反的机制来影响金属行为，包括同化/吸附和矿化、沉淀和溶解、氧化和还原、甲基化和脱烷基化等（Johnson，2006），这些过程是相互关联的。例如，氧化还原的变化会导致金属离子的释放，在一般环境条件下这些金属离子或多或少是可溶解的，它们自发沉淀或溶解。而黄铁矿等硫化物矿物的溶解是矿山酸性废水的主要源头，其他微生物介导的过程发生在矿井排放水的下游，导致次生矿物的形成，而这些矿物也会被溶解。虽然这些过程大部分涉及氧化还原转化，但微生物代谢（如嗜酸和耐酸微藻的氧化光合作用，导致矿井水中的碱度增加）也可能促进次生矿物的形成。

在矿山酸性废水形成的源头，经常含有很少或不含有溶解氧，而 Fe^{2+} 是主要的可溶性铁的形式（Rowe et al.，2007），矿山酸性废水中氧化物能通过扩散、迁移和光合作用等为各种各样的细菌和古生菌创造有利的条件，这些细菌和古生菌可以从亚铁的异养氧化中获得能量。亚铁氧化需消耗 H^+，在短期内会导致 pH 增加：

$$Fe^{2+}+0.25O_2+H^+ \longrightarrow Fe^{3+}+0.5H_2O \tag{1.28}$$

在大多数条件下，三价铁的溶解度远低于亚铁，并且能与羟基反应（依赖于 pH），形成多种非晶态（如氢氧化铁）和矿物相：

$$Fe^{3+}+3OH^- \longrightarrow Fe(OH)_3 \tag{1.29}$$

这种反应被称为铁的"水解"，会导致 pH 下降，所以矿山废水的下游 pH 往往比源头更低。

在铁含量较高的矿井水中，三价铁矿物的形成主要由 pH 决定。在相对高 pH 的水中，水铁矿是常见的三价铁的次生矿物：

$$10Fe^{3+}+16H_2O \longrightarrow Fe_{10}O_{14}(OH)_2+30H^+ \tag{1.30}$$

但在 pH 较低（2.3～4.0）时，施氏矿物（schwertmannite）是矿山酸性废水中主要的次生铁矿物：

$$8Fe^{3+}+SO_4^{2-}+14H_2O \longrightarrow Fe_8O_8(OH)_6(SO_4)+22H^+ \tag{1.31}$$

这两种都是氧化物的水合矿物形式，相对于水铁矿，施氏矿物的形成（施氏矿物每个铁离子沉淀需要消耗 2.75 个质子，而水铁矿为 3 个质子）需要更低的酸性条件，而且还会生成硫酸盐共沉淀物。然而，施氏矿物相对于针铁矿是不稳定的，在转化为后者时释放硫酸盐，水铁矿也是一种不稳定的矿物，可转化为针铁矿和/或赤铁矿（Iglesias et al.，2009）：

$$Fe_8O_8(OH)_6(SO_4)+2H_2O \longrightarrow 8FeO \cdot OH+SO_4^{2-}+2H^+ \tag{1.32}$$

在矿山酸性废水中，一些微生物在形成次生铁矿物方面的作用超过了产生三价铁（在 pH 小于 4 时主要是微生物过程）。*Gallionella ferruginea* 的表面能产生细丝状的水铁矿，*Gallionella ferruginea* 是一种在矿山酸性废水中不常见的嗜中性细菌。然而，有证据表明嗜酸铁氧化菌（*Fv. myxofaciens*）产生了大量的 EPS 可作为施氏矿物沉淀的成核位置。类似铁氧体的细菌已被用于修复高浓度含铁地下水，其中主要沉淀物是施氏矿物（Heinzel et al.，2009）。

硫酸盐还原菌的还原反应是一个消耗质子的过程，浸出的金属和硫化氢产生的质子之间反应生成了金属硫化物，总反应后是呈中性还是消耗氢离子，取决于矿山酸性废水中 pH 条件能否使溶解的金属形成硫化物。例如，在西班牙的 Cantareras 铜矿中，矿井水中含有大量的锌和铁，但只有在存在厌氧微生物条件下才发现硫化铜（Rowe et al.，2007）。在 pH=4 时，Zn 和 Cu 都产生了硫化物，但 FeS 难以形成（尽管可能有游离硫化物存在），因为它的溶解度产物较大，总反应消耗了氢离子。反应式如下（假定以 $C_3H_8O_3$ 作为有机碳的电子供体）：

$$2C_3H_8O_3+3.5SO_4^{2-}+3H^++Cu^{2+}+Zn^{2+} \longrightarrow 6CO_2+1.5H_2S+CuS+ZnS+8H_2O \tag{1.33}$$

在矿山酸性废水流动中和沉积物形成的次生矿物可能受到微生物的作用而溶出。例如次生硫化物在缺氧的条件下能保持稳定，但当沉积物受到高速水流的干扰并暴露在氧气中，则易受微生物氧化分解。相比之下，次生三价铁矿物（黄钾铁矾、施氏矿物和铁素体）在缺氧环境中容易发生还原性溶解，一些细菌和古菌可以在厌氧呼吸中使用三价铁作为电子受体（Lovley，1993），三价铁在微生物代谢过程中也能够被还原。尽管三价铁在嗜中性细菌中的还原作用得到了深入的研究，但在异养和自养嗜酸菌中，三价铁的还原能力似乎更普遍存在（Coupland et al.，2008），原因可能是铁的浓度升高增加了三价铁在低 pH 下的溶解度，使它更容易作为电子受体。

异养嗜酸细菌，如嗜酸菌（*Acidiphilium* spp.）和嗜酸亚铁菌群（*Ferrimicrobium acidiphilium*），能利用有机物作为电子供体促使三价铁还原（Johnson et al.，2009；Bridge et al.，2000），而自养型嗜酸菌能利用还原形式的硫，如嗜酸硫杆菌（*Acidithiobacillus* spp.），偶尔也利用氢（Amouric et al.，2011；Ferroni et al.，1994）。混合营养型嗜酸菌，如硫杆菌（*Sulfobacillus* spp.）和氧化亚铁硫杆菌（*Am. ferrooxidans*），既可以利用有机物作为电子供体，也可以利用无机物作为电子供体，如嗜酸硫杆菌（*Acidithiobacillus* spp.），由于这些电子供体也是铁的氧化剂，所以这些物质存在时能够进行铁循环（Bridge et al.，1998）。Bridge 等（2000）以甘油为电子供体，比较了一种嗜酸菌（*Acidiphilium* sp. SJH）对铁矿物还原溶出的速率，发现含铁矿物的还原速率是无定形的，$Fe(OH)_3$＞磁铁矿＞针铁矿＝铁矾＞四方针铁矿＞黄钾铁矾，而在实验条件下，赤铁矿没有还原。在 pH 较低时，矿物的溶出速度也更快，而细菌并不是低 pH 下还原的必要条件。*Acidiphilium* sp. SJH 通过一种间接的机制导致了三价铁矿物的还原溶出，即细菌还原溶出三价铁，促使可溶性三价铁与矿物之间平衡的改变，从而导致矿物加速溶出。*Acidiphilium* sp. SJH 最佳条件是含有低浓度氧而不是严格缺氧的条件。中度嗜热嗜酸菌也能使非晶态氢氧化铁、针铁矿和黄钾铁矾的微生物还原溶出（Bridge et al.，1998）。最近，Hallberg 等（2011a，2011b）报道了褐铁红土矿中针铁矿的还原溶出，能利用单质硫作为电子供体溶出约 80% 的镍，其中大部分与针铁矿比例密切相关。

在受矿山影响的沉积物中，黄钾铁矾可形成多种次生矿物相，例如施氏矿物、铁氧化物（针铁矿）和氢氧化物（Smith et al.，2006；Gasharova et al.，2005；Baron et al.，1996）。根据地球化学条件的不同，这些次生矿物也可以阻止铅、锌、镍、铬、砷和银等通过吸附或结合到晶体结构中（Sidenko et al.，2005；Hudson-Edwards et al.，1996）。在酸性条件下（pH＜2.5），黄钾铁矾（Bridge et al.，2000）和施氏矿物（Coupland et al.，2008）能在嗜酸铁还原菌和硫酸盐还原菌作用下溶出。在这种情况下微生物通过间接的机制加速了三价铁的羟基硫酸盐矿物溶出，如细菌的还原作用改变了溶解性三价铁和固体三价铁之间的平衡关系，促进矿物的溶出。从酸性中矿物溶出的三价铁是嗜酸铁还原菌利用铁的一种形式。相比之下，在中性 pH 条件下，三价铁溶解态与固体平衡时的浓度过低，导致微生物不能通过这种间接作用机制促进矿物的溶出。然而，异养型的金属还原菌也能很好适应中性环境，尽管常通过直接方式利用铁作为矿物本身的终端电子受体（Petersen et al.，1995）。Jones 等（2006）研究了黄钾铁矾的微生物敏感性表明黄钾铁矾的溶出特性受温度、颗粒大小和实验条件（介质、生物、细胞数量等）差异的影响，这些影响也适用于其他金属矿物。Jones 等（2006）和 Weisener 等（2008）研究了两种不同的黄钾铁矾矿物，表明硫酸盐还原溶出的速率与亚铁盐有类似趋势。相对于铁和硫酸盐，这些微量金属的影响仍不清楚，特别是一些氧化还原敏感的金属（As、Cr、Se、Pb、Tl 和 Ag）在硫酸盐的晶体结构中。在一些细菌细胞内也观察到有

Ag 的存在，这些细菌能够将 Ag 作为三价铁的电子终端受体。同样的现象也在一些 Pb 取代铁硫酸羟基矿物的微生物作用中发现。然而，Pb 在细菌的细胞质膜中沉淀，而其他金属在细胞壁中沉淀。Smeaton 等（2009）指出，这些微生物系统中，如何进行毒性调节是一个关键性决定因素，这些差异对矿山酸性废水环境中金属调控机制有非常重要的影响。

也有很多研究者关注于矿物中 Fe 和 S 的生物地球化学循环，了解羟硫酸盐和对应矿物的氧化和还原途径（Gramp et al.，2009）。三价铁的羟基硫酸盐还原是通过溶质相变发生的，导致占据中心位置的微量金属溶出和再活化。然而，与硫酸盐生物还原作用相关的作用机制尚不明确，硫酸盐还原剂中的电子转移到矿物表面和溶液中低浓度的硫酸根，使得三价铁的羟基硫酸盐溶解度增大（Gramp et al.，2009）。

在还原性的水环境中的砷可能是生物和非生物机制共同的作用。在一些采矿活动地区，认为砷是人为活动释放到地下水的来源是不确定的，并且可能受矿井中微生物群落的影响（Williams，2001）。这种现象是普遍存在于毒性最强的无机砷形态：砷酸（如 $HAsO_4^{2-}$ 或 $H_2AsO_4^-$）和亚砷酸盐（如 H_3AsO_3 或 H_2AsO_3），能通过磷酸的类似物或与巯基结合的方式扰乱细胞生理过程（Oremland et al.，2003）。在矿井环境中，砷的地球化学行为是由一系列复杂的生物和非生物作用的过程，因此很难解析其中生物和非生物作用（Smedley et al.，2002）。一般来说，砷的来源与铁的联系最为密切。铁的氧化物和氢氧化物为砷（Bowell，1994）和许多黏土矿物（Violante et al.，2002）提供了吸附位点。如果砷污染水体和底泥沉积物中 Fe 含量或者 Fe 氧化物及氢氧化物的含量较高的话，水环境中的砷倾向于富集在沉积物中；如果其含量较低的话，砷离子则趋向于富集在地下水中从而更容易随水体迁移。大量有关砷吸附的研究表明 pH 和氧化还原条件是砷吸附到矿物上的主要影响因素（Burton et al.，2009；Casiot et al.，2005）。然而，矿物的表面积、成矿过程和竞争离子等因素也可影响砷的吸附（Lim et al.，2008）。随着还原条件的形成，由微生物介导的铁氧化物三价铁转化为二价铁的过程中，被吸附和形成的共价砷酸盐可以重新被微生物利用（Cummings et al.，1999）。此外，含砷矿物如臭葱石（FeAsO$_4$·2H$_2$O）也能被许多铁还原菌还原，促进二价铁和 As(V) 的释放（Babechuk et al.，2009；Cummings et al.，1999）。在某些情况下，砷的释放是砷酸盐还原的先决条件，微生物的氧化和还原作用也可以直接影响五价砷和三价砷的转化（Lee et al.，2010）。例如加拿大某处富砷尾矿中的矿物稳定性取决于铁/砷比，通过浸出试验表明，尾矿中的砷浓度与三价铁-氢氧化物显著相关。与砷铁矿[Ca$_2$Fe$_3$(AsO$_4$)$_3$O$_2$·3H$_2$O]相比，砷与三价铁-氢氧化物吸附结合的可溶性较差（Paktunc et al.，2008）。对两种异养的砷还原菌（*S. putrefaciens* ANA3）和铁还原菌（*S. putrefaciens* 200R）的研究表明，尾矿表面含有 Ca、Fe 和 As 等金属抑制了这两种还原菌对 Fe 和 As 的还原速率，其还原速率一定程度上受表面特征金属的影响。但矿物表面的碳酸盐被酸或者微生物破坏后，铁和砷的还原速率显著增加。然而，由于电子受体的热力学情况不同，五价砷和三价铁的还原速率也会降低（Weisener et al.，2011）。

1.4 矿山酸性废水对环境的影响

采矿场地和矿床自然风化而释放出的重金属，会严重损害邻近水体中的水生生物（Borgmann et al.，2001），其中一些具有生物毒性和潜在的生物积累特征。例如，铝可以与其他物质形成共价结构生成沉淀物，高浓度的铝可导致鱼类在矿区附近水域突然死亡；金属汞具有生物积累作用，以致水生生物慢性毒性积累（Domagalski，2001）。重金属在水环境中的转化、生物积累和毒性受到水体中许多物理化学因素的影响，包括 pH、氧化还原电位、有机碳含量、其他溶解性物质及沉积物的组成等（Warren et al.，2001）。矿山酸性废水对环境影响示意图见图 1.3。

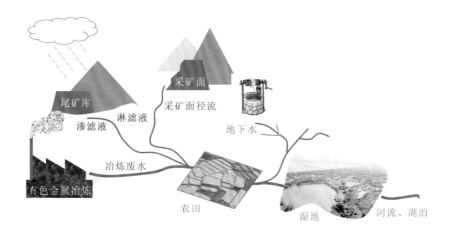

图 1.3 矿山酸性废水对环境影响示意图

1.4.1 矿山酸性废水对水体环境的影响

大部分煤矿、铁矿和有色金属矿都含有各种类型的金属硫化物，这些矿山（尤其是硫铁矿）由于自然风化或者在人为开采过程中，与空气和水接触发生氧化水解产生 H_2SO_4 和 H^+，使水体酸化，酸化后的水体显著作用就是增加金属的可溶性，促进与矿山伴生的各种金属如 Cu、Al、Zn 等进入水体（Hazen et al.，2002）。矿山酸性废水中低 pH 和高浓度金属的共同作用将对水生态系统产生重大的影响（包括物理的、化学的、生物的和生态的影响），对生物群落的影响概括起来说就是使敏感物种消失，简化食物链，大大降低生态系统稳定性（Sabater et al.，2003）。

重金属是一类不能被生物降解，进入食物链循环并在生物体内积累，以及通过食物链进入人体、危害人体健康的物质，尤其是 Hg、Cd、Pb 等具有致癌危害。随着经济和工业的发展，城市生活、工业冶炼、矿山开采及农业面源向环境排出大量重金属污染物，且排出量呈逐年增加趋势，导致河流受到不同程度污染，危害水生生态系统结构和功能。重金属污染物进入河流中，会与河流悬浮颗粒物通过吸附、络合和沉淀等作用转移到沉积物中，使沉积物成为水体环境中重金属的"蓄积库"（Hiller et al.，2010）。其中，悬浮物在河流重金属迁移过程中扮演重要的载体角色，研究河流悬浮物中重金属元素的含量分布特征，对于追踪流域内重金属元素的来源、迁移转化规律及开展生态风险评价具有重要意义。

近年来，国内外研究者对河流水体和沉积物重金属污染分布与评价进行了大量的研究，发现悬浮物在重金属迁移转化过程中起到关键作用，悬浮物中的矿物组分具有吸附富集重金属的作用，使得河流中的悬浮物带有高浓度的重金属，具有生态环境风险。一些学者对河口悬浮物中重金属污染进行了研究，主要内容包括悬浮物重金属的含量分布、组成成分、环境行为、污染源分析、季节变化、生态风险评价及悬浮物迁移动力学等（Ma et al.，2015；Zhang et al.，2015），而受矿山酸性废水影响河流悬浮物重金属污染的研究却鲜有报道（陈兴仁，2012；梁莉莉 等，2008）。段星春等（2007）研究发现，大宝山矿区水体悬浮物中重金属浓度很高，并分析了部分水体悬浮物中重金属形态，其中 Cu、Zn、Cd 和 Pb 具有严重的潜在环境危害，但目前对悬浮物重金属污染缺乏系统研究与评价。

1.4.2　矿山酸性废水对陆生环境的影响

酸性和碱性矿井水通常含有高浓度的溶解金属和金属氧化物颗粒，矿山酸性废水进入湿地后，会截留废水中的大部分重金属。Dushenko 等（1995）研究了受砷污染中水生植物中的砷浓度，水生植物中浓度相对高于沉积物，沉水植物含有的砷比暴露在空气中的植物含有的砷浓度高，植物中砷浓度差异归因于植物生长形式和植物排出砷的能力。沉积物中高浓度砷附近的植物显示出明显的叶尖坏死迹象，根组织中 Cu、Mn 和 Zn 的微量营养素水平降低。Rai 等（2002）观察到植物种子对有毒金属有明显的生物富集现象，顺序为 Pb＞Cr＞Cu＞Cd。这些金属的浓度与邻近水和沉积物中的金属浓度呈正相关。

1.4.3　氧化产物的生物累积和毒性

生物累积是指污染物（金属）进入食物链，水、食物和悬浮沉淀物颗粒等是生物组织累积金属的来源。相对于环境背景值，生物累积涉及生物体中金属随时间的浓度增加。当生物体内金属被吸收和储存的速度快于它们的代谢或排泄，就造成了生物累积（Markich et al.，2001）。了解生物累积的动态过程可以保护人类和其他生物免受金属暴露的危害，因此，相关金属的生物累积作用是矿山酸性废水对生物影响的重要因素。

生物累积中生物富集和生物放大是两个重要的过程（Semple et al.，2007）。生物富集是特定的生物累积过程，在生物过程中使得生物体中化学物质的浓度变得高于其在生物体周围介质中的浓度。鱼类和部分水生动物通过鳃吸收或皮肤接触进行生物富集通常是最重要的生物累积过程（Warren et al.，2001）。生物放大是指污染物随食物链从一个营养层向另一个营养层集中升高的趋势（Heikens et al.，2001），重金属累积到一定程度将对生物体产生毒害作用。Fe、Cu、Cd、Cr、Pb、Hg、Se 和 Ni 金属可以产生活性氧物质，导致脂类氧化、DNA 损伤、巯基和 Ca 稳态破坏，这些金属氧化产物引起神经毒性和肝毒性的症状（Stohs et al.，1995）。矿山酸性废水中的氧化还原作用将影响金属的化学反应进行，当氧化作用后进入环境中的金属浓度超过一定阈值，将会对水生生物群产生毒性反应。

虽然铁是生物代谢的必需元素，但水环境中的铁浓度过高，将会对鱼和水生生物产生毒性。例如一些水生植物在含铁浓度高的地下水中发生了铁中毒（Lucassen et al.，2000）。铁的其他形态导致鳃的急性毒性和毒性积累。在矿山排放的废水中，硫酸铁与氢氧化物生成的沉淀物会在鳃的上皮中积聚，导致鳃孔堵塞和损坏，减少气体可用交换表面积等。

砷在水环境中通常容易在沉积物和孔隙水中累积。砷酸盐（As(V)）和亚砷酸盐（As(III)）是砷最丰富的矿物形式，但在受煤矿影响的环境中容易发生砷的甲基化（即甲基砷酸和二甲基砷酸）。砷中毒主要是通过鱼类摄食水中含砷的沉淀物和悬浮颗粒，然后人类食用鱼类而导致的中毒。砷的环境暴露是引起人类致癌和其他健康问题的关键因素之一，砷污染的水体是人类接触砷的主要途径，可能会引起人体的皮肤角质化、色素沉积、皮肤恶性肿瘤和外周动脉硬化等（Smedley et al.，2002）。

汞的存在形态主要取决于环境中具体的氧、pH 及氧化还原条件。在缺氧环境中，汞既能以单质汞的形式存在，又能够以汞化合物的形式（即 Hg^{2+}、HgS 和 $HgCl_2$）存在。一般情况下，汞被认为是相对不溶的，对生物的毒性较小。但是在富氧条件下，在矿物焙烧或煅烧中形成的产物中，汞可以形成可溶性硫酸盐和氯氧化物，在硫酸盐还原菌作用下进一步形成可溶性的甲基汞（Rytuba，2000）。吸附在铁氧体上的汞、甲基汞是矿井水中汞迁移转化的关键因素。水生食物链中甲基汞和无机汞的积累机制尚不十分清楚，但与缺氧的沉积环境中细菌和 SO_4^{2-} 和 S_2^{2-} 的还原有关（Domagalski，2001）。沉积物和悬浮颗粒中的甲基汞能影响所有营养水平上汞的生物积累，从而导致在食物网中生物放大。鱼类中的汞含量取决于食物链底端甲基汞的含量，而这个与水体中 pH 和氯离子浓度相关（Mason et al.，1996）。鱼类中甲基汞的积累是甲基汞的迁移转运效率高于无机汞的结果。甲基汞毒性高的原因主要是甲基汞相对稳定、对脂类化合物的亲和力高，同时由于甲基汞是脂溶性的，它的离子性质增加了穿透生物膜的能力，穿透脑部血管的屏障，与巯基紧密结合，严重影响脊椎动物的小脑和大脑皮层，造成中枢神经系统损伤，可穿过胎盘保护膜，影响胎儿发育（Domagalski，2001；USEPA，2000）。

参 考 文 献

陈兴仁，2012. 安徽长江主要支流悬浮物重金属元素分布特征及其指示意义. 合肥工业大学学报(自然科学版)(35): 977-980.

段星春，王文锦，党志，等，2007. 大宝山矿区水体中重金属的行为研究. 地球与环境(35): 255-260.

梁莉莉，王中良，宋柳霆，2008. 贵阳市红枫湖水体悬浮物中重金属污染及潜在生态风险评价. 矿物岩石地球化学通报(27): 119-125.

ABRAITIS P, PATTRICK R, VAUGHAN D, 2004. Variations in the compositional, textural and electrical properties of natural pyrite: A review. International Journal of Mineral Processing, 74(1-4): 41-59.

AL T A, BLOWES D W, 1996. Storm-water hydrograph separation of run off from a mine-tailings impoundment formed by thickened tailings discharge at Kidd Creek, Timmins, Ontario. Journal of Hydrology, 180(1-4): 55-78.

AL T, BLOWES D, JAMBOR J, et al., 1994. The geochemistry of mine-waste pore water affected by the combined disposal of natrojarosite and base-metal sulphide tailings at Kidd Creek, Timmins, Ontario. Canadian Geotechnical Journal, 31(4): 502-512.

AMOS R T, BLOWES D W, SMITH L, et al., 2009. Measurement of wind-induced pressure gradients in a waste rock pile. Vadose Zone Journal, 8(4): 953-962.

AMOURIC A, BROCHIER-ARMANET C, JOHNSON D B, et al., 2011. Phylogenetic and genetic variation among Fe(II)-oxidizing acidithiobacilli supports the view that these comprise multiple species with different ferrous iron oxidation pathways. Microbiology, 157(1): 111-122.

ATKINSON R, BAULCH D L, COX R A, et al., 2000. Evaluated kinetic and photochemical data for atmospheric chemistry: Supplement VIII, halogen species-IUPAC Subcommittee on gas kinetic data evaluation for atmospheric chemistry. Journal of Physical and Chemical Reference Data, 29(2): 167-266.

BABECHUK M G, WEISENER C G, FRYER B J, et al., 2009. Microbial reduction of ferrous arsenate: Biogeochemical implications for arsenic mobilization. Applied Geochemistry, 24(12): 2332-2341.

BARNETT M O, HARRIS L A, TURNER R R, et al., 1997. Formation of mercuric sulfide in soil. Environmental Science & Technology, 31(11): 3037-3043.

BARNETT M O, TURNER R R, SINGER P C, 2001. Oxidative dissolution of metacinnabar (β-HgS) by dissolved oxygen. Applied Geochemistry, 16(13): 1499-1512.

BARON D, PALMER C D, 1996. Solubility of jarosite at 4~35 ℃. Geochimica Et Cosmochimica Acta, 60(2): 185-195.

BATTAGLIA-BRUNET F, EL ACHBOUNI H, QUEMENEUR M, et al., 2011. Proposal that the arsenite-oxidizing organisms *Thiomonas cuprina* and '*Thiomonas arsenivorans*' be reclassified as strains of *Thiomonas delicata*, and emended description of *Thiomonas delicata*. International Journal of Systematic and Evolutionary Microbiology, 61(12): 2816-2821.

BENOIT J M, GILMOUR C C, MASON R P, et al., 1999. Sulfide controls on mercury speciation and bioavailability to methylating bacteria in sediment pore waters. Environmental Science & Technology, 33(6): 951-957.

BLOWES D W, GILLHAM R W, 1988. The generation and quality of streamflow on inactive uranium tailings near Elliot Lake, Ontario. Journal of Hydrology, 97(1-2): 1-22.

BLOWES D W, JAMBOR J L, 1990. The pore-water geochemistry and the mineralogy of the vadose zone of sulfide tailings, Waite Amulet, Quebec, Canada. Applied Geochemistry, 5(3): 327-346.

BLOWES D W, REARDON E J, JAMBOR J L, et al., 1991. The formation and potential importance of cemented layers in inactive sulfide mine tailings. Geochimica Et Cosmochimica Acta, 55(4): 965-978.

BOND P L, DRUSCHEL G K, BANFIELD J F, 2000. Comparison of acid mine drainage microbial communities in physically and geochemically distinct ecosystems. Applied and Environmental

Microbiology, 66(11): 4962-4971.

BOORMAN R S, WATSON D M, 1976. Chemical processes in abandoned sulfide tailings dumps and environmental implications for northeastern New Brunswick. Canadian Institution of Mining and Metallurgical Bulletin, 69: 86-96.

BORGMANN U, NORWOOD W P, REYNOLDSON T B, et al., 2001. Identifying cause in sediment assessments: Bioavailability and the Sediment Quality Triad. Canadian Journal of Fisheries and Aquatic Sciences, 58(5): 950-960.

BOWELL R, 1994. Sorption of arsenic by iron oxides and oxyhydroxides in soils. Applied Geochemistry, 9(3): 279-286.

BRIDGE T A, JOHNSON D B, 1998. Reduction of soluble iron and reductive dissolution of ferric iron-containing minerals by moderately thermophilic iron-oxidizing bacteria. Applied and Environmental Microbiology, 64(6): 2181-2186.

BRIDGE T A, JOHNSON D B, 2000. Reductive dissolution of ferric iron minerals by *Acidiphilium* SJH. Geomicrobiology Journal, 17(3): 193-206.

BUCKLEY A N, WALKER G W, 1988. The surface composition of arsenopyrite exposed to oxidizing environments. Applied Surface Science, 35(2): 227-240.

BUCKLEY A, WOUTERLOOD H, WOODS R, 1989. The surface composition of natural sphalerites under oxidative leaching conditions. Hydrometallurgy, 22(1-2): 39-56.

BURTON E D, BUSH R T, JOHNSTON S G, et al., 2009. Sorption of arsenic(V) and arsenic(III) to Schwertmannite. Environmental Science & Technology, 43(24): 9202-9207.

CASEY W H, SPOSITO G, 1992. On the temperature dependence of mineral dissolution rates. Geochimica Et Cosmochimica Acta, 56(10): 3825-3830.

CASIOT C, LEBRUN S, MORIN G, et al., 2005. Sorption and redox processes controlling arsenic fate and transport in a stream impacted by acid mine drainage. Science of the Total Environment, 347(1-3): 122-130.

CATHLES L, 1979. Predictive capabilities of a finite difference model of copper leaching in low grade industrial sulfide waste dumps. Journal of the International Association for Mathematical Geology, 11(2): 175-191.

COGGANS C, BLOWES D, ROBERTSON W, et al., 1998. The hydrogeochemistry of a nickel-mine tailings impoundment, Copper Cliff, Ontario. Reviews in Economic Geology B, 6: 447-465.

CORKHILL C, VAUGHAN D, 2009. Arsenopyrite oxidation: A review. Applied Geochemistry, 24(12): 2342-2361.

COUPLAND K, JOHNSON D B, 2008. Evidence that the potential for dissimilatory ferric iron reduction is widespread among acidophilic heterotrophic bacteria. FEMS Microbiology Letters, 279(1): 30-35.

CUMMINGS D E, CACCAVO F, FENDORF S, et al., 1999. Arsenic mobilization by the dissimilatory Fe(III)-reducing bacterium Shewanella alga BrY. Environmental Science & Technology, 33(5): 723-729.

DARRELL K N, 1982. Aqueous pyrite oxidation and the consequent formation of secondary iron minerals. Acid sulfate weathering, 10: 37-56.

DASKALAKIS K D, HELI G R, 1993. The solubility of sphalerite (ZnS) in sulfidic solutions at 25 ℃ and 1 atm pressure. Geochimica Et Cosmochimica Acta, 57(20): 4923-4931.

DAVIS A, ASHENBERG D, 1989. The aqueous geochemistry of the Berkeley pit, Butte, Montana, USA. Applied Geochemistry, 4(1): 23-36.

DOMAGALSKI J, 2001. Mercury and methylmercury in water and sediment of the Sacramento River Basin, California. Applied Geochemistry, 16(15): 1677-1691.

DOPSON M, JOHNSON D B, 2012. Biodiversity, metabolism and applications of acidophilic sulfur-metabolizing microorganisms. Environmental Microbiology, 14(10): 2620-2631.

DUBROVSKY N, MORIN K, CHERRY J, et al., 1984. Uranium tailings acidification and subsurface contaminant migration in a sand aquifer. Water Quality Research Journal, 19(2): 55-89.

DUSHENKO W T, BRIGHT D A, REIMER K J, 1995. Arsenic bioaccumulation and toxicity in aquatic macrophytes exposed to gold-mine effluent: Relationships with environmental partitioning, metal uptake and nutrients. Aquatic Botany, 50(2): 141-158.

DUTRIZAC J, MACDONALD R, 1973. The effect of some impurities on the rate of chalcopyrite dissolution. Canadian Metallurgical Quarterly, 12(4): 409-420.

FERRONI G D, LEDUC L G, 1994. The chemolithotrophic bacterium thiobacillus ferrooxidans. FEMS Microbiology Reviews, 14(2): 103-119.

FORNASIERO D, LI F, RALSTON J, et al., 1994. Oxidation of galena surfaces: I. X-ray photoelectron spectroscopic and dissolution kinetics studies. Journal of Colloid and Interface Science, 164(2): 333-344.

GAMMONS C H, DUAIME T E, 2006. Long term changes in the limnology and geochemistry of the Berkeley pit lake, Butte, Montana. Mine Water and the Environment, 25(2): 76-85.

GASHAROVA B, G TTLICHER J, BECKER U, 2005. Dissolution at the surface of jarosite: An in situ AFM study. Chemical Geology, 215(1): 499-516.

GHAURI M A, OKIBE N, JOHNSON D B, 2007. Attachment of acidophilic bacteria to solid surfaces: The significance of species and strain variations. Hydrometallurgy, 85(2-4): 72-80.

GRAMP J P, WANG H, BIGHAM J M, et al., 2009. Biogenic synthesis and reduction of Fe(III)-hydroxysulfates. Geomicrobiology Journal, 26(4): 275-280.

GRAY J E, THEODORAKOS P M, BAILEY E A, et al., 2000. Distribution, speciation, and transport of mercury in stream-sediment, stream-water, and fish collected near abandoned mercury mines in southwestern Alaska, USA. Science of the Total Environment, 260(1-3): 21-33.

HACKL R, DREISINGER D, PETERS L, et al., 1995. Passivation of chalcopyrite during oxidative leaching in sulfate media. Hydrometallurgy, 39(1-3): 25-48.

HALLBERG K B, JOHNSON D B, 2001. Biodiversity of acidophilic prokaryotes. Advances in Applied Microbiology, 49: 37-84.

HALLBERG K B, GRAIL B M, DU PLESSIS C A, et al., 2011a. Reductive dissolution of ferric iron minerals: A new approach for bio-processing nickel laterites. Minerals Engineering, 24(7): 620-624.

HALLBERG K B, HEDRICH S, JOHNSON D B, 2011b. *Acidiferrobacter thiooxydans*, gen. nov. sp. nov.; an acidophilic, thermo-tolerant, facultatively anaerobic iron-and sulfur-oxidizer of the family Ectothiorhodospiraceae. Extremophiles, 15(2): 271-279.

HAZEN J M, WILLIAMS M W, STOVER B, et al., 2002. Characterisation of acid mine drainage using a combination of hydrometric, chemical and isotopic analyses, Mary Murphy Mine, Colorado. Environmental Geochemistry and Health, 24(1): 1-22.

HEIKENS A, PEIJNENBURG W J G M, HENDRIKS A J, 2001. Bioaccumulation of heavy metals in terrestrial invertebrates. Environmental Pollution, 113(3): 385-393.

HEINZEL E, JANNECK E, GLOMBITZA F, et al., 2009. Population dynamics of iron-oxidizing communities in pilot plants for the treatment of acid mine waters. Environmental Science & Technology, 43(16): 6138-6144.

HILLER E, JURKOVIČ Ľ, ŠUTRIEPKA M, 2010. Metals in the surface sediments of selected water reservoirs, Slovakia. Bulletin of Environmental Contamination and Toxicology, 84(5): 635-640.

HIROYOSHI N, HIROTA M, HIRAJIMA T, et al., 1997. A case of ferrous sulfate addition enhancing chalcopyrite leaching. Hydrometallurgy, 47(1): 37-45.

HOLMES P R, CRUNDWELL F K, 2000. The kinetics of the oxidation of pyrite by ferric ions and dissolved oxygen: An electrochemical study. Geochimica Et Cosmochimica Acta, 64(2): 263-274.

HOLMSTRÖM M H, LJUNGBERG J, EKSTR M M, et al., 1999. Secondary copper enrichment in tailings at the Laver mine, northern Sweden. Environmental Geology, 38(4): 327-342.

HUDSON-EDWARDS K A, MACKLIN M G, CURTIS C D, et al., 1996. Processes of formation and distribution of Pb-, Zn-, Cd-, and Cu-bearing minerals in the Tyne Basin, Northeast England: Implications for Metal-Contaminated River Systems. Environmental Science & Technology, 30(1): 72-80.

HUMINICKI D M, RIMSTIDT J D, 2009. Iron oxyhydroxide coating of pyrite for acid mine drainage control. Applied Geochemistry, 24(9): 1626-1634.

IGLESIAS J, PAZOS M, ANDERSEN M L, et al., 2009. Caffeic acid as antioxidant in fish muscle: Mechanism of synergism with endogenous ascorbic acid and α-tocopherol. Journal of Agricultural and Food Chemistry, 57(2): 675-681.

JAMBOR J, 1994. Mineralogy of sulfide-rich tailings and their oxidation products. Environmental Geochemistry of Sulfide Mine-Wastes, 22: 59-102.

JANZEN M P, NICHOLSON R V, SCHARER J M, 2000. Pyrrhotite reaction kinetics: Reaction rates for oxidation by oxygen, ferric iron, and for nonoxidative dissolution. Geochimica Et Cosmochimica Acta, 64(9): 1511-1522.

JENNINGS S R, DOLLHOPF D J, INSKEEP W P, 2000. Acid production from sulfide minerals using hydrogen peroxide weathering. Applied Geochemistry, 15(2): 235-243.

JOHNSON D B, 2006. Biohydrometallurgy and the environment: Intimate and important interplay. Hydrometallurgy, 83(1): 153-166.

JOHNSON D B, 2007. Physiology and ecology of acidophilic microorganisms//Physiology and biochemistry of extremophiles. American Society of Microbiology: 257-270.

JOHNSON D B, 2010. The biogeochemistry of biomining. New York: Springer.

JOHNSON D B, HALLBERG K B, 2008. Carbon, iron and sulfur metabolism in acidophilic micro-organisms.

Advances in microbial physiology, 54: 201-255.

JOHNSON D B, BACELAR-NICOLAU P, OKIBE N, et al., 2009. *Ferrimicrobium acidiphilum* gen. nov., sp. nov. and *Ferrithrix thermotolerans* gen. nov., sp. nov.: Heterotrophic, iron-oxidizing, extremely acidophilic actinobacteria. International Journal of Systematic and Evolutionary Microbiology, 59(5): 1082-1089.

JOHNSON D B, KANAO T, HEDRICH S, 2012. Redox transformations of iron at extremely low pH: Fundamental and applied aspects. Frontiers in Microbiology, 3: 96.

JOHNSON R, BLOWES D, ROBERTSON W, et al., 2000. The hydrogeochemistry of the Nickel Rim mine tailings impoundment, Sudbury, Ontario. Journal of Contaminant Hydrology, 41(1-2): 49-80.

JONES C F, LECOUNT S, SMART R S C, et al., 1992. Compositional and structural alteration of pyrrhotite surfaces in solution: XPS and XRD studies. Applied Surface Science, 55(1): 65-85.

JONES E J P, NADEAU T L, VOYTEK M A, et al., 2006. Role of microbial iron reduction in the dissolution of iron hydroxysulfate minerals. Journal of Geophysical Research, 111: G01012.

KIMURA S, BRYAN C G, HALLBERG K B, et al., 2011. Biodiversity and geochemistry of an extremely acidic, low-temperature subterranean environment sustained by chemolithotrophy. Environmental Microbiology, 13(8): 2092-2104.

LEE K Y, KIM K W, KIM S O, 2010. Geochemical and microbial effects on the mobilization of arsenic in mine tailing soils. Environmental Geochemistry and Health, 32(1): 31-44.

LENGKE M F, TEMPEL R N, 2003. Natural realgar and amorphous AsS oxidation kinetics. Geochimica Et Cosmochimica Acta, 67(5): 859-871.

LENGKE M F, TEMPEL R N, 2005. Geochemical modeling of arsenic sulfide oxidation kinetics in a mining environment. Geochimica Et Cosmochimica Acta, 69(2): 341-356.

LEVY D, CUSTIS K, CASEY W, et al., 1997. The aqueous geochemistry of the abandoned Spenceville copper pit, Nevada County, California. Journal of Environmental Quality, 26(1): 233-243.

LIM M-S, YEO I W, ROH Y, et al., 2008. Arsenic reduction and precipitation by *Shewanella* sp.: Batch and column tests. Geosciences Journal, 12(2): 151-157.

LIN Z, 1997. Mineralogical and chemical characterization of wastes from the sulfuric acid industry in Falun, Sweden. Environmental Geology, 30(3-4): 152-162.

LOVLEY D R, 1993. Dissimilatory metal reduction. Annual Review of Microbiology, 47(1): 263-290.

LUCASSEN E C, SMOLDERS A J, ROELOFS J G, 2000. Increased groundwater levels cause iron toxicity in *Glyceria fluitans* (L.). Aquatic Botany, 66(4): 321-327.

LUTHER III G W, 1987. Pyrite oxidation and reduction: Molecular orbital theory considerations. Geochimica Et Cosmochimica Acta, 51(12): 3193-3199.

MA Y, QIN Y, ZHENG B, et al., 2015. Seasonal variation of enrichment, accumulation and sources of heavy metals in suspended particulate matter and surface sediments in the Daliao river and Daliao river estuary, Northeast China. Environmental Earth Sciences, 73(9): 5107-5117.

MARKICH S J, BROWN P L, JEFFREE R A, 2001. Divalent metal accumulation in freshwater bivalves: An inverse relationship with metal phosphate solubility. Science of the Total Environment, 275(1): 27-41.

MASON R P, REINFELDER J R, MOREL F M, 1996. Uptake, toxicity, and trophic transfer of mercury in a coastal diatom. Environmental Science & Technology, 30(6): 1835-1845.

MCKIBBEN M A, BARNES H L, 1986. Oxidation of pyrite in low temperature acidic solutions: Rate laws and surface textures. Geochimica Et Cosmochimica Acta, 50(7): 1509-1520.

MCKIBBEN M, TALLANT B, DEL ANGEL J, 2008. Kinetics of inorganic arsenopyrite oxidation in acidic aqueous solutions. Applied Geochemistry, 23(2): 121-135.

MILLER G C, LYONS W B, DAVIS A, 1996. Peer reviewed: Understanding the water quality of pit lakes. Environmental Science & Technology, 30(3): 118-123.

MONCUR M, PTACEK C, BLOWES D, et al., 2005. Release, transport and attenuation of metals from an old tailings impoundment. Applied Geochemistry, 20(3): 639-659.

MONCUR M, JAMBOR J, PTACEK C, et al., 2009. Mine drainage from the weathering of sulfide minerals and magnetite. Applied Geochemistry, 24(12): 2362-2373.

MYCROFT J, NESBITT H, PRATT A, 1995. X-ray photoelectron and Auger electron spectroscopy of air-oxidized pyrrhotite: Distribution of oxidized species with depth. Geochimica Et Cosmochimica Acta, 59(4): 721-733.

NESBITT H, MUIR I, PRARR A, 1995. Oxidation of arsenopyrite by air and air-saturated, distilled water, and implications for mechanism of oxidation. Geochimica Et Cosmochimica Acta, 59(9): 1773-1786.

NESBITT H, MUIR I, 1998. Oxidation states and speciation of secondary products on pyrite and arsenopyrite reacted with mine waste waters and air. Mineralogy and Petrology, 62(1-2): 123-144.

NICHOLSON R, 1994. Iron-sulfide oxidation mechanisms: Laboratory studies. Environmental Geochemistry of Sulphide Mine-Wastes, 22: 163-183.

NORDSTROM D K, ALPERS C N, PTACEK C J, et al., 2000. Negative pH and extremely acidic mine waters from Iron Mountain, California. Environmental Science & Technology, 34(2): 254-258.

OREMLAND R S, STOLZ J F, 2003. The ecology of arsenic. Science, 300(5621): 939-944.

ORLOVA T, STUPNIKOV V, KRESTAN A, 1988. Mechanism of oxidative dissolution of sulfides. Journal of Applied Chemistry of the USSR, 61(10): 1989-1993.

PAKTUNC D, DUTRIZAC J, GERTSMAN V, 2008. Synthesis and phase transformations involving scorodite, ferric arsenate and arsenical ferrihydrite: Implications for arsenic mobility. Geochimica Et Cosmochimica Acta, 72(11): 2649-2672.

PETERSEN W, WALLMAN K, PINGLIN L, et al., 1995. Exchange of trace elements at the sediment-water interface during early diagenesis processes. Marine and Freshwater Research, 46(1): 19-26.

PRATT A, MUIR I, NESBITT H, 1994. X-ray photoelectron and Auger electron spectroscopic studies of pyrrhotite and mechanism of air oxidation. Geochimica Et Cosmochimica Acta, 58(2): 827-841.

RAI U N, TRIPATHI R D, VAJPAJEE P, et al., 2002. Bioaccumulation of toxic metals (Cr, Cd, Pb, and Cu) by seeds of *Euryale ferox* Salisb. (Makhana). Chemosphere 46: 267-272.

REARDON E, MODDLE P, 1985. Gas diffusion coefficient measurements on uranium mill tailings: Implications to cover layer design. Uranium (Amsterdam), 2(2): 111-131.

REEDY B J, BEATTIE J K, LOWSON R T, 1991. A vibrational spectroscopic ^{18}O tracer study of pyrite oxidation. Geochimica Et Cosmochimica Acta, 55(6): 1609-1614.

RIMSTIDT J D, CHERMAK J A, GAGEN P M, 1994. Rates of reaction of galena, sphalerite, chalcopyrite, and arsenopyrite with Fe(III) in acidic solutions. ACS Symposium Series, 550: 2-13.

RIMSTIDT J D, VAUGHAN D J, 2003. Pyrite oxidation: A state-of-the-art assessment of the reaction mechanism. Geochimica Et Cosmochimica Acta, 67(5): 873-880.

RITCHIE A, JAMBOR J, 2003. Oxidation and gas transport in piles of sulfidic material. Environmental Aspects of Mine Wastes, Short Course, 31: 73-94.

ROHWERDER T, SAND W, 2003. The sulfane sulfur of persulfides is the actual substrate of the sulfur-oxidizing enzymes from Acidithiobacillus and Acidiphilium spp. Microbiology, 149(7): 1699-1710.

ROWE O F, S NCHEZ-ESPA A J, HALLBERG K B, et al., 2007. Microbial communities and geochemical dynamics in an extremely acidic, metal-rich stream at an abandoned sulfide mine (Huelva, Spain) underpinned by two functional primary production systems. Environmental Microbiology, 9(7): 1761-1771.

RYTUBA J J, 2000. Mercury mine drainage and processes that control its environmental impact. Science of the Total Environment, 260(1-3): 57-71.

SABATER S, BUCHACA T, CAMBRA J, et al., 2003. Structure and function of benthic algal communities in an extremely acid river 1. Journal of Phycology, 39(3): 481-489.

SCHIPPERS A, SAND W, 1999. Bacterial leaching of metal sulfides proceeds by two indirect mechanisms via thiosulfate or via polysulfides and sulfur. Applied and Environmental Microbiology, 65(1): 319-321.

SEMPLE K T, DOICK K J, WICK L Y, et al., 2007. Microbial interactions with organic contaminants in soil: Definitions, processes and measurement. Environmental Pollution, 150(1): 166-176.

SHAPTER J G, BROOKER M, SKINNER W M, 2000. Observation of the oxidation of galena using Raman spectroscopy. International Journal of Mineral Processing, 60(3-4): 199-211.

SHEVENELL L, CONNORS K A, HENRY C D, 1999. Controls on pit lake water quality at sixteen open-pit mines in Nevada. Applied Geochemistry, 14(5): 669-687.

SIDENKO N V, LAZAREVA E V, BORTNIKOVA S B, et al., 2005. Geochemical and mineralogical zoning of high-sulfide mine-waste at the Berikul mine-site, Kemerovo region, Russia. The Canadian Mineralogist, 43(4): 1141-1156.

SINGER P C, STUMM W, 1970. Acidic mine drainage: The rate-determining step. Science, 167(3921): 1121-1123.

SLYEMI D, MOINIER D, BROCHIER-ARMANET C, et al., 2011. Characteristics of a phylogenetically ambiguous, arsenic-oxidizing Thiomonas sp., Thiomonas arsenitoxydans strain $_3$As^T sp. nov. Archives of Microbiology, 193(6): 439.

SMEATON C M, FRYER B J, WEISENER C G, 2009. Intracellular Precipitation of Pb by Shewanella putrefaciens CN32 during the Reductive Dissolution of Pb-Jarosite. Environmental Science & Technology, 43(21): 8086-8091.

SMEDLEY P L, KINNIBURGH D G, 2002. A review of the source, behaviour and distribution of arsenic in natural waters. Applied Geochemistry, 17(5): 517-568.

SMITH A M L, DUBBIN W E, WRIGHT K, et al., 2006. Dissolution of lead- and lead-arsenic-jarosites at pH 2 and 8 and 20 ℃: Insights from batch experiments. Chemical Geology, 229(4): 344-361.

STOHS S J, BAGCHI D, 1995. Oxidative mechanisms in the toxicity of metal ions. Free Radical Biology and Medicine, 18(2): 321-336.

THOMAS J E, JONES C F, SKINNER W M, et al., 1998. The role of surface sulfur species in the inhibition of pyrrhotite dissolution in acid conditions. Geochimica Et Cosmochimica Acta, 62(9): 1555-1565.

THOMAS J E, SKINNER W M, SMART R S C, 2001. A mechanism to explain sudden changes in rates and products for pyrrhotite dissolution in acid solution. Geochimica Et Cosmochimica Acta, 65(1): 1-12.

TODD E, SHERMAN D, PURTON J, 2003. Surface oxidation of pyrite under ambient atmospheric and aqueous (pH= 2 to 10) conditions: electronic structure and mineralogy from X-ray absorption spectroscopy. Geochimica Et Cosmochimica Acta, 67(5): 881-893.

TRIBUTSCH H, ROJAS-CHAPANA J, 2007. Bacterial strategies for obtaining chemical energy by degrading sulfide minerals. New York: Springer.

USEPA, 2000. Bioaccumulation Testing and interpretation for the purpose of sediment quality assessment: status and needs. Bioaccumulation Analysis Workgroup, US Environmental Protection Agency.

VAUGHAN D J, CRAIG J R, 1978. Mineral chemistry of metal sulfides. Cambridge: Cambridge Earth Science Series.

VERA M, SCHIPPERS A, SAND W, 2013. Progress in bioleaching: Fundamentals and mechanisms of bacterial metal sulfide oxidation-Part A. Applied Microbiology and Biotechnology, 97(17): 7529-7541.

VIOLANTE A, PIGNA M, 2002. Competitive sorption of arsenate and phosphate on different clay minerals and soils. Soil Science Society of America Journal, 66(6): 1788-1796.

WALKER F P, SCHREIBER M E, RIMSTIDT J D, 2006. Kinetics of arsenopyrite oxidative dissolution by oxygen. Geochimica Et Cosmochimica Acta, 70(7): 1668-1676.

WARREN L A, HAACK E A, 2001. Biogeochemical controls on metal behaviour in freshwater environments. Earth Science Reviews, 54(4): 261-320.

WEISENER C G, BABECHUK M, FRYER J, et al., 2008. Microbial biochemical alteration of silver jarosite in mine wastes: Implications for trace metal behavior in terrestrial systems. Geomicrobiology Journal, 25: 1-10.

WEISENER C, GUTHRIE J, SMEATON C, et al., 2011. The effect of Ca-Fe-As coatings on microbial leaching of metals in arsenic bearing mine waste. Journal of Geochemical Exploration, 110(1): 23-30.

WIERSMA C, RIMSTIDT J, 1984. Rates of reaction of pyrite and marcasite with ferric iron at pH 2. Geochimica Et Cosmochimica Acta, 48(1): 85-92.

WILLIAMS M, 2001. Arsenic in mine waters: An international study. Environmental Geology, 40(3): 267-278.

WILLIAMSON M A, RIMSTIDT J D, 1994. The kinetics and electrochemical rate-determining step of aqueous pyrite oxidation. Geochimica Et Cosmochimica Acta, 58(24): 5443-5454.

ZHANG H, ZHAI S, ZHANG A, et al., 2015. Heavy metals in suspended matters during a tidal cycle in the turbidity maximum around the Changjiang (Yangtze) Estuary. Acta Oceanologica Sinica, 34(10): 36-45.

第2章 矿山酸性废水处理技术

2.1 矿山酸性废水的源头控制技术

2.1.1 硫化物氧化控制

1. 物理隔离

图 2.1 为一种综合整治方法的矿山废弃物蓄水池示意图。由于尾矿库中包气带的硫化物矿物暴露于大气氧气中，与氧气和水反应产生酸性废水。氧气通过向下和向内运动进入尾矿库内部，有限的氧气传输速率限制了硫化物氧化和污染物的释放速率，可以通过采用各种物理屏障防止氧气进入尾矿库，防止矿山酸性废水的产生。常用的屏障是用水覆盖这些废物，由于氧气在水中的扩散系数较低，用水覆盖会限制氧气的运输。覆盖层一般由土壤组成，可以用来维持高含水量，也可采用合成的人工覆盖材料来降低氧运输的速率。除了阻碍氧气运输的覆盖物，也可采用由消耗氧气的材料构成覆盖物，如木材废料，用来防止底层硫化物矿物的氧化。

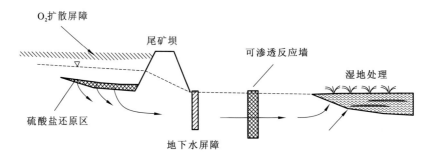

图 2.1　一种综合整治方法的矿山废弃物蓄水池示意图

为了达到最有效的预防效果，必须在尾矿库停止运行后采用物理屏障隔绝氧气输入。在矿山废料排放停止后，硫化物的氧化速率是最大的，紧接着水分含量开始下降。通过测量尾矿库蓄水池中溶解氧浓度，以及通过硫化物氧化速率的模型表明，由于活性氧向尾矿蓄水池中更深处迁移及氧气扩散路径的延长，大部分氧化发生在尾矿闭矿后的第一个十年，随后硫化物氧化速率迅速下降。这些结果表明，对于已进行了十多年的矿山废料氧化过程的尾矿库，控制方案的重点应从防止硫化物氧化转向溶解氧的控制（Mayer et al.，2002；Johnson et al.，2000）。

2. 水覆盖处理

在正常温度下，O_2 在水中的溶解度低，约为 8～13 mg/L。此外，O_2 在水中的扩散系数（$2 \times 10^{-9}\,m^2/s$）远低于 O_2 在空气中的扩散系数（$1.58 \times 10^{-5}\,m^2/s$）。利用这些性质可以通过用水覆盖矿井废物来限制硫化物矿物氧化的速率。水覆盖处理一般是将尾矿沉积在自然水体中，或建造蓄水池。尾矿中硫化物氧化程度远小于邻近陆上尾矿库的氧化程度（Pedersen et al.，1993），尾矿上沉积物形成的还原条件导致了自生硫化物矿物的形成。

将一个湖泊专门用于处理废料对环境的影响重大，需要进行水下监测，在某些地区不允许在自然水体中处理矿山废物，因此矿区应尽可能远离这些水体，以容纳采矿产生的大量矿山废物。在这些情况下，需要建造具有足够库容的地面尾矿库，以保证废物表面的水覆盖（Dave et al.，1994）。为了保护储存库的结构稳定，应将水面的高度减到最小。在不排尾矿的尾矿库内，应设置 1 m 或以下的水面，浅水覆盖可能会受到风的作用产生大量悬浮物（Vigneault et al.，2001；Yanful et al.，1999）。此外，太阳光可穿透水面，使尾矿表面的生物层产生氧气。由于这些过程，浅水覆盖并不能完全防止尾矿库中硫化物发生氧化（Vigneault et al.，2001）。虽然浅水覆盖层不能完全防止硫化物氧化，但与暴露在空气条件下的氧化相比，这些浅水覆盖层确实大大降低了硫化物的氧化速率。Vigneault 等（2001）估计，暴露于空气中的尾矿比在 0.3 m 水覆盖下的尾矿氧化的速率快了大约 2000 倍。

3. 干式覆盖

在许多矿山废物处理设施中建造的尾矿坝是由选矿和尾矿产生的粗细不同废石组成。在尾矿完成后进行排水和加固，加固提高了挡土坝的稳定性。选择的覆盖方法包括在负压下保持高水分含量的覆盖层。在地下水位线以上几米的地方铺上一层干燥的覆盖层，干式覆盖层通常由不同粒径的黏土层组成（Holmstr et al.，2001；Nicholson et al.，1989），较为简单的是由一层细颗粒的材料组成。例如在澳大利亚北部兰姆丛林矿场的尾矿于 1988 年覆盖了一层细粒度的覆盖层，一直以来进行定期监测（Harries et al.，1987，1985）。对现场数据的分析和建模表明，覆盖层使底层硫化物矿物的氧化速率降低了三分之一至二分之一，最近的数据表明，氧气渗透速率和氧化速率呈加快的趋势（Timms et al.，2000）。更复杂的覆盖层可能由几层组成，每一层都具有不同的土壤特性。例如瑞典 Bersbo 矿的覆盖层包括细粒黏土和粗粒骨料，以及一层天然耕作的保护层（Lundgren，2001）。矿井也可以采用干式覆盖法，目的是防止降水渗入矿井，这些覆盖物的设计是为了在潮湿的季节保持水分，并在干燥的季节促进水分的蒸发（Durham et al.，2000）。

4. 合成覆盖

用合成材料制成的覆盖物置于矿山废料场表面，以防止氧气和水的进入。合成材料包括聚乙烯、混凝土和沥青等。复杂的覆盖层可由粉煤灰和混凝土组成，该覆盖层包括稳定的颗粒层、混凝土密封层和 2 m 厚的泥土保护层。尽管覆盖层形成了隔绝氧气的屏障，但气压的变化依然会导致氧气迁移到废料中（Lundgren，2001）。加拿大魁北克一个闭矿的铜锌尾矿库，为了防止污染物的释放，采用了土工膜和防护黏土覆盖回填 0.5～1.5 m，并封存在水面下（Lewis et al.，1999）。

5. 耗氧材料

一些有机材料已经应用到矿山废弃物的表面（Tassé et al.，1994），应用这些材料主要目的是通过拦截和消耗氧气来防止氧气进入矿山废石中。木材废料和其他有机碳废料常用作覆盖材料。Reardon 等（1984）评估了木材废料作为含硫尾矿耗氧屏障的应用潜力，这些材料可能提供有效的氧屏障，以阻止氧气进入尾矿下部，但有机碳覆盖的寿命不足以保证该方法长期可行。木材废料或从纸浆造纸中提取的材料有可能滤出有机酸，而有机酸随后就会进入尾矿的底部。对于新沉积的尾矿，硫化物矿物的氧化作用很小，这些有机酸不会对环境造成有害影响。然而如果在风化硫化物尾矿上埋设有机覆盖层，积累的含铁次生矿物可能被有机覆盖层释放的有机酸还原溶解（Ribeta et al.，1995；Reardon et al.，1984）。

6. 化学处理

目前已有多种方法防止硫化物矿物的氧化。有研究者提出可将硫化物矿物包埋在惰性材料中，从而防止硫化物矿物表面的氧化。也有研究者建议用硅酸盐材料，硅酸盐与硫化物矿物表面的铁结合能使表面钝化，磷酸盐也能以类似的方式结合在硫化物表面。实验表明，磷酸盐和硅酸盐阴离子能使硫化物矿物表面的氧化速率下降很多（Ueshima et al.，2004；Huang et al.，1994）。用乙酰丙酮或硅酸钠包覆黄铁矿颗粒也会降低黄铁矿颗粒的氧化速率（Belzile et al.，1997）。应用这些材料相对于原始硫化物矿物，在硫化物矿物表面形成的保护层会大大降低硫化氧化的速率。除加入阴离子试剂的化学处理外，Fytas 等（2002）还提出了使用高锰酸盐等强氧化剂加速硫化颗粒的氧化，其目的是为硫化物颗粒的表面氧化创造一个保护层。

7. 杀菌剂

当 pH 低于 3.5 时，非生物黄铁矿氧化率下降，细菌介导的黄铁矿氧化占主导地位。许多研究人员已经评估了使用杀菌剂以防止细菌活动从而限制硫化物氧化速率，这些杀菌剂主要是阴离子表面活性剂，可以直接应用于矿山废料表面，也可以与矿山废料混合，这种方法的初步结果非常有效（Dugan，1987）。加入橡胶颗粒后能减缓表面活性剂的缓释，可在实际应用中延长这些表面活性剂的使用时间。一些低分子量有机酸对微生物具有毒性，在低 pH 时它们具有中性电荷，能够扩散到细胞膜上，并使细胞物质去质子化从而杀灭微生物（Aston et al.，2009）。然而使用有机酸成本较高，而且降解也非常快。硫氰酸盐也被用作废石中硫化物矿物氧化的抑制剂，但硫氰酸盐是有毒的，很难获得监管部门的批准（Stichbury et al.，1995）。也有使用巯基阻断剂抑制早期细菌参与的硫化物氧化，能够完成抑制 *At. ferrooxidans* 和减缓 *At. thiooxidans* 和 *Thiobacillus thioparus* 的繁殖，但是不能保障长时间有效（Gould et al.，1997）。

2.1.2 物理拦截

物理拦截主要是物理过滤，是使含悬浮物的废水流过具有一定空隙率的过滤介质，水中的悬浮物被截留在介质表面或内部而除去，物理拦截的对象主要是细小颗粒、细小的藻类、细菌及病毒。过滤常作为吸附、离子交换、膜分离法等的预处理手段，也作为生化处理后的深度处理，使过滤后出水达到回用要求。通常在工程应用中采用的过滤装置有格栅和筛网。通过过滤，可以进一步降低水的浊度，同时水中细菌及病毒将随水的浊度降低而部分被去除，使过滤后水中的细菌、病毒等没有浑浊物的保护和依附时，过滤后在消毒过程中也将容易被灭杀。

2.1.3 植物拦截

含重金属离子的矿山废水有可能会随地表径流或地下径流污染水体，导致水质恶化，以此水源为依靠的生物便会受到威胁；若被排入农田，对大多数植物都有毒害作用，导致大部分植物枯萎、死亡，严重影响农作物的质量和产量，少部分植物吸收重金属后，通过食物链危害人类健康。因此，在实现污染区生态修复的远期目标前，有必要采取适当的措施，建立土壤渗漏液和地表径流拦截处理系统，控制重金属元素污染的扩散，以保证矿区周边环境的生态安全（陈星 等，2012）。

通过对项目点植物群落进行调查，根据物种优势度大小筛选出该区域耐受性强的植物，然后配合在实验室开展的土培和沙培，用重金属胁迫实验来筛选具体的重金属超富集植物（龙健 等，2013）。在进行植物筛选时应遵从以下原则（陶正凯 等，2019）。

（1）适应能力。植物正常生长发育有赖于良好的土壤环境，但在自然界中，植物生长的土壤往往存在各种各样的障碍因素，限制着植物的生长。例如，陆地表面大面积盐碱土中盐分含量较高，受矿山污染的土壤中重金属离子浓度较高。植物在长期进化过程中对各种逆境产生了一定的适应能力，在一定程度上能忍受上述不良条件。

（2）景观效应。植物种植面积较大，物种选择应当优先选择本地物种，以防止物种入侵，同时可以通过植物混种弥补植物季节性生长差异。植物种植应当注意种植密度，一方面是植物景观美学的要求，另一方面也是植物健康生长的要求。总之，对植物的选择应当从群落配置、合理布局、美学价值等方面进行选择和配置，以实现较好的景观效应。

（3）综合利用价值。植物也会凋谢，冬季及时收割枯败湿地植物可以防止二次污染，提高水体净化效果。对于收获后植物综合利用的研究较少，常见的利用方式包括制取沼气、乙醇燃料、有机肥料、生物炭等，此外还可以用作动物饲料或者种植观赏类植物、水生蔬菜等。选择具有较高的综合利用价值的植物可以实现资源的循环化利用。

（4）净化能力。植物的净化能力当然是在进行植物选择时的首要条件，应当根据实际情况对植物进行选择。

（5）根系作用。植物的根系具有防止水土流失的作用，而且植物根系分泌物参与了土壤中污染物的去除，选择根系发达的植物可以增强去除效果。

（6）维护管理。植物在环境中会遭受害虫及恶劣环境等因素的考验，选择能够抗病害、抗霜冻、抗倒伏的植物，将会降低人工维护成本，提高经济效益。

2.1.4　重金属固定化

重金属固定化技术指运用物理或化学的方法将重金属有害物质固定起来，或将重金属转化成化学性质不活泼的形态，阻止其在环境中迁移、扩散等过程，从而降低重金属的毒害程度的修复技术。

基于降低风险的目的，通过向土壤中加入固化剂，以调节和改变重金属在土壤中的物理化学性质，使其产生吸附、络合、沉淀、离子交换和氧化还原等一系列反应，降低其在土壤环境中的生物有效性和可迁移性，从而减少重金属元素对动植物的毒性（陶雪等，2016）。常见的土壤重金属污染固定化技术有：水泥固化、石灰火山灰固化、塑性材料包容固化、玻璃化技术固化、药剂固化（郝汉舟 等，2011）。但该方法只是改变了重金属在土壤中的形态，并没有使重金属从土壤中脱离出来，随着外在条件的改变，其生物有效性很有可能会发生改变，若被活化则可能再次污染环境。

对于水环境中的重金属污染，采用固定化技术时，常与微生物结合起来，运用微生物固定化技术对矿山酸性废水中的重金属进行去除。常用的固定化方法有吸附法、包埋法、交联法、共价耦联法。其中，吸附法是较为常用的方法之一。吸附法主要是利用微生物与载体之间的静电力、表面张力等作用力，将微生物细胞吸附到载体的表面，从而实现对微生物细胞的固定，这种方法所实现的固定化作用力比较弱，因而对载体的选择要求较高。包埋法是将微生物细胞包埋在高聚物凝胶的内部或膜内，或利用多孔性的材料，使微生物细胞扩散到其内部，微生物细胞固定不动，而代谢产物及小分子底物可以自由进出。交联法最大的特点是不需要载体，直接用微生物表面含有的反应基团与含有多功能的基团的交联剂结合，形成共价键，完成固定化，但这种方法会影响微生物细胞的活性，而且交联剂价格昂贵，不具有实际应用价值。共价键结合法是利用固体材料表面的基团与微生物表面的反应基团结合形成共价键而完成固定化，这种方法可以使微生物牢牢地吸附在固体材料的表面，具有很强的结合能力。

与传统物理化学方法相比，固定化具有投资小、运行费用低、无二次污染等特点，研究人员将大量精力投入到该技术上（赵燕 等，2010）。张鸿郭等（2017）采用固定化硫酸盐还原菌（sulfate reducing bacteria，SRB）处理含铊废水，处理量高达 253.94 μg/g，实验表明，菌液包埋量和废水中硫酸根离子浓度对固定化处理含铊废水作用重要，包埋后 SRB 仍能够保持较强活性，pH 和接触时间对固定化 SRB 处理含铊废水具有较大影响，包埋小球 pH 耐受性较好，最适 pH 为 6，处理在 720 min 达到饱和量。

2.1.5　矿山酸性废水的安全收集

废水收集是废水处理的基础，对矿山酸性废水进行有效处理，需先将废水收集起来。对于一般的废水处理，例如点源污染，可以采用单独处理和集中处理两种方式：单独处理指企业对污染源建造和运行小型废水处理设施；集中处理就是指将废水纳入城市污水管网，由污水厂进行统一处理。对面源污染，如矿山酸性废水之类的就不便铺设管网，在实际的工程应用中，往往会修建拦截池或废水收集池，根据实际情况改变废水径流方向，使所有废水都流往收集池，再进行下一步的处理。

2.2　矿山酸性废水的主动式处理技术

主动式处理技术一般需要人为的操作和定期的维护，适用于正在运行的矿山和大水量的矿山酸性废水处理。它类似于传统的废水处理厂，具有去除效果好、效率高等优点。矿山酸性废水的主动式处理技术主要包括中和沉淀法、氧化还原法、硫化物沉淀法、氧气曝气过滤法、离子交换法等。

2.2.1　中和沉淀法

中和沉淀法又称氢氧化物沉淀法，是指向含重金属离子的废水中加入氢氧化物进行中和反应，生成金属沉淀物以达到去除的目的。目前，应用较为广泛的中和剂有石灰或石灰石。以石灰或石灰石作为中和剂，一般工艺流程有直接投加石灰沉淀法、石灰石中和法、升流式变滤速中和法（将细颗粒石灰石或白云石装入中和塔，水流自上而下通过滤料，发生中和反应）。如采用石灰法处理只含一类重金属离子的矿山酸性废水时，投加的碱量可根据废水的 pH、重金属离子浓度和石灰的纯度进行计算确定。重金属酸性废水投加石灰后要求达到的 pH，可根据重金属氢氧化物的溶度积和处理后的水质标准要求来计算确定。对于一些两性重金属，污水的 pH 控制还要考虑羟基络合离子的干扰。

常温下处理单一重金属废水的 pH 要求可参照表 2.1 中的数值。如采用沉渣回流技术，则加石灰后的污水 pH 可小于表 2.1 所列数值。

表 2.1　处理单一重金属污水的 pH 要求

项目	Cd^{2+}	Co^{2+}	Cr^{3+}	Cu^{2+}	Fe^{3+}	Fe^{2+}	Zn^{2+}
pH	11～12	7～8.5	7～8.5	7～12	9～13	>4	9～10

含多种重金属离子的废水，无论是一步沉淀还是分步沉淀，控制的 pH 都需试验或参考类似废水处理的实际运行数据确定。

重金属酸性废水中的某些阴离子会影响石灰法的处理效果，应进行前处理。含 CN^- 的废水，可使用氧化剂使 CN^- 分解；含 Cl^- 的废水，不宜采用氯化物作共沉剂；含 NH_3 的废水，可采用加温或其他方法先去除 NH_3。含草酸、乙酸、酒石酸、乙二胺四乙酸、乙二胺等的重金属酸性废水，应先使之氧化分解。

投加石灰和共沉剂后生成的金属氢氧化物，应采用沉淀法去除，是否需要过滤应根据处理后的水质要求确定。处理含多种重金属的污水，若需分别回收污水中的有价金属，或为了提高回收有价金属的品位，宜采用分步沉淀。分步沉淀可采用石灰法或石灰法与硫化法相结合。

2.2.2   氧化还原法

氧化还原法原理是经过氧化还原作用，把溶解于废水中的有毒有害重金属转化成对环境无毒害作用的新物质。在氧化还原反应过程中，当有毒重金属作为还原剂时就得需要加入氧化剂氧化这类重金属，其中空气、臭氧、氯气、漂白粉、次氯酸钠等都是具有良好性能的氧化剂；当有毒重金属作为氧化剂时，则需要外加还原剂来还原，其中硫酸亚铁、氯化亚铁、锌粉等对还原水中重金属有良好的性能。其氧化还原法包括以下几个方面。

（1）投加化学药剂氧化。当废水中的有毒重金属为还原性物质，向其中投加特定的氧化助剂，将有毒重金属氧化成无毒或毒性较小的重金属离子或者通过离子间的相互作用沉淀下来，此种方法就称为化学药剂氧化法。在重金属废水处理中用得最多的化学药剂是氯氧化物，即投加含氯氧化物的药剂如液氯、漂白粉等，其原理就是利用化学药剂产生的次氯酸根的强氧化作用。

（2）臭氧氧化法。臭氧具有的超强氧化能力可被应用到废水处理中，使溶解于污水（或废水）中的重金属离子氧化成容易沉淀的其他价态重金属离子，使重金属沉淀下来而净化水质。它除了可以氧化重金属使其沉淀，还可以降低水中的有机物和其他物质，同时具有脱色、除臭、杀菌等功能。

（3）化学药剂还原与金属还原法。化学药剂还原法是利用一些化学药剂具有的还原性，将废水中的有毒重金属离子还原成低毒或无毒的物质或沉淀的一种方法。例如在处理含铬废水时投加硫酸亚铁试剂。亚铁离子在反应中起还原作用，在酸性条件下的六价铬会被硫酸亚铁还原成三价铬，同时亚铁离子被氧化成铁离子，最后通过中和沉淀作用将三价铬沉淀下来而被除去。金属还原法是向重金属废水中投加具有还原作用的金属物质，将溶解于水中氧化性的金属离子还原成单质而析出，同时投加的还原性金属形成离子态存在水中。该方法通常用来处理受重金属污染的水质，例如向含汞废水中投加铁屑，铁屑的还原作用可使重金属汞析出。

2.2.3   硫化物沉淀法

硫化物沉淀法是通过向污水中投加硫化试剂，使污水中的金属离子形成硫化物沉淀。

一般硫化物的溶度积要比氢氧化物沉淀的溶度积小。该法常用的硫化物有硫化钠、硫氢化钠、硫化钙、硫化铁等。使用硫化物沉淀法的过程中，生成的硫化物较难沉淀，需加絮凝剂增强去除效果，而且硫化物沉淀颗粒小，易形成胶体，在分离时较为困难。虽然硫化物沉淀法有较好的沉淀效果，但在实际的工程应用中，应注意硫化氢所带来的二次污染问题。

2.2.4　氧气曝气过滤法

在地下水、湖泊和水库深层水中溶解氧浓度低，使水中的 Fe^{3+} 和 Mn^{4+} 还原成溶解的 Fe^{2+} 和 Mn^{2+}，造成铁锰浓度较高，需要加以处理。通常可采用氧气曝气过滤法来去除 Fe^{2+} 和 Mn^{2+}。水中的 Fe^{2+} 在曝气过程中能被 O_2 直接氧化生成 Fe^{3+}，Fe^{3+} 通过水解作用生成铁的氢氧化物沉淀。

含 Mn^{2+} 地下水曝气后，能形成黑色或暗褐色的"锰质熟砂"，经滤层过滤能使高价锰的氧化物逐渐附着在滤料表面上，提高氧化速率，使 Mn^{2+} 在较低的 pH 条件下，就能氧化为高价锰而从水中除去。Fe^{2+} 大大阻碍 Mn^{2+} 的氧化。因此只有当水中不存在 Fe^{2+} 的情况下，Mn^{2+} 才能通过曝气方式被氧化。在地下水中含锰、铁的情况下，一般要先除 Fe^{2+}，后除 Mn^{2+}。

2.2.5　离子交换法

离子交换法是一种利用废水金属离子与离子交换树脂发生离子交换作用的过程，从而富集金属离子，进而去除废水中金属离子的方法（李宁，2015）。离子交换树脂中通常含有羟基、氨基等活性基团，可以和金属离子进行螯合交换反应。常用的离子交换树脂可以分为阳离子交换树脂、阴离子交换树脂、螯合树脂和腐殖酸树脂等。离子交换法具有处理效果稳定、设备简单、易于控制的优点，并且可以回收多种金属离子。但是通常对金属离子的选择性较差，pH 要求高，而且树脂需要频繁的再生，操作成本比较高。

2.2.6　废水的资源回收利用

矿山酸性废水中的金属和硫酸盐大多数情况是对环境有害的污染物，但也可以看作潜在的可回收资源。矿山酸性废水中的许多成分都可以被回收并加以利用。比如实验室常用的氢氧化铁、铁氧体、硫酸钡、石膏、稀土金属、硫磺和硫酸这些化学品，使用废水来提取制造这些化学试剂将会产生极大的社会效益和环境效益（Kefeni et al.，2017）。目前已有很多废水资源回收利用的报道，很多都达到了良好的回收效果（Gleason，2009）。

2.2.7　铁氧体回收法

铁氧体回收法处理含重金属废水得到了广泛的研究。常温铁氧体技术是指利用铁氧体沉淀废水中的金属离子（郑雅杰 等，2011）。在一定 pH 范围内将矿山酸性废水加热进而沉淀出铁氧体，铁氧体是制作多种磁性材料的原料，因此该方法可以变废为宝，具有处理效果好、设备简单的优点（图 2.2）。但是目前只进行了实验室规模的实验，并没有大规模应用的实例（Brown et al.，2007）。

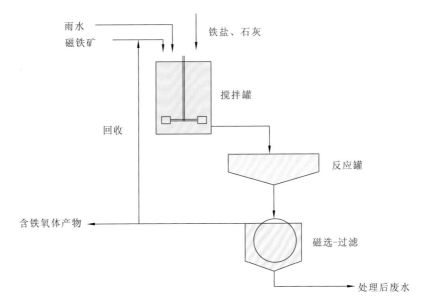

图 2.2　常温铁氧体回收法处理矿山酸性废水示意图（Brown et al.，2007）

2.3　矿山酸性废水的被动式处理技术

2.3.1　被动式处理技术概念及适用范围

被动式处理技术是指在人为控制的环境中，利用自然界自然发生的生物化学反应去除水中污染物的一种传统工艺（肖利萍 等，2008）。被动式处理技术常用于流量较小的废弃矿区酸性废水治理。相对于主动式处理技术，被动式处理技术不需要恒定地加入化学试剂，使用的一般是环境友好材料，从而减少运行成本，降低 NH_3、NaOH 等化学药剂向环境中释放及与人体接触的风险，并且产生的污泥量较少，是一种比较理想的废水处理技术。但是该技术也存在处理效率低下、反应时间长等局限（Skousen et al.，2017；Iakovleva et al.，2015；Johnson，2014）。被动式处理技术和主动式处理技术并不是严格区分的。因为即使是被动式处理技术也需要进行定期的检修和维护。人工湿地法、石灰石沟法、硫酸盐还原菌反应器及可渗透反应墙等都是比较常见的被动式处理技术（Kefeni et al.，2017）。

2.3.2　矿山酸性废水被动式处理的重金属去除机制

矿山酸性废水中含有浓度很高的金属离子。被动式处理技术去除重金属的机制十分复杂，包括微生物对金属的氧化作用，比如铁锰氧化细菌对铁、锰金属的氧化作用形成氢氧化物沉淀，微量金属与铁氢氧化物、锰氧化物的共沉淀，在有机质层中金属的还原和金属硫化物的形成，与有机物形成络合物沉淀，吸附作用，以及植物的吸收作用（Skousen et al.，2017）。

2.3.3　人工湿地在矿山酸性废水处理中的应用

人工湿地（constructed wetlands）是由人工基质（砾石、砂、土壤、煤渣、陶粒填料等材质）、流淌在基质上或者基质内的水体、水生植物（挺水植物、沉水植物）、生活在系统内的脊椎和无脊椎生物及微生物群落所组成的复杂生态系统（Brown et al.，2007；Hallberg et al.，2005）。人工湿地法是一种集沉淀、过滤、吸附、氧化、微生物合成与分解代谢，植物吸收与代谢作用于一体的废水处理工艺，具有建造、运行成本低、维护简单、出水水质好和负荷变化适应能力强等优点。缺点是占地面积大，不能有效去除浓度较高的金属离子废水，寒冷地区冬季的处理效果较差（易文涛，2015；Ziemkiewicz et al.，2003）。

人工湿地法处理酸性废水的基本原理就是在基质、湿地植物、微生物、无脊椎动物、脊椎动物等共同作用下实现对废水酸性的中和及其中金属离子的去除（Brown et al.，2007）。这些过程是物理、化学和生物共同作用的结果。物理作用主要是过滤和沉积作用，主要是指利用系统的基质及植物的茎叶、根系对流入湿地的酸性废水进行过滤，将悬浮物截留在基质中。化学作用主要包括化学吸附、化学沉淀、离子交换、氧化还原反应等。通过一系列复杂的化学反应达到去除废水中污染物的目的（刘晶晶，2010）。生物作用是指利用系统中的各种生物（包括植物、微生物和其他生物）对废水中的污染物进行去除。在对矿山酸性废水处理的过程中，吸附、氧化和还原反应起到的贡献最大（Brown et al.，2007）。

根据废水在人工湿地中的流动方式可以将其分为表面流湿地和潜流湿地两种类型（刘晶晶，2010）。表面流湿地虽然投资少、运行管理方便，但出水 pH 不稳定，金属去除效果波动较大，在实际应用中较少采用（陈亚，2015）。在潜流湿地中，污水在表层以下的基质层中渗流，处理效果受气候影响较小，卫生条件较好，与其他处理方法联用，能大大提高出水水质。

根据废水中溶解氧的含量，可将人工湿地分为有氧人工湿地（aerobic wetlands）和厌氧人工湿地（anaerobic wetlands）。厌氧潜流式人工湿地法主要适用于矿山酸性废水的处理，能够有效增加酸性废水的碱度，去除其中所含的金属离子。厌氧人工湿地中有机质层与石灰石层的结合能有效净化矿山酸性废水。渗水有机质层为厌氧微生物提供了碳源，微生物又能够消耗水中的溶解氧，从而避免形成金属氢氧化物沉淀包裹于石灰石表面。

厌氧人工湿地适宜处理低流量和低酸度的矿山废水，处理效果随有机质层中金属沉淀的积累量增加而下降。因此在实际应用中需要对该系统进行定期检修。可以通过冲洗有机质层去除附着在其中的金属沉淀，当废水处理效率显著降低时需要更换有机质层或者石灰石层（Skousen et al.，2017）。

植物是影响人工湿地净化水体的关键因素，选择适宜的植物可以增强人工湿地的运行效果。在实际应用中，芦苇、香蒲、灯心草、菖蒲和凤眼莲等都是人工湿地法中比较常用的植物（郝明旭 等，2017）。植物在生长过程中根系会分泌大量低分子有机酸，这类物质可以通过酸化根际沉淀物、螯合金属等途径改变金属在土壤及沉积物中的形态，从而达到固定废水中金属的目的（徐秀月 等，2017）。

2.3.4 碱性基质中和

碱性基质中和是处理矿山酸性废水最常规和最传统的方法，包括厌氧石灰石沟法（anoxic limestone drains，ALDs）、敞口石灰石沟法（open limestone channels，OLCs）及连续碱度产生系统（successive alkalinity producing systems，SAPS）等。矿山酸性废水的主要危害是废水的强酸性及其中的金属离子，因此大部分处理技术都从这两方面着手。通过添加碱性基质如石灰石、石灰等可以中和废水中的酸度，沉淀其中大部分的金属离子，是一种行之有效的处理方式。

厌氧石灰石沟法是将石灰石埋在地下沟渠中，然后引入矿山酸性废水使石灰石不断溶解，产生碱度进而达到中和废水的目的。在运行过程中，地下沟渠必须密封良好，以减少 O_2 的进入和 CO_2 的释放。进入系统的水质也需要严格控制，溶解氧 DO 必须小于 1 mg/L（Skousen et al.，2017）。如果进水中含有浓度过高的 Fe^{3+} 和 Al^{3+}，这些金属离子会形成相应的沉淀附着在石灰石上，或者堵住石灰石沟中间的间隙，导致处理效果变差，因此必须控制进水中的 Fe^{3+} 和 Al^{3+} 的浓度，这些金属离子的质量浓度必须小于 1 mg/L。进水中的 Fe^{2+} 浓度并没有过多的要求，因为 Fe^{2+} 只有在 pH>8 时才会生成 $Fe(OH)_2$ 沉淀，在厌氧石灰石沟法中根本不可能达到这么高的 pH。

在实际工程中，因为进水水质的情况通常比较复杂，经常会出现溶解氧、Fe^{3+} 和 Al^{3+} 浓度过高的情况，此时厌氧石灰石沟法不能很好适用，所以常常将厌氧石灰石沟法与其他处理技术相结合以达到更好的出水效果。

敞口石灰石沟法使用的石灰石尺寸比较大，而且坡道较陡。矿山酸性废水在该系统中被中和，并发生氧化反应，使得废水中的金属离子沉淀去除。系统经过一段时间的运行之后，金属氢氧化物沉淀的附着及堵塞通常会降低系统处理废水的效率，因此通常将石灰石沟设置在陡坡上，依靠强力的水流来去除石灰石表面的金属氢氧化物壳体及堵塞在石灰石缝隙的金属氢氧化物（Ziemkiewicz et al.，1997）。敞口石灰石沟法能够适应较为广泛的金属离子浓度及酸度范围。一般而言，设置在坡度大于 20%的斜坡上该系统的处理效果最好。雨水对石灰石的强力冲刷，或者使用重型设备对石灰石沟进行定期地搅拌可以有效延长好氧石灰石沟的使用寿命。敞口石灰石沟法适用于酸度强的矿山废水处理，当进水 pH 大于 3 时该系统的处理效果变差。

连续碱度产生系统是近几年来针对矿山酸性废水治理发展起来的一种新型被动式处理技术，也被称为还原和碱度产生系统（reducing and alkalinity producing systems，RAPS）、垂直流人工湿地（vertical flow wetlands，VFWs）（Skousen et al.，2017）。该技术综合了厌氧石灰石沟法和厌氧湿地在处理矿山酸性废水中的优点，具有成本低、适用性强、无二次污染、操作管理简单等优点。连续碱度产生系统示意图见图 2.3。目前，连续 SAPS 技术在国外已经大量应用于废弃尾矿的修复和各类含重金属酸性废水的净化处理，并取得了良好的效果（Cassanelli et al.，2005），国内对于该项技术的研究还很有限。

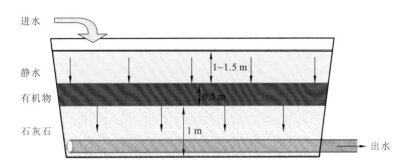

图 2.3　连续碱度产生系统示意图（陈亚，2015）

在连续碱度产生系统中，废水在水压作用下首先垂直通过有机物基质层，在这一过程中废水的溶解氧被消耗掉，产生了一个利于硫酸盐还原菌对硫酸根进行还原的厌氧环境，并且废水中的 Fe^{3+} 也被还原成 Fe^{2+}，避免了生成的氢氧化铁包裹在石灰石表面。这样的设计使得石灰石层可以连续产生碱度中和废水中的酸（Jung et al.，2014）。

连续碱度产生系统可以和其他处理技术相结合进而达到更好的处理效果。对于金属离子浓度过高的废水，可以串联几个连续碱度产生系统，并设计沉淀池以达到去除金属沉淀物的目的。此外也有将连续碱度产生系统与厌氧石灰石沟串联的应用。对于含有过多 Fe 和 Al 的废水，可以通过在有机物基质层加入 10%～25%的细石灰石来改善出水水质（Skousen et al.，2017）。

连续碱度产生系统具有和人工湿地相似的缺陷。特殊的设计使该系统的检修和维护相当麻烦。有机物基质层需要定期搅动或者冲洗以去除附着其中的金属絮状物。当去除效率明显降低时需要更换有机物基质层或者石灰石层。

可渗透反应墙是一种新兴的矿山酸性废水被动式处理技术，是指通过在沟渠中填充活性材料（如零价铁、改性沸石、含有硫酸盐还原菌的活性污泥、石灰石、活性炭和砾石等）使酸性废水与活性材料充分接触来达到净化水质的目的（Kefeni et al.，2017；陈亚，2015）。根据要处理的废水性质及要达到的处理水平可以选择不同的活性材质。

2.3.5　微生物处理

矿山酸性废水的微生物处理一般是指硫酸盐还原菌反应器法。硫酸盐还原菌反应器法是一种新兴的被动式生物处理技术。硫酸盐还原菌是一类能把硫酸盐、亚硫酸盐、硫代硫酸盐、连二硫酸盐等还原为硫化物的微生物的总称（陈亚，2015）。

硫酸盐还原菌处理矿山酸性废水的原理：硫酸盐还原菌把硫酸盐还原为硫化氢，然后硫化氢与金属离子结合，形成溶解度很低的金属硫化物，进而达到去除废水中金属离子的目的，在这一过程中废水存在的 SO_4^{2-} 也被去除，提高了出水的 pH（李宁，2015）。硫酸盐还原菌还原 SO_4^{2-} 的能力被广泛应用于矿山酸性废水的治理，能够有效改善出水水质，并且具有处理彻底、对环境友好等优点。在实际应用中需要投加碳源保证微生物的正常生长代谢。

2.3.6 过滤床吸附处理

应用过滤床处理矿山酸性废水也有很多的报道。常用的两种过滤床是石灰石过滤床和矿渣过滤床。石灰石过滤床是由人工建造的水池来处理很少甚至没有碱和金属离子的矿山酸性废水。水池中通常填满石灰石，将废水引入水池中停留至少 12 h，达到中和水中酸性的目的。如果石灰石耗尽，可以添加更多的石灰石。矿渣过滤床和石灰石过滤床的原理相似，只是在矿渣过滤床水池中填充的材质是矿渣。

2.3.7 膜析法

膜析法是一种新型矿山酸性废水处理方法，是指在外力推动下利用膜的选择透过性使溶质与溶液发生分离，使水得到净化。膜析法包括电渗析、反渗透，以及微滤、纳滤等。反渗透法是近几年比较常用的膜分离技术，是指在压力作用下将溶液中的溶剂透过半透膜进入低压的一侧，溶液中的其他成分被阻挡在膜的高压一侧从而达到浓缩的效果（乔德广，2014）。膜析法具有选择性高、无二次污染等优点，但是膜析法所采用的膜成本一般较高而且容易污染，更换难度比较大。

参 考 文 献

陈星, 文仕知, 陈永华, 等, 2012. 锰污染土壤渗漏液与径流生态拦截净化系统的植物筛选. 中南林业科技大学学报, 32: 97-103.

陈亚, 2015. 连续产碱系统处理酸性矿山废水的方法构建与稳定性研究. 贵阳: 贵州大学.

郝汉舟, 陈同斌, 靳孟贵, 等, 2011. 重金属污染土壤稳定/固化修复技术研究进展. 应用生态学报, 22: 816-824.

郝明旭, 霍莉莉, 吴珊珊, 2017. 人工湿地植物水体净化效能研究进展. 环境工程, 35: 5-10, 24.

李宁, 2015. SRB 法处理用城市生活污水稀释的酸性矿山废水的研究. 长春: 吉林大学.

刘晶晶, 2010. 模拟人工湿地系统处理酸性重金属废水的效能及机理研究. 湘潭: 湘潭大学.

龙健, 张金峰, 冉海燕, 2013. 中韩土壤修复技术筛选重金属耐受性和超富集植物方法比较. 环保科技, 19: 26-29.

乔德广, 2014. 一种新型 AMD 废水处理工艺特性研究. 西安: 西安建筑科技大学.

陶雪, 杨琥, 季荣, 等, 2016. 固定剂及其在重金属污染土壤修复中的应用. 土壤, 48: 1-11.

陶正凯, 陶梦妮, 王印, 等, 2019. 人工湿地植物的选择与应用. 湖北农业科学, 58: 44-48.

肖利萍, 刘文颖, 褚玉芬, 2008. 被动处理技术 SAPS 处理酸性矿山废水实验研究. 水资源与水工程学报, 19(2): 12-15.

徐秀月, 吴永贵, 饶益龄, 等, 2017. 模拟湿地植物根系分泌物对酸性矿山废水沉淀物中 Fe、Mn 释放及形态的影响. 环境工程, 35: 39-43.

易文涛, 2015. 沸石填料人工湿地去除雨水径流重金属污染的研究. 杭州: 浙江大学.

张鸿郭, 熊静芳, 李猛, 等, 2017. 固定化硫酸盐还原菌处理含铊废水效果及其解毒机制. 环境化学, 36: 591-597.

赵燕, 万红友, 张明磊, 2010. 微生物固定化技术在含锌废水处理中的应用研究综述. 污染防治技术, 23: 56-59.

郑雅杰, 彭映林, 李长虹, 2011. 二段中和法处理酸性矿山废水. 中南大学学报(自然科学版), 42: 1215-1219.

ASTON J E, APEL W A, LEE B D, et al., 2009. Toxicity of select organic acids to the slightly thermophilic acidophile Acidithiobacillus caldus. Environmental Toxicology and Chemistry: An International Journal, 28(2): 279-286.

BELZILE N, MAKI S, CHEN Y W, et al., 1997. Inhibition of pyrite oxidation by surface treatment. Science of the Total Environment, 196(2): 177-186.

BROWN M, BARLEY B, WOOD H, 2007. Minewater treatment-technology, application and policy. London: IWA Publishing.

CASSANELLI P, JOHNSON D, COX R A, 2005. A temperature-dependent relative-rate study of the OH initiated oxidation of n-butane: The kinetics of the reactions of the 1-and 2-butoxy radicals. Physical Chemistry Chemical Physics, 7(21): 3702-3710.

DAVE N K, VIVYURKA A J, 1994. Water cover on acid generating uranium tailings-laboratory and field studies. Proceedings of Forth International Conference on Acide Rock Drainage, 1: 297-306.

DUGAN P, 1987. Prevention of formation of acid drainage from high-sulfur coal refuse by inhibition of iron-and sulfur-oxidizing microorganisms. II. Inhibition in 'run of mine' refuse under simulated field conditions. Biotechnology and Bioengineering, 29(1): 49-54.

DURHAM A, WILSON G, CURREY N, 2000. Field performance of two low infiltration cover systems in a semi-arid environment. Proceedings Fifth International Conference on Acid Rock Drainage: 1319-1326.

FYTAS K, BOUSQUET P, 2002. Silicate micro-encapsulation of pyrite to prevent acid mine drainage. CIM bulletin, 95(1063): 96-99.

GLEASON W, 2009. Metals recovered from mine water provide new revenue stream. Mining Engineering, 61(10): 22.

GOULD W, LORTIE L, STICHBURY M, et al., 1997. Inhibitors for the prevention of acid mine drainage. Proceedings 5th Southern Hemisphere Meeting on Mineral Technology, Intemin, Buenos Aires, Argentina: 261.

HALLBERG K B, JOHNSON D B, 2005. Microbiology of a wetland ecosystem constructed to remediate mine drainage from a heavy metal mine. Science of the Total Environment, 338(1): 53-66.

HARRIES J, RITCHIE A, 1985. Pore gas composition in waste rock dumps undergoing pyritic oxidation. Soil Science, 140(2): 143-152.

HARRIES J, RITCHIE A, 1987. The effect of rehabilitation on the rate of oxidation of pyrite in a mine waste rock dump. Environmental Geochemistry and Health, 9(2): 27-36.

HOLMSTR M H, SALMON U J, CARLSSON E, et al., 2001. Geochemical investigations of sulfide-bearing tailings at Kristineberg, northern Sweden, a few years after remediation. Science of the Total Environment, 273(1-3): 111-133.

HUANG X, EVANGELOU V, 1994. Suppression of pyrite oxidation rate by phosphate addition. Washington D. C.: ACS Publications.

IAKOVLEVA E, MÄKILÄ E, SALONEN J, et al., 2015. Acid mine drainage (AMD) treatment: Neutralization and toxic elements removal with unmodified and modified limestone. Ecological Engineering, 81: 30-40.

JOHNSON D B, 2014. Recent developments in microbiological approaches for securing mine wastes and for recovering metals from mine waters. Minerals, 4(2): 279-292.

JOHNSON R, BLOWES D, ROBERTSON W, et al., 2000. The hydrogeochemistry of the Nickel Rim mine tailings impoundment, Sudbury, Ontario. Journal of Contaminant Hydrology, 41(1-2): 49-80.

JUNG S P, CHEONG Y, YIM G, et al., 2014. Performance and bacterial communities of successive alkalinity-producing systems (SAPSs) in passive treatment processes treating mine drainages differing in acidity and metal levels. Environmental Science and Pollution Research, 21(5): 3722-3732.

KEFENI K K, MSAGATI T A M, MAMBA B B, 2017. Acid mine drainage: Prevention, treatment options, and resource recovery: A review. Journal of Cleaner Production, 151: 475-493.

LEWIS B, GALLINGER R, WIBER M, 1999. Poirier site reclamation program. Sudbury'99, Conference on Mining and the Environment, 2: 439-448.

LUNDGREN T, 2001. The dynamics of oxygen transport into soil covered mining waste deposits in Sweden. Journal of Geochemical Exploration, 74(1-3): 163-173.

MAYER K U, FRIND E O, BLOWES D W, 2002. Multicomponent reactive transport modeling in variably saturated porous media using a generalized formulation for kinetically controlled reactions. Water Resources Research, 38(9): 1174-1195.

NICHOLSON R V, GILLHAM R W, CHERRY J A, et al., 1989. Reduction of acid generation in mine tailings through the use of moisture-retaining cover layers as oxygen barriers. Canadian Geotechnical Journal, 26(1): 1-8.

PEDERSEN T, MUELLER B, MCNEE J, et al., 1993. The early diagenesis of submerged sulphide-rich mine tailings in Anderson Lake, Manitoba. Canadian Journal of Earth Sciences, 30(6): 1099-1109.

REARDON E, POSCENTE P, 1984. A study of gas compositions in sawmill waste deposits: Evaluation of the use of wood waste in close-out of pyritic tailings. Reclamation and Revegetation Research, 3(2): 109-128.

RIBETA I, PTACEK C, BLOWES D, et al., 1995. The potential for metal release by reductive dissolution of weathered mine tailings. Journal of Contaminant Hydrology, 17(3): 239-273.

SKOUSEN J, ZIPPER C E, ROSE A, et al., 2017. Review of passive systems for acid mine drainage treatment. Mine Water and the Environment, 36(1): 133-153.

STICHBURY M, BECHARD G, LORTIE L, et al., 1995. Use of inhibitors to prevent acid mine drainage. Proceedings of Sudbury(2): 613-622.

TASSÉ N, GERMAIN M, BERGERON M, 1994. Composition of interstitial gases in wood chips deposited on reactive mine tailings: Consequences for their use as an oxygen barrier//ALPERS C N, BLOWES D W. Environmental geochemistry of sulfide oxidation. American Chemical Society, 550: 631-644.

TIMMS G P, BENNETT J W, 2000. The effectiveness of covers at Rum Jungle after fifteen years. Proceedings Fifth International Conference on Acid Rock Drainage: 813-818.

UESHIMA M, FORTIN D, KALIN M, 2004. Development of iron-phosphate biofilms on pyritic mine waste rock surfaces previously treated with natural phosphate rocks. Geomicrobiology Journal, 21(5): 313-323.

VIGNEAULT B, CAMPBELL P G C, TESSIER A, et al., 2001. Geochemical changes in sulfidic mine tailings stored under a shallow water cover. Water Research, 35(4): 1066-1076.

YANFUL E K, VERMA A, 1999. Oxidation of flooded mine tailings due to resuspension. Canadian Geotechnical Journal, 36(5): 826-845.

ZIEMKIEWICZ P F, SKOUSEN J G, BRANT D L, et al., 1997. Acid mine drainage treatment with armored limestone in open limestone channels. Journal of Environmental Quality, 26(4): 1017-1024.

ZIEMKIEWICZ P F, SKOUSEN J G, SIMMONS J, 2003. Long-term performance of passive acid mine drainage treatment systems. Mine Water and the Environment, 22(3): 118-129.

第3章 铅锌矿流域重金属污染特征及潜在风险评价

随着经济和城市化的发展，由矿山开采、冶炼及农业生产活动向环境排放重金属的量也在逐年增加。河流受污染程度不断加剧，严重危害水生生态系统的结构和功能（钟晓宇 等，2020）。大量重金属随工业废水排入水体后，与河流中的各种有机聚合物、阴离子等反应生成配位络合物，通过吸附作用随矿物和有机物一起进入底泥，并在其中富集。水体沉积物污染状况是全方位影响水环境质量状况的重要因素。在物理沉淀和化学吸附的作用下，大部分水体中重金属迅速从水相过渡到固相，然后沉积在河流底泥中，当水体环境产生变化时，可能会再次释放出来，导致水体的重金属浓度明显升高，造成二次污染（王胜强 等，2005），水体中的污染状况引起研究者密切关注（何光俊 等，2007）。重金属通过吸附、络合和沉淀等作用与河流悬浮颗粒物结合并转移到沉积物中，此时河流沉积物成了水环境中重金属的"蓄积库"（Hiller et al.，2010）。由此，河流和水体悬浮物中重金属离子在流域的迁移过程中扮演重要的角色，明确河流和水体悬浮物中重金属成分的含量及其分布特征，对于追踪流域重金属的来源、迁移转化规律和开展风险评价具有重要意义。

湖南是有色金属之乡，湘江流域重金属污染已经成为影响该区域社会经济发展的重要制约因素（胡鹏杰 等，2011；雷鸣 等，2010；刘耀驰 等，2010）。铅锌矿是湘江流域的重要矿产资源，在湘江及干流、支流形成了比较典型的流域污染特征，同时也是湖南省重金属污染重要的防控及治理区。

本章将以湘江支流涟水及其支流测水流域底泥中的重金属和氮磷为研究对象，探讨重金属元素在铅锌矿冶区河流底泥-河水体系中的污染状况及其环境活性，阐明河床和河岸底泥中重金属的生物有效性、潜在风险，为后续基于分子生物学方法阐释驱动水体氮素生物转化的氨氧化细菌和古菌种群的变化特征及关键影响因素奠定基础。在采用地累积指数法分析湘江和特定小流域底泥重金属污染生态风险和生态环境效应的基础上，系统性地开展重金属和氮磷等农业生产污染的监测与评价，有助于实现对突发性重金属污染事件的生态风险的模型评估与预测，具有重要的理论和现实意义。

3.1　研究区域与方法

3.1.1　研究区域

研究区域位于双峰县测水和涟水流域，双峰县包含 49 条河流（≥5 km），总长度为 655.6 km。涟水作为湘江的一条支流，相对密集的矿冶生产活动对湘江河流底泥和河水影响很大。目标研究水系测水为双峰县内的主要河流，测水为涟水的一级支流，测水全长为 105 km，双峰县境内的流程为 65.2 km，测水流域面积达到 1 347.3 km^2，年平均流量为 2 819 m^3/s。娄底市属于亚热带大陆性季风气候区。全年热量丰富，温度宜人，四季分明；冬季少严寒、夏季多酷热，春夏季节多雨，秋季少雨多旱。全年平均气温为 16～17.3 ℃。年平均日照时间为 1 538 h。因为雨水偏多，所以土壤整体偏向湿重，土壤多为红壤，还有黄壤、黄褐土等，土质较好。

研究团队于 2015 年 11 月在湘江一级支流涟水和二级支流测水多个矿区下游的不同地段进行采样，采样编号见图 3.1 和表 3.1。该区域为典型的铅锌矿开采区，有多个正在作业和已经关停的磺矿、铅锌矿和石膏矿分布。长期的农业生产活动，如化肥和农药施用，引起流域和水体较为严重的重金属和氮磷污染。用已灭菌的柱状采泥器采集表层（0～10 cm）底泥样品（图 3.2），置于无菌自封袋中运回实验室，用于微生物种群特性分析和底泥理化性质测定的样品分别于–20 ℃和 4 ℃保存。用已灭菌的水样采样瓶同时同地采集水样 500 mL。

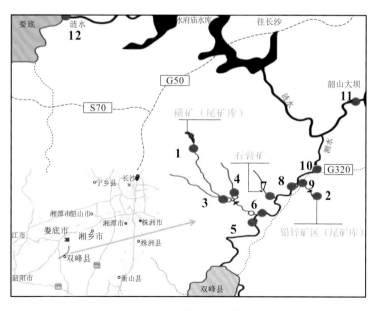

图 3.1　样点分布图

表 3.1　底泥取样样点与地点对应表

编号	地点	经度/(°)	纬度/(°)
1	一期工程（白竹村大坝下游）	112.091 749	27.364 399
2	天井村（大池塘）	112.094 867	27.360 120
3	石狮坝桥（交汇点）	112.114 349	27.324 788
4	大村村跳石组	112.132 609	27.320 992
5	梓门桥（测水上游）	112.132 869	27.305 106
6	白沙村（星桥）下游	112.142 997	27.315 301
7	小窑桥（胡东山桥）上游	112.143 839	27.331 206
8	长丰长湾组	112.154 536	27.334 839
9	完西村	112.155 5158	27.334 471
10	永和村	112.170 236	27.345 151
11	韶山大坝	112.185 132	27.383 798
12	江龙摊大桥	112.024 295	27.444 435

图 3.2　现场采样图

3.1.2　研究方法

1. 样品前处理

土样置于室内通风阴干。待土样半干时，将大土块捏碎。土样自然风干后，锤碎土样，将土样中石头与杂草等杂质除去。土样混合均匀后按四分法取对角的样品过 20 目筛后，用研钵将土壤磨细后过 20 目筛及 100 目筛。

2. 底泥理化分析

1）土壤中 Cr、Cu、Zn、Pb、As 和 Cd 总量测定

称取 0.5 g 底泥样品于消解管中，加入 5 mL 王水，盖上曲颈漏斗，升温到 80 ℃ 消解 1 h，升温到 150 ℃ 消解 1 h，取出放置冷却，拿下曲颈漏斗，加入 2 mL 高氯酸，加上漏斗，升温至 190 ℃，消解 2 h，升温至 220 ℃，随后赶酸，消解至米糊状（白色）即可，取出冷却，定容到 50 mL，用定量分析滤纸过滤，用电感耦合等离子体质谱法（inductively coupled plasma mass spectrometry，ICP-MS）检测其浓度（图 3.3）。

图 3.3　样品预处理图

2）土壤重金属形态分析

（1）可交换态/碳酸盐结合态（F1）。称取样品 0.5 g，置于 100 mL 或 50 mL 的聚乙烯离心管中，加入 20 mL 的 0.1 mol/L HAc 溶液，摇匀，在室温 25 ℃±2 ℃下振荡 16 h，离心 5～10 min（4 000～8 000 r/min），过 0.45 μm 微孔滤膜，待测。

（2）可还原态（Fe-Mn 氧化物结合态，F2）。于上一级固相残渣中加入 20 mL 的 0.1 mol/L NH$_2$OH·HCl 溶液，摇匀，在室温 25 ℃±2 ℃下振荡 16 h，并离心 5～10 min（4 000～8 000 r/min），上清液过 0.45 μm 醋酸纤维滤膜，待测。

（3）氧化态（有机物结合态，F3）。于上一级固相残渣中加入 5 mL H$_2$O$_2$，置于 25 ℃ 水浴中间歇振荡 1 h，再向其中加入 5 mL H$_2$O$_2$，开盖，再置于 85 ℃ 水浴中 1 h，水浴蒸

发近干至 1～2 mL，然后加入 25 mL NH₄Ac，在室温 25 ℃±2 ℃下振荡 16 h，离心 5～10 min（4 000～8 000 r/min），上清液经 0.45 μm 醋酸纤维滤膜过滤后，待测。

（4）残渣态（F4）。将上一级固相残渣用超纯水冲洗置于 50 mL 的聚四氟乙烯的坩埚中，加热蒸至还剩 1～2 mL，加入 10 mL 盐酸，180 ℃蒸至 2～3 mL，稍冷后依次加入 5 mL HNO₃、3～5 mL HF 和 3 mL HClO₄，加盖 180 ℃加热 1 h，后开盖继续加热，并振荡，达到更好的飞硅效果，至出现浓高氯酸白烟时，加盖待坩埚壁上的有机碳黑消失，开盖，蒸至近干，浓稠，稍冷，加 2 mL 硝酸温热溶解，并转移至 50 mL 容量瓶，超纯水定容至 50 mL。

3）含水率

取风干前的新鲜底泥样品 5 g，放进恒温 2 h 后的小型铝盒内，在 105 ℃的条件下，恒温 6 h，称重计算其含水率。

4）土壤 pH、电导率（EC）与氧化还原电位（ORP）

水土比 5∶1，依次分别用电导仪、pH 计和氧化还原电位仪测定，样品用蒸馏水多次冲洗电极，而后用纸巾擦干水渍。

5）有机质处理

采用硫酸重铬酸钾容量法-外加热法测定，称取 0.1 g 风干土样，加入重铬酸钾标准溶液，接着加入浓硫酸氧化，放在油浴锅中煮沸一段时间，冷却后转至锥形瓶用氢氧化亚铁滴定。

6）全氮（TN）、全磷（TP）与全钾（TK）

在浓硫酸消解体系下，采用硫酸钾、硫酸铜、硒粉做加速剂消煮，经定氮仪自动分析法测定。主要步骤：称取 0.5 g 风干土样，加入少量水润湿，接着加入加速剂、浓硫酸，放在电炉上消煮至变绿后变白，取下放到定氮仪上蒸煮，再用 0.01 moL 的硫酸滴定至紫红色。

采用 NaOH 熔融-钼锑抗比色法测定：称取样品 0.25 g 置于银坩埚底部，加入 3～4 滴无水乙醇（CH₃CH₂OH），平铺 2 g NaOH，放入高温电炉中。在不同温度下，停留相应的时间，而后用稀硫酸（H₂SO₄）洗入 50 mL 容量瓶，接着取 5 mL 到 50 mL 容量瓶中，加水约至 25 mL，加入 2～3 滴硝基苯酚指示剂，调 pH 后，加入 5 mL 钼锑抗显色剂，在分光光度计上，测定吸光度。采用 NaOH 熔融-火焰光度法测定，前处理步骤同上，吸取待测液 5 mL，定容于 50 mL 容量瓶中，直接在火焰光度计上测定。

以上分析方法见《土壤农业化学分析方法》（鲁如坤，2000）。

3. 数据处理

样品采集均为 3 个平行，测定 3 次并取平均值。使用 SPSS 软件（17.0）对不同样点的理化参数数据进行单因素方差分析，判断显著性差异。

3.2　底泥理化特征

3.2.1　含水率与 pH

底泥风干后含水量及持水状况研究发现，不同采样点环境底泥风干后含水量差异明显（图 3.4）。编号为 1、2、4、6、12 的底泥样品含水率较高，持水状况久，编号 5、7 含水率最低，易失水风干。由此可知，河流底泥不同采样点含水率有很大的不同，一方面可能是底泥性质（砂性土、黏性土等）的差异；另一方面可能是底泥来源的差异。pH 是底泥理化性质的重要组分，直接影响和改变底泥的一系列物理、化学和生物学性质（Liu et al.，2005）。除编号 1、2 样点外，其余样点的 pH 均接近中性。由于历史遗留的问题，

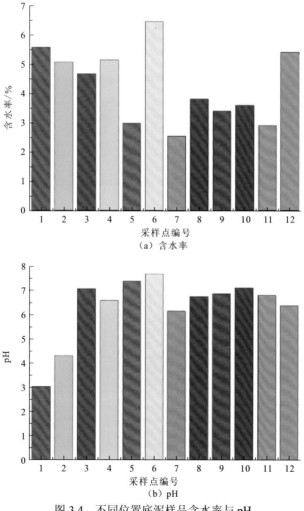

（a）含水率

（b）pH

图 3.4　不同位置底泥样品含水率与 pH

磺矿区（1#）和铅锌矿区（2#）底泥酸度很高（pH 为 3.0~4.0），对周边环境及下游水体可能会造成比较严重的问题。其中，采样点 1 位于一期工程白竹村大坝下游，由于长时期矿物开采加工影响，水体中含有较高酸性离子，造成采样点 pH 异常低（pH 为 3.02）。采样点 2 的 pH 为 4.29，位于铅锌矿旁边，底泥中存在各种重金属离子。

3.2.2　电导率和氧化还原电位

电导率和氧化还原电位也是底泥的两大重要理化性质。1 号采样点的电导率和氧化还原电位均很高[图 3.5（a）]，这是因为底泥中有很高的可交换离子，且 pH 较低，为离子的移动提供了条件。2 号采样点位于矿区旁边，底泥中的重金属含量高，故有较高的氧化还原电位。其余点的电导率和氧化还原电位都较为正常。

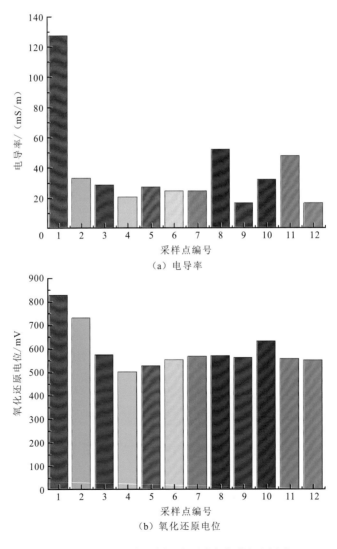

（a）电导率

（b）氧化还原电位

图 3.5　不同位置底泥样品电导率与氧化还原电位

3.2.3　有机质和氮素

有机质是底泥固相部分的重要组分，它与底泥矿物质共同作为生物营养的来源，直接影响和改变底泥的一系列物理、化学和生物学性质（Liu et al.，2005）。研究表明（图 3.6），不同的采样点底泥中有机质含量有着较大的差异，4 号和 7 号采样点有机质含量很高，是因为这两个采样点都位于河流的下游，且采样点的土均为黏性土，有很好的肥力。2 号采样点位于矿区，重金属含量高，微生物含量低，有机质的沉淀多于降解。1 号、8 号、10 号采样点远离生活区，COD 供应量少，所以有机质含量较低。全氮是底泥氮素养分的储备指标，在一定程度上说明底泥氮的供应能力（Lin et al.，2004）。研究表明，不同采样点全氮的含量有着很大的差异，4 号采样点的全氮含量最高，因为该采样点底泥为黏性土，且有机质含量高，微生物种群多，所以全氮的含量也较高。1 号、8 号、10 号采样点底泥为砂性土，养分的涵养能力差，所以全氮的含量较低。

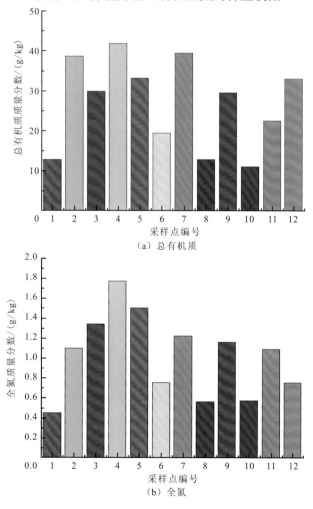

（a）总有机质

（b）全氮

图 3.6　不同位置底泥样品总有机质与全氮

3.2.4　总磷和总钾

总磷（TP）是衡量底泥中各种形态磷总和的一个指标，其值大小受底泥母质、成泥作用影响很大，另外与底泥质地和有机质有关系（Ding et al.，2010）。研究显示[图 3.7（a）]，采样点环境底泥总磷存在显著差异，由于 1 号采样点的底泥是砂性土，养分涵养能力差，总磷含量也低，其余各点虽然总量有较大的差异，但基本在同一水平上。3 号、4 号、6 号、9 号、11 号采样点位于河流的下游，由于河流对磷的降解能力很低，大多数磷随水流逐步沉降，在河水的入口水流较缓处沉降最为明显，所以这几处采样点总磷含量最高。底泥中的钾是植物光合作用、淀粉合成和糖类转化所必需的元素，也是衡量底泥肥力的一个重要指标（Ding et al.，2010）。研究结果显示，不同采样点环境底泥总钾无显著差异[图 3.7（b）]。8 号、9 号、10 号采样点总钾含量相对较高是因为这些采样点位于测水的下游，钾沉降累积较多。

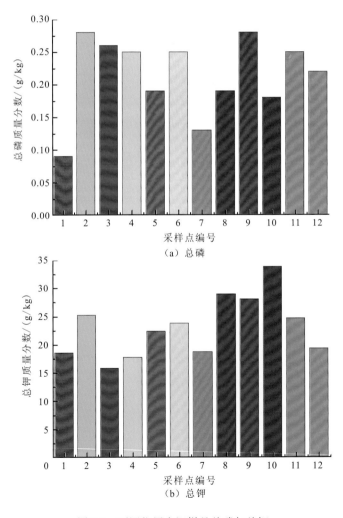

（a）总磷

（b）总钾

图 3.7　不同位置底泥样品总磷与总钾

3.3　底泥重金属流域特征

3.3.1　底泥重金属形态分析

　　分析河流底泥中重金属不同形态的分布特征，对研究重金属的潜在生态风险具有重要意义。图 3.8 为涟水河底泥中重金属的 4 种赋存形态分布特征。Cr、Cu 和 Pb 这三种重金属的残渣态占据了总量的绝大部分，是总量的 59%~90%，其余三种重金属 Zn、As 和 Cd 残渣态相对较少，最少的是 As，只占总量的 11%，说明这些重金属的活动性相对较强，比较容易发生再次迁移。

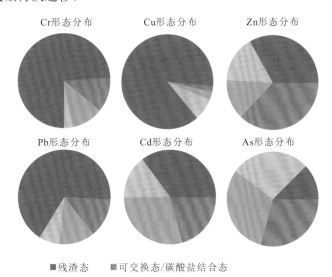

图 3.8　涟水河底泥中重金属形态分布

　　Zn 的碳酸盐结合态是最高的，占其总量的 40%，其次是 As、Cd、Pb 和 Cr，最少的是 Cu，仅有 2%。碳酸盐结合态的重金属易被溶解和交换，这类重金属大多来自黏土、腐殖质及其他成分，容易迁移转化，且易通过食物链和营养级的递增逐渐积累在生物体内，进而影响人体健康；而且碳酸盐结合态的重金属对周围的环境特别敏感，尤其是对 pH，此次研究的湖南涟水流域底泥的 pH 为 6.71~7.12，与碳酸盐结合态重金属结合的矿物都较为稳定，但是如果 pH 有所下降，重金属将很容易被释放重新进入环境中，所以 Zn 的生物有效性最大，其次是 As、Cd、Pb 和 Cr。

　　6 种重金属的 Fe-Mn 氧化物结合态所占数量都不高，最多的是 Cd，占总量的 30%，最少的是 Cu，仅占总量的 2%，Fe-Mn 氧化物的比表面积较大，所以对重金属有较大的吸附、离子交换的能力，其相互之间离子键的结合力较强，使得重金属不容易被释放出来，但是在缺氧环境中，Fe-Mn 氧化物结合态的重金属离子键会被还原，重金属重新被释放到水体中。相对另外三种状态而言，有机物结合态的重金属占总量比例最少，除了 As 的有机物结合态占总量的 30%，其他重金属均低于 20%，有机物结合态重金属的中心离子是重金属离子，这种以有机物活性基团作为配位体和重金属离子合成的状态，在强氧化环境下可以被分解，所以 Cr、Cu、Pb、Zn、As、Cd 都有一定的释放风险。

总体而言，湖南涟水流域底泥中的重金属形态以残渣态、碳酸盐结合态和 Fe-Mn 氧化物结合态为主。

3.3.2 底泥重金属流域分布特征

样品经王水和高氯酸消解后，用 ICP-MS 检测其所含重金属总量，结果见表 3.2。结果表明该流域 As 的污染最为严重，全部采样点中 As 的浓度均超过长株潭背景值，且个别点位超标严重。1 号、7 号、10 号采样点中 Cd 浓度均未超过长株潭土壤环境背景值。

表 3.2　不同采样点表层底泥重金属质量分数

采样点编号	重金属质量分数/（mg/kg）					
	As	Cd	Cr	Cu	Pb	Zn
1	34.20	0.14	165.75	30.73	26.96	96.41
2	1 409.91	132.57	57.90	210.21	7 525.33	45 562.32
3	26.25	0.72	89.89	37.75	32.39	142.39
4	26.00	0.82	106.12	49.54	33.37	170.70
5	67.91	1.30	122.01	50.37	37.03	182.03
6	31.84	0.78	50.88	34.13	28.54	124.04
7	27.15	0.42	58.30	22.90	26.38	83.33
8	23.07	0.56	51.80	25.66	26.31	95.95
9	311.22	21.46	59.82	39.51	131.81	5 173.30
10	22.13	0.42	48.06	23.87	27.35	101.10
11	58.71	2.00	268.88	59.45	101.86	310.75
12	49.18	6.93	120.09	47.78	91.39	453.19
样点平均值	173.96	14.01	99.96	52.66	674.06	4 374.62
全国背景值[1]	9.20	0.10	61.00	22.00	26.00	74.20
长株潭背景值[2]	18.66	0.52	95.00	38.10	60.27	136.20
超过长株潭背景值的样点数	12	9	5	6	4	7

资料来源：①中国环境监测总站.中国土壤元素背景值[M].北京：中国环境科学出版社，1990；②中国地质调查局.湖南洞庭湖区多目标地球化学调查结果[R].2003

在该流域内 Cr 含量较为正常，除河流交汇处的 11 号、4 号、5 号采样点中含量较高外。Cu 的含量除了 2 号采样点矿区含量很高，其余点含量都较低于长株潭土壤背景值。2 号和 9 号采样点位于铅锌矿河流的出口和下游，即使河流的稀释，也无法避免 Pb 的含量维持较高水平。11 号和 12 号采样点，虽然位于涟水干流，但也一定程度受到 2 号采样点附近矿区和另一矿区的影响，所以 Pb 含量也相对较高。其余点位 Pb 的含量均低于背景值。Zn 在 2 号、9 号、11 号、12 号采样点维持较高含量，由此可知该流域 Zn 的面源污染也较为严重。

所有采样点底泥中 As、Cd、Cr、Cu、Pb 和 Zn 的平均质量分数分别为 173.96 mg/kg、14.01 mg/kg、99.96 mg/kg、52.66 mg/kg、674.06 mg/kg 和 4 374.62 mg/kg，与长株潭土壤背景值相比，As、Cd、Pd、Zn 超标分别为 9.32 倍、26.94 倍、11.18 倍、32.12 倍，属于重度污染（图 3.9）。从空间分布上，2 号矿区采样点，除了 Cr 外其余金属严重超标，位于铅锌矿河流下游的 9 号采样点，情况同样糟糕，除 Cr 和 Cu 以外的元素大量超标。

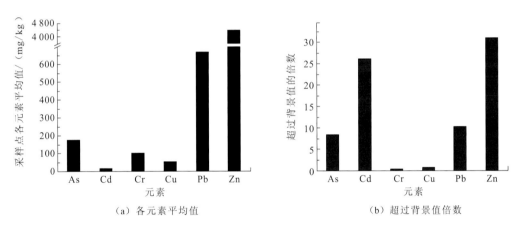

（a）各元素平均值　　　　　　　　　（b）超过背景值倍数

图 3.9　各元素平均值和超过背景值倍数

3.4　底泥重金属的潜在风险评价

3.4.1　底泥重金属的地累积指数

地累积指数法（I_{geo}）是目前常用于评价河流底泥受重金属污染程度的方法之一（Tang et al.，2019）。涟水流域底泥中重金属的地累积指数分级统计表见表 3.3。结果表明，Zn 的地累积指数最高，达到了最高的"极强"污染级别（6 级），其次是 Cr 达到了"强-极强"的污染级别（5 级），Cu 和 Pb 分别为"中-强"（3 级）和"中"（2 级）的污染级别。另外，As 在完西村采样点污染级别是"强"（4 级）。因此，Zn 和 Cr 是湖南涟水流域重金属污染的主要元素。

表 3.3　涟水流域底泥中重金属的地累积指数分级统计表

采样点	I_{geo} 级别													
	Cr		Cu		Zn		Pb		As		Cd		平均值	
白竹村一期工程（小坝）	4.54	5	2.38	3	5.75	6	-1.58	0	—	—	—	—	2.77	3
一期工程（大坝下游）	6.24	6	2.26	3	5.62	6	1.42	2	—	—	—	—	3.89	4
天井村（大池塘）	4.20	5	1.58	3	5.07	6	0.00	1	—	—	—	—	2.71	3
石狮坝桥（交汇处）	4.17	5	2.58	3	6.05	6	0.00	1	—	—	—	—	3.20	4
同华村（上游）	4.81	5	2.63	3	5.49	6	0.58	1	—	—	—	—	3.38	4
大村村跳石组	4.56	5	3.32	4	6.76	6	3.22	4	—	—	—	—	4.47	5
梓门桥（测水上游）	4.32	5	3.00	4	6.32	6	1.22	2	—	—	—	—	3.72	4
白沙村（星桥）下游	3.72	5	2.49	3	5.93	6	0.42	1	—	—	—	—	3.14	4
小窑桥（胡东山桥）上游	3.32	5	1.49	2	4.82	5	—		—	—	—	—	3.21	4
长丰长湾组	4.13	5	2.58	3	6.21	6	1.32	2	—	—	—	—	3.56	4
完西村	3.85	4	2.20	3	10.73	6	4.31	5	3.20	4	-4.53	0	3.29	4
永和村	2.84	3	1.49	2	5.05	6	-1.58	0	—	—	—	—	1.95	2
韶山大坝	3.77	4	2.26	3	6.63	6	1.94	2	—	—	—	—	3.65	4
江龙摊大桥	4.26	5	2.96	3	8.30	6	3.74	4	—	—	—	—	4.82	5
平均值	4.20	5	2.37	3	6.34	6	1.15	2	—	—	—	—	3.41	4

　　大村村跳石组采样点和江龙滩大桥采样点的河段底泥重金属污染程度最高，为"强-极强"的污染级别；其次是一期工程（大坝下游）采样点、石狮坝桥（交汇处）采样点、同华村（上游）采样点、梓门桥（测水上游）采样点、白沙村（星桥）下游采样点、小窑桥（胡东山桥）上游采样点、长丰长湾组采样点、完西村采样点及韶山大坝采样点，这些采样点的底泥重金属污染地累积指数为 4 级，即污染程度为"强"污染级别；然后是白竹村一期工程（小坝）采样点和采样点，污染级别是"中-强"；污染程度最小的是永和村采样点，但也达到了"中"污染级别；整个涟水流域底泥受重金属污染的总体情况不容乐观，达到了"强"污染级别。可能带来较大的生态风险，应引起足够的重视。

3.4.2　底泥重金属元素间相关分析

　　河流底泥中各重金属元素之间的相关性与元素的物化性质、吸附特征及沉积的河流环境密切相关。涟水流域沿岸的磺矿、铅锌矿、化工、有色金属等高污染的工矿企业排放的工业污水，沿岸村镇居民排放的生活污水，以及涟水河自身的扰动造成的岩石风化等自然现象，都是涟水流域重金属污染的重要来源。为了明确涟水流域底泥中重金属的来源和各重金属元素之间的相互关系，使用 SPSS 17.0 软件对它们进行了相关性分析，相关系数矩阵如表 3.4 所示。

表 3.4　涟水流域底泥重金属各元素间的相关分析（$n=15$）

元素	Cr	Cu	Zn	Pb	As	Cd
Cr	1					
Cu	0.722[**]	1				
Zn	-0.043	0.038	1			
Pb	0.155	0.392	0.847[**]	1		
As	-0.343	-0.191	0.903[**]	0.763[**]	1	
Cd	-0.192	-0.105	0.933[**]	0.804[**]	0.973[**]	1

**表示在 0.01 水平（双侧）上显著相关

As 和 Cd 显著相关（$r=0.973$，$P<0.01$），且 As 和 Cd 在涟水流域底泥中的含量低，对环境的污染程度也非常低（表 3.3），因此可以认为这两种元素可能是由岩石风化等自然因素带入水体的，几乎没有受到人为因素的影响。

Cr 和 Cu 也显著相关（$r=0.722$，$P<0.01$），但两者与其他重金属的相关性小，尤其是与受人类活动污染影响小的 As 和 Cd 的相关性，甚至是负相关，而且 Cr 和 Cu 的污染级别也分别达到了"强-极强""中-强"（表 3.3），表明 Cr 和 Cu 的污染可能主要是由工业污水的排放进入水体，而不是来源于自然界中。

相关性分析结果表明 Zn 和 Pb、As 及 Cd 都极显著相关（$P<0.01$），说明这些污染具有较好的同源性，但 Zn 和 Pb 在涟水流域底泥中的含量比 As 和 Cd 的含量高，尤其是 Zn，含量远高于 As 和 Cd，并且对环境的污染程度也高得多（表 3.3）。由此可见，Zn 和 Pb 的来源不只是自然因素，人为因素也是重要来源。

参 考 文 献

何光俊, 李俊飞, 谷丽萍, 2007. 河流底泥的重金属污染现状及治理进展. 水利渔业, 27(5): 60-62.

胡鹏杰, 吴龙华, 骆永明, 2011. 重金属污染土壤及场地的植物修复技术发展与应用. 环境监测管理与技术, 23(3): 39-42.

雷鸣, 秦普丰, 铁柏清, 2010. 湖南湘江流域重金属污染的现状与分析. 农业环境与发展, 27(2): 62-65.

刘耀驰, 高栗, 李志光, 等, 2010. 湘江重金属污染现状, 污染原因分析与对策探讨. 环境保护科学, 36(4): 26-29.

鲁如坤, 2000. 土壤农业化学分析方法. 北京: 中国农业科技出版社.

王胜强, 孙津生, 丁辉, 2005. 海河沉积物重金属污染及潜在生态风险评价. 环境工程, 23(2): 62-64.

钟晓宇, 吴天生, 李杰, 等, 2020. 柳江流域沉积物重金属生态风险评价及来源分析. 物探与化探, 44(1): 191-199.

DING S L, YANG N G, ZHAO C C, et al., 2010. Soil physical and chemical properties in water conservation forest in eastern Qinghai Province. Bulletin of Soil and Water Conservation, 6: 24-29.

HILLER E, JURKOVIČ L, ŠUTRIEPKA M, 2010. Metals in the surface sediments of selected water reservoirs, Slovakia. Bulletin of Environmental Contamination and Toxicology, 84(5): 635-640.

LIN D X, FAN H B, SU B Q, 2004. Effect of interplantation of broad-leaved trees in Pinus massoniana forest on physical and chemical properties of the soil. Acta Pedologica Sinica, 41(4): 655-659.

LIU H, HUANG J, 2005. Dynamics of soil properties under secondary succession forest communities in Mt. Jinyun. The Journal of Applied Ecology, 16(11): 2041-2046.

TANG L, DENG S, TAN D, et al., 2019. Heavy metal distribution, translocation, and human health risk assessment in the soil-rice system around Dongting Lake area, China. Environmental Science and Pollution Research, 26(17): 17655-17665.

第 4 章　污染流域微生物种群特征及驱动因子

近年来，河流和湖泊水体-沉积物中多相界面的功能微生物种群与周围环境的多元关系引起了学者们的广泛关注，利用微生物学指标来表征环境中重金属的污染逐渐成为研究热点（Sandaa et al.，1999）。针对底泥中微生物群落分布特征深入研究，便于了解污染历史、揭示污染物的迁移转化规律，并针对性地开展污染系统的生物修复（全向春 等，2009；Kandeler et al.，1996）。有研究表明，重金属污染显著降低了微生物活性和生物量，影响了微生物群落多样性和结构组成（丁苏丽 等，2018；王若冰 等，2018；阴星望 等，2018；赵文博 等，2018）。在高浓度重金属胁迫条件下，微生物用于生长的能量可能被迫转移用于维持细胞基本功能，这就可能造成生物量、生物活性降低；而微生物生长非必需的元素如 Cd、Pb 等生物毒性更强，污染条件下会降低微生物的数量和种类，从而影响微生物的多样性组成和群落结构（沈辉，2016）。另外，底泥中大量污染物的沉积使得其中的微生物丰度和种类比较丰富，而微生物的同化、异化作用能够降解污染物，因此有助于削减污染物的积累，对水生生态系统稳定性的维持具有重要作用。因此微生物群落结构的变化被认为是最有潜力的敏感性生物指标，常被作为指示生物用于监测和反映水质情况（Amann et al.，1995）。

流域水环境体系中氮是微生物必需的大量元素，涉及微生物有机氮的合成、氨化作用、硝化作用、反硝化作用和固氮作用。氮循环在整个地球生态物质循环中起着重要的作用，其中微生物在地球氮循环中扮演着关键的角色，是氮循环的驱动泵。硝化过程是微生物的特有过程，也是氮的生物地球化学循环过程中最为关键的步骤，其中氨氧化过程是硝化过程关键的阶段。普遍存在于自然界的土壤、海洋及淡水中的氨氧化细菌（ammonia-oxidizing bacteria，AOB）和氨氧化古菌（ammonia-oxidizing archaea，AOA）是环境中生物氨氧化过程的重要贡献者，对地球环境氮素的硝化作用的氨氧化过程起着重要作用。AOB 和 AOA 广泛分布于自然环境中，也常被作为研究对象和指示物种，它们对重金属的胁迫及浓度变化极为敏感。因此，流域沉积物中氨氧化菌的生物群落特征对于评估流域重金属污染具有重要意义（蒋有绪 等，2018；何天良，2012；叶磊 等，2011）。

本章将在矿区流域沉积物调查基础上，采用高通量测序和定量聚合酶链式反应（polymerase chain reaction，PCR）技术，对典型铅锌矿区流域中沉积物中细菌、古菌及氨氧化种群 *amoA* 基因的结构和丰度进行检测；并通过回归分析和多元分析，估计各理化因素与群落丰度、群落结构的关系。相关工作的开展有助于了解重金属和氮磷复合污染沉积物中，其功能微生物群落的时空分布及其驱动因素，有助于加深对矿区河流沉积物和水系污染生态学的认知。

4.1　研究区域、方法和数据处理

4.1.1　研究区域

研究区域及采样点介绍见 3.1.1 小节。

4.1.2　研究方法

1. 理化参数测定

样品采集及常规理化参数、重金属含量测定方法见 3.1.2 小节和 3.1.3 小节。

2. 沉积物中 DNA 提取与纯化

河流沉积物样品含有大量腐殖酸类物质，DNA 提取的过程中要尽可能去除腐殖酸类物质，以降低这类物质可能对后续 PCR 反应的抑制作用。沉积物样品在总 DNA 提取前要进行样品的预处理洗涤脱腐。具体步骤：取冷冻保存沉积物样品 0.5 g，加入 5 mL 离心管中。加入 3 mL TENP 缓冲液（50 mmol/L Tris，20 mmol/L EDTA，100 mmol/L NaCl，pH 8.0），涡旋 10 min，于 55～65 ℃水浴 20 min，8 000 r/min 离心 10 min，弃上清液。根据上清液颜色状况，可重复操作 2～3 次。沉淀加入 2.5～3.0 mL 磷酸盐缓冲液（phosphate buffered saline，PBS）（0.01 mol/L NaH$_2$PO$_4$ 与 0.01 mol/L Na$_2$HPO$_4$ 按照体积比 53：947 混合，用 0.5 mol/L NaOH 或稀盐酸调节 pH 至 8.0），再次涡旋洗涤，5 000～6 000 r/min 离心 10 min，弃上清液。可重复操作 1～2 次，直至上清液较为澄清为止。

取 0.5 g 脱腐后沉积物样品于灭菌离心管（2 mL）中，加入 500 μL DNA 提取缓冲液 [0.1 mol/L PBS（pH=8），0.1 mol/L EDTA，0.1 mol/L Tris base（pH=8），1.5 mol/L NaCl，1.0% CTAB] 和 8 μL 的蛋白酶 K（10 mg/mL），在 37 ℃、200 r/min 振荡 30 min 后，加入 60 μL 20%的 SDS，然后 65 ℃水浴 2 h（15～20 min 间隔摇晃 1 次），4 ℃条件下 8 000 r/min 离心 15 min，取上清液；沉淀中再次加入 200 μL 的 DNA 提取液、10 μL 20% 的 SDS，漩涡振动 10 s，65 ℃水浴 10 min，离心 10 min，取上清液，重复此步骤 1 次，将 3 次上清液混合（Zhang et al.，2016）。

与前述合并的上清液等体积的氯仿：异戊醇（24：1），轻轻颠倒 20～30 min 混合。9 000 r/min 条件下离心 5 min，并将水相转移到新的 5 mL 干净离心管中。洗涤后的水相加入 0.6 倍体积异丙醇，4 ℃或冰浴沉淀 2 h，11 000 r/min 条件下离心 15 min 之后弃上清液。沉淀中加入 1 mL 冰预冷的 70%乙醇洗涤，13 000 r/min 条件下离心 3 min，倒掉上层乙醇。使用 0.7 mL 冰预冷的无水乙醇再次洗涤沉淀，并在 4 ℃、13 000 r/min 条件下离心 2～3 min，风干沉淀。最后用 30 μL TE 缓冲液（0.029 2 g EDTA 和 0.122 1 g Tris 加入灭菌超纯水，定容 100 mL，用 0.5 mol/L HCl 调整 pH 为 8.0）溶解沉淀得到总 DNA

的粗提液，于-20 ℃保存，用 1.2%的琼脂糖凝胶检测提取结果。

3. 荧光定量 PCR 扩增

使用引物515F 和806R（Liang et al.，2015），Arch-516F 和 Univ-806R（Kyohei et al.，2015）分别对底泥样品的总细菌及总古菌16S rRNA 进行定量扩增。AOA 和 AOB *amoA* 基因定量扩增的引物分别为 CrenamoA-23F 和 CrenamoA-616R（Rotthauwe et al.，1997），*amoA*-1F 和 *amoA*-2R（Tourna et al.，2008）。DNA 提取物在定量 PCR 前进行10倍稀释，以降低可能残留的腐殖酸对扩增效率的抑制作用。引物种类及序列信息见表4.1。

表 4.1　用于 PCR 扩增的 16S rRNA、细菌和古细菌 *amoA* 基因特异性引物

引物	目的基因	引物序列	参考文献
515F	总细菌	5′-GTGCCAGCMGCCGCGG-3′	Liang 等（2015）
806R	16S rRNA	5′-GGACTACHVGGGTWTCTAAT-3′	
Arch-516F	古细菌	5′-TGYCAGCCGCCGCGGTAAHACCVGC-3′	Kyohei 等（2015）
Univ-806R	16S rRNA	5′-GGACTACHVGGGTWTCTAAT-3′	
amoA-1F	细菌	5′-GGGGTTTCTACTGGTGGT-3′	Witzel 等（1997）
amoA-2R	*amoA*	5′-CCCCTCKGSAAAGCCTTCTTC-3′	
CrenamoA-23F	古细菌	5′-ATGGTCTGGCTWAGACG-3′	Maria 等（2008）
CrenamoA-616R	*amoA*	5′-GCCATCCATCTGTATGTCCA-3′	

荧光定量 PCR 扩增在 iCycler IQ5 Thermocycler（美国伯乐）上运行。基因定量 PCR 扩增体系为 20 μL，包括：10 倍稀释后的 DNA 提取物 1 μL，2×SYBR real-time PCR premixture（北京百泰克）10 μL，引物各 0.3 μL（10 μmol/L），无菌去离子水 8.4 μL。细菌和古菌 16S rRNA 的扩增程序为 95 ℃预变性 1 min，1 个循环；94 ℃变性 40 s，55 ℃退火 40 s，72 ℃延伸 30 s，35 个循环；最后 68 ℃保持 30 s 并读值（Kyohei et al.，2015）。AOB 和 AOA *amoA* 基因扩增条件为 95 ℃预变性 2 min，1 个循环；95 ℃变性 20 s，55 ℃退火 30 s，72 ℃延伸 30 s，共 40 个循环；最后 83 ℃保持 20 s 并读值（Zhang et al.，2016；Zeng et al.，2011）。各基因标准曲线的梯度为 $1.0×10^{3}～1.0×10^{11}$。所有的 PCR 反应都要进行溶解曲线分析以确定 PCR 扩增的特异性。

4. *amoA* 基因克隆测序

为鉴定驱动沉积物基质的氮素转移转化的氨氧化微生物的种群组成信息，选择将样品的基因序列进行普通 PCR 扩增并克隆测序。50 μL 的 PCR 扩增体系包括 25 μL 的 2×Power Taq PCR MasterMix（北京百泰克），1 μL 的正向和反向引物（10 μmol/L），1 μL 的 DNA 模板，并用灭菌纯净水调整为 50 μL。AOB 和 AOA *amoA* 基因扩增条件为 95 ℃预变性 2 min；95 ℃变性 30 s，55 ℃退火 40 s，72 ℃延伸 40 s，40 个循环；72 ℃

保持 10 min，终止于 4 ℃。PCR 扩增产物使用 2%的琼脂糖凝胶电泳检测（20 min，150 V）。PCR 样品经琼脂糖凝胶电泳确认扩增效果后，送上海美吉生物有限公司高通量测序。

对获得的 AOB 和 AOA *amoA* 基因序列进行优化并提取非重复序列，便于降低分析中间过程冗余计算量（http://drive5.com/usearch/manual/dereplication.html），去除没有重复的单序列（http://drive5.com/usearch/manual/singletons.html）。按照95%相似性对非重复序列（不含单序列）进行 OTUs（operational taxonomic units）聚类，在聚类过程中去除嵌合体，得到 OTU 的代表序列；将所有优化序列与 OTU 代表序列进行比对，选出相似性在97%以上的序列。每个 OTU 对应一个不同的基因序列（微生物种）（Giller et al.，1998）。

4.1.3 数据处理

本小节针对 OTU 分型结果，进行不同沉积物样品 *amoA* 基因多样性分析，采用单样本的 Chao1 丰富度指数和 Shannon 多样性指数来分析反映基因的丰度和多样性。通过选择具有代表性的 OTU 所对应的序列，使用 Mega 6.0 软件构建 AOB 和 AOA *amoA* 基因的系统发育树，使用 EvolView 作图（https://www.evolgenius.info/evolview）（Ren et al.，2018）。

采用重金属含量和其他常规理化参数为环境因子，采用 SPSS 软件进行 Z 标准化（方差为 1，平均值为 0）构建环境因子矩阵，以消除不同数据量纲的差异对后续多元分析造成的干扰。为降低痕量或极端少量 OTU 对多元分析的影响，本小节选择含量/丰度超过1%的 OTU 序列，构建物种/基因组成矩阵。使用 Canoco 4.5 软件进行除趋势对应分析（detrended correspondence analysis，DCA），以判定基因组成数据对理化因子变化的响应模式（Ren et al.，2018）。DCA 分析结果中的第一轴梯度长度（lengths of gradient）表明基因组成数据比较适宜基于线性模型的冗余分析（redundancy analysis，RDA）（Meot et al.，1998；Borcard et al.，1992）。采用手动选择（manul selection）模式确定显著影响本章研究区域沉积物中氨氧化古菌 *amoA* 基因组成的理化参数，绘制样点与理化因子的二维排序图。使用方差分解（variation partitioning）的方法计算显著影响因子在去除其他因子影响的前提下对基因组成差异的贡献（Ren et al.，2018；Zhang et al.，2016，2014）。

4.2 微生物种群特征

4.2.1 种群数量特征

含有大量杂质的总 DNA 会对后续的核酸扩增、定量等分子生物学操作带来抑制和困扰。河流底泥等环境样品可能混杂有大量蛋白质、多糖和腐殖酸等杂质，样品总 DNA 的提取必须去除这些杂质的污染与干扰，后续的 PCR 扩增、荧光定量和高通量测序等分析才能顺利开展。本节实验在 DNA 提取过程中增添了腐殖酸去除步骤。粗提的底泥样品总

DNA 经 2%琼脂糖凝胶电泳分离效果如图 4.1 所示。脱腐缓冲液中含有焦磷酸钠、PVPP 等脱腐能力很强的试剂成分，很大程度上去除了提取总 DNA 中蛋白质和腐殖酸的污染。提取的总 DNA 片段较长，几乎无明显降解或拖尾现象，完全可用来作为后续 PCR 扩增模板。

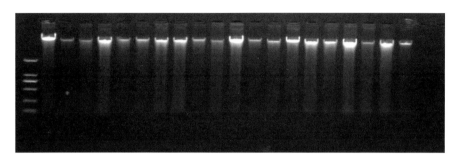

图 4.1　底泥样品总 DNA 提取琼脂糖凝胶电泳图

本节研究使用总细菌和古菌及 AOB 和 AOA *amoA* 基因特异性通用引物对沉积物提取的总 DNA 进行了 PCR 扩增。图 4.2 为细菌、古菌和氨氧化 *amoA* 基因普通 PCR 扩增产物的凝胶电泳图。使用特异性引物进行 PCR 扩增，均能很好地扩增出目标片段，条带单一、清晰、明亮，几乎没有拖尾现象和非特异性扩增。因此，本试验中的 PCR 反应体系和扩增条件用于沉积物细菌、古菌和氨氧化 *amoA* 基因的扩增，具有较高的可信度，且 *amoA* 基因 PCR 扩增产物可用于后续高通量测序分析。

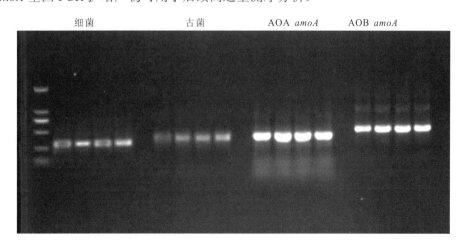

图 4.2　细菌、古菌和氨氧化 *amoA* 基因 PCR 扩增产物部分样品凝胶电泳图

图 4.3 反映了总细菌和总古菌的种群基因拷贝丰度，在整个研究领域，细菌和古菌广泛存在。每个采样点的总细菌和古细菌的丰度均不同，这说明总细菌与古菌的基因丰度与所处空间有关，采集样品具有明显区域特征。总细菌和古菌基因的数量分别为 $1.2×10^8$～$9.6×10^9$ 基团拷贝数/克干重样品和 $1.9×10^6$～$4.4×10^8$ 基因拷贝数/克干重样品，总细菌均比总古细菌高，一定程度上反映了细菌在该流域样点均占据比古菌更大的生态位。

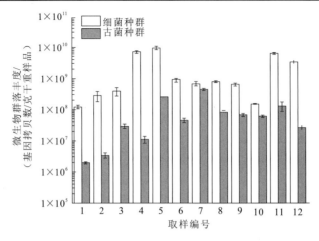

图 4.3　总细菌与总古菌的种群基因拷贝丰度

误差棒代表相关样品标准方差（$n=3$），后同

在整个研究流域，AOB 和 AOA *amoA* 酶基因广泛存在，而且数量丰富，其中 AOB 的种群数量在所有样品中均高于 AOA 种群（图 4.4）。AOB 和 AOA *amoA* 基因的数量分别为 $4.5×10^5 \sim 5.9×10^8$ 基因拷贝数/克干重样品和 $5.9×10^4 \sim 5.2×10^6$ 基因拷贝数/克干重样品。

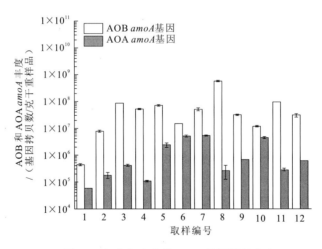

图 4.4　细菌与古菌的 *amoA* 基因拷贝丰度

以往的研究者同样对不同的空间中总细菌的基因丰度进行了研究。Ye 等（2009）检测到太湖沉积物中总细菌数量为 $4.64×10^8 \sim 2.33×10^{11}$ 基因拷贝数/克干重样品，并且发现沉积物中总细菌数量与土壤中相似。Uhlíř07váE 等（2003）将森林土壤中总细菌的数量进行了测定，数量为 $6.3×10^9$ 基因拷贝数/克干重样品。有研究表明，环境因素对总细菌的数量有一定的影响。孙海美等（2012）通过对其研究流域进行冗余度分析，以辨识影响细菌数量的主要水环境因子，结果表明重金属、硝氮、氨氮、TOC、温度、COD、pH 等因素均对总细菌的基因丰度有重要影响，均是细菌数量的限制因子。

研究区受到 As、Cd、Zn 等重金属的严重污染，同时，1 号采样点长期受到施工队影响，2 号采样点位于铅锌矿旁边，重金属离子的影响导致其 pH 非常低，这些因素都对总细菌和古菌的基因丰度产生一定的影响。Leff 等（1998）通过研究其流域的总细菌数量的季节变化得出基因丰度的变化还会受到水体沉降性的影响，同时与水体浊度也有一定的关系。

4.2.2　物种组成差异分析

主成分分析（principal component analysis，PCA）主要是利用方差分解将不同数据组的差异体现在二维坐标图上，坐标轴上的两个特征值能够最大程度反映方差值。样品组成越相似，则它们在 PCA 图上的距离就越近。其优点是简单且无参数限制。不同样品的 OTU 组成可以反映样品间的距离和差异。图 4.5（a）反映了 AOB 种群组成在主成分分析下的差异，PC1 和 PC2 分别解释 X 轴和 Y 轴的全面分析结果差异的 81.7% 和 11.8%，横向可将 1～6 号、8 号、12 号样点各分为一组，纵向可将 2 号采样点及其余采样点共分为两组。2 号采样点与其余采样点在 PC2 轴的方向上分离开来，则重金属含量是使其分开的主要因素，同时验证了重金属因素有较高的可能性影响了样品 AOB 种群的组成。

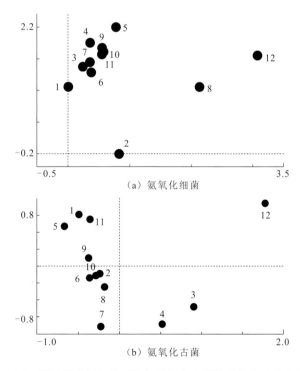

图 4.5　流域样点氨氧化细菌与氨氧化古菌种群的主成分分析

图 4.5（b）反映了 AOA 种群组成在主成分分析下的差异，PC1 和 PC2 分别解释 X 轴和 Y 轴的全面分析结果差异的 75.1% 和 12.7%，横向可将 12 号、3 号与 4 号采样点及

其余采样点共分为三组，纵向可将 1 号、5 号、11 号、12 号采样点分为一组，其余采样点分为一组。12 号、3 号与 4 号采样点及其余采样点共分为三组在 PC1 轴的方向上分离开来，则多样理化参数是使其分开的主要因素，同时验证了全氮全钾因素有较高的可能性影响了样品 AOA 种群的组成。

4.3 微生物群落特征

4.3.1 群落丰富度及多样性

12 个样品一共获得 148 064 序列，40 430 245 个碱基对，平均长度 273 bp。基于在所有样品中至少有 2 个样品出现并且序列数超过 10 的标准进行 OTU 分类，获得 44 个 OTU，表现出极高的生物多样性。

流域样点沉积物 AOB 与 AOA 群落的 Chao1 丰富度和 Shannon 多样性指数分别如图 4.6（a）和图 4.6（b）所示。每个采样点的沉积物 AOB 与 AOA 群落的丰富度和多样

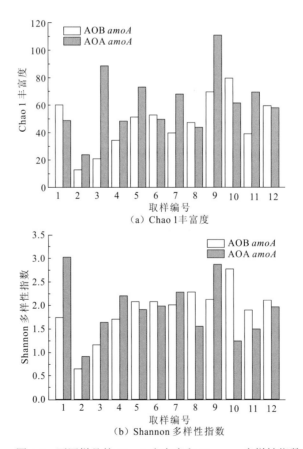

（a）Chao 1 丰富度

（b）Shannon 多样性指数

图 4.6 不同样品的 Chao1 丰富度和 Shannon 多样性指数

性都因采样区域的变化有明显差异。表明选取的各采样点具有明显的区域特点，暗示了重金属污染情况下对流域沉积物的 AOB 与 AOA 群落产生了复杂的影响或干扰。然而，AOB 与 AOA 群落丰富度和多样性的影响或干扰模式尚不清楚。

Chao1 丰富度可指示区域群落物种的丰富程度。一般而言，群落丰富度越高，物种越多样，也在一定程度上反映该群落在该环境的宜居程度，因为越友好的环境越能容纳越多差异的物种。细菌作为环境中的主要且大量的微生物群体，由于其体型等优势较于古菌一般更适应现如今流域沉积物环境，但对于环境的敏感度要较古菌大。而古菌是经过更长的时间而被自然筛选出来的微生物群体，一般对于恶劣的环境具有更强的适应能力。由图 4.6（a）观察可发现，在重金属污染严重的 2 号采样点的 AOB 丰富度要明显低于其他采样点。可见严重的污染强力地抑制了 AOB 群落发展。而在全流域均有不同程度的污染情况下，1 号、6 号、8 号、10 号、12 号采样点的 AOB 丰富度均比 AOA 丰富度高出 1.6～18.25 单位，而其余点位的 AOA 丰富度均比 AOB 丰富度高出 11～30.75 单位，一定程度上反映了抵御流域重金属污染的能力，AOA 更强于 AOB。而在 2 号采样点，AOA 丰富度也明显要低于其余采样点，这是由于 2 号采样点的污染严重，使得该区域的生命活动的进行需要更高的成本。9 号采样点位于河流的交汇处，两种生境的交接处，物种较为丰富。

Shannon 多样性指数是评价区域群落物种多样性及分布均匀程度的指数。一般而言，物种数越多，各物种分布越均匀，指数越大。Shannon 多样性指数能在一定程度上反映该群落中优劣势物种于该环境中两极分化的程度，因为指数越小，分化越大，环境越是由少量的优势物种所支配，而其中功能环境容易因优势物种的改变而改变，因此显得越是脆弱。由图 4.6（b）对 AOB 及 AOA 的 Shannon 多样性指数进行比较和观察，可一定程度上反映该区域氮循环环境的稳定程度。污染严重的 2 号采样点，AOB 及 AOA 多样性明显低于其余采样点，该区域的氮循环能力也将更为脆弱。无论从 Chao1 丰富度或 Shannon 多样性指数进行分析，均可发现 AOA 在氨氧化的环境生态位上均扮演着重要的角色，且在污染严重的区域将分担更多 AOB 的生态位功能压力。

4.3.2　群落生物信息统计分析

系统发生树（phylogenetic tree）有助于根据碱基序列在某一分类水平上的差异构建进化树，进而从分子进化的角度，揭示分类在演化过程中的亲缘顺序关系，能有效追溯流域氨氧化微生物群落的近亲菌属或菌种，更深一步了解该群落的物种特征及一定程度反映重金属污染流域对氨氧化微生物群落影响情况。聚类分析（cluster analysis），可以发掘并根据变量数据自身特征的亲疏程度，对变量进行分离并归类，以便研究者对变量数据进行深层次的推断分析。能有效将流域样点分离并归类，对污染流域分块或整体的分析有更深一步的探讨。热图（heatmap）可以直观地用不同颜色将数据值的大小表示出来，能有效并直观地突出数据中的差异点或差异区域。结合聚类分析及系统发生树，能有效对污染流域氨氧化微生物群落做出更为系统的分析。

1. 流域 AOB 群落生物信息统计分析

在本小节中，共从流域沉积物中检索到了 246 个细菌 *amoA* OTUs。采用相对丰度前 50 的 *amoA* OTU（并且在各沉积物样品中至少一次且相对丰度≥1%）进行系统发育分析（图 4.7），丰度前 30 进行了聚类与热图分析（图 4.8）。流域沉积物的 AOB 群落可分为 4 个不同的簇。*Nitrosomonas europaea* cluster（欧洲亚硝化单胞菌），包含了 6 个细菌 *amoA* OTUs，该簇中的序列与一些 *Nitrosococcus mobilis* AJ298701.1（运动亚硝化球菌）、*Nitrosomonas oligotropha* AJ298709.1（寡营养亚硝单胞菌）、*Nitrosomonas halophila* AY026907.1（嗜盐亚硝酸单胞菌）、*Nitrosomonas europaea* ATCC 19178JN099309.1（欧洲亚硝化单胞菌）亲缘关系紧密。其中 OTU147、OTU125 最具代表性（图 4.8），是 3～8 号采样点的主要优势菌，相对丰度分别达 16.02%～19.75%（8 号采样点 1.05%）、4.52%～18.46%。此外，3～8 号采样点收集的沉积物样本被聚类在一起，而 3～8 号采样点（图 3.1）地理位置较接近。可见该类 AOB 是该区域重要的优势菌群，而且说明这些采样点展示的区域污染产生的生物毒性对该类 AOB 相近。另外，OTU151、OTU24、OTU140、OTU39 主要集中在 10 号采样点（相对丰度 3.07%～10.67%），是 1～9 号采样点的下游汇合大部分污染流域后的主干流域区域，污染情况应是最为复杂的。而且，聚类分析也显示为最独特的点，与其余样点均不聚类，且聚类距离最远，可见 10 号采样点 AOB 群落具有很强的独特性，这或许也是细菌群落对环境更为敏感的原因。

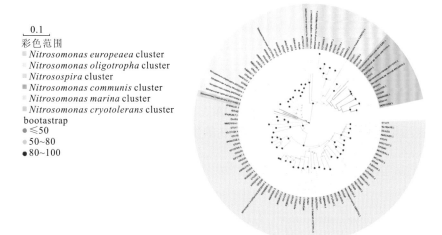

0.1

彩色范围
- *Nitrosomonas europaea* cluster
- *Nitrosomonas oligotropha* cluster
- *Nitrosospira* cluster
- *Nitrosomonas communis* cluster
- *Nitrosomonas marina* cluster
- *Nitrosomonas cryotolerans* cluster

bootastrap
- ≤50
- 50~80
- 80~100

图 4.7　主要的细菌 *amoA* OTUs 系统发生树

Nitrosomonas oligotropha cluster（寡营养亚硝单胞菌），包含了 9 个细菌 *amoA* OTUs，该簇中的序列与一些 *Nitrosomonas ureae* AF272403.1（尿素亚硝化单胞菌）、*Nitrosomonas oligotropha* AF272406.1（寡营养亚硝单胞菌）亲缘关系紧密。OTU107 是非常特别的一类，主要出现在 1 号和 11 号采样点（相对丰度 57.32% 和 25.79%）（图 4.8）。虽然 1 号与 11 号采样点区域地理距离远（图 3.1），但这两点的 Cr 浓度却是 12 个采样点中最高的

两点（表 3.1），或许 OTU107 对 Cr 的毒害有独特的抗性。OTU4 主要出现在 10 号和 11 号采样点（相对丰度 23.95%和 15.93%），区别于其余采样点，这两点为上下游关系，更可能是 10 号采样点对 11 号点的影响，且 10 号采样点存在未能顾及的关键影响因子，即影响 10 号采样点及 11 号采样点的 OTU4 的关键因子。OTU36 是 10 号采样点的独特丰富的菌种（7.20%），与 10 号采样点的独特性有密切关联。

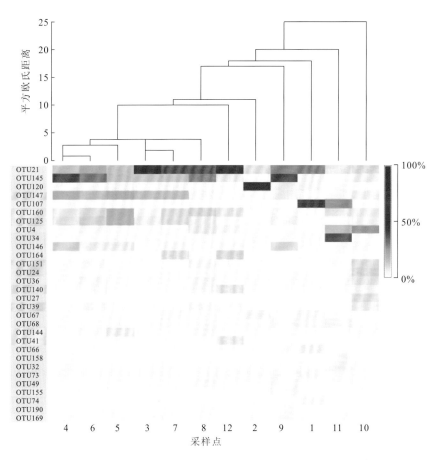

图 4.8　主要氨氧化细菌 *amoA* 基因组成热点图及样点聚类分析

Nitrosospira cluster（亚硝化螺菌），包含了 31 个细菌 *amoA* OTUs，该簇中的序列与一些 *Nitrosospira multiformis* DQ228454.1（多形亚硝化螺菌）、*Nitrosospira briensis* AY123821.1（布里氏亚硝化螺菌）、*Nitrosospira tenuis* AJ298720.1（纤细亚硝化螺菌）亲缘关系紧密。该簇是采样流域中最优势的 AOB 群落（图 4.8），都具有不错的重金属污染抗性，分布广泛且亲缘关系接近的种群数量多。如 OTU21 在全部样点中均占据优势（相对丰度 7.12%～61.7%）、OTU145 主要集中在 3～9 号采样点（相对丰度 14.11%～40.06%，其余采样点相对丰度 0%～5.57%）、OTU120 是 2 号采样点最优菌种（88.58%）、OTU34 是 11 号采样点最优菌种（36.51%）。可知 OTU120 对严重的重金属污染具有很高的专属抗性，并成为该区域采样点中氨氧化群落中近乎绝对优势的种群，但随着流域污

染情况减弱，位于 2 号采样点下游的 9 号采样点，OTU120 的优势不再，继而被 OTU21、OTU145 占领，这在一定程度上说明 OTU120 能抵抗高重金属污染的同时也依赖高重金属污染为其压制 OTU21、OTU145 等同簇优势菌种的发育。2 号与 9 号采样点虽然为上下游关系，但由于其污染情况差异过大，并未聚类在一起（图 4.8）。而同样具有特异性的还有 1 号、10 号、11 号、12 号采样点，它们都有各自的特点。OTU34 也是作为 11 号采样点独有的优势菌种。这表明沉积物 AOB 群落结构主要受采样地点影响。可见不同采样点采集样品具有明显的区域特征，其中有各流域环境条件影响，如养分等，一定程度上反映采样流域形成了不同程度的区域性污染（不局限于重金属污染影响）。

Nitrosomonas communis cluster[亚硝化单胞菌，它首次是从废水处理厂的芦苇（*Phragmites communis*）的根际平面中分离出来的]，包含了 4 个细菌 *amoA* OTUs。*Nitrosomonas communis* AF272399.1（亚硝化单胞菌）、*Nitrosomonas* sp. Nm41 AF272410.1（亚硝化单胞菌）、*Nitrosomonas nitrosa* AF272404.1（亚硝化单胞菌）、*Nitrosomonas* sp. Nm148 AY123815.1（亚硝化单胞菌）。其中 OTU160 在 3~12 号采样点均有出现（相对丰度 1.46%~18.96%），其分布较为广泛，但亲缘关系种群较少。

2. 流域 AOA 群落生物信息分析

在本小节中，共从流域沉积物中检索到了 187 个古菌 *amoA* OTUs，其优势 OTUs 系统发生树与热图分析分别如图 4.9 和图 4.10 所示。流域沉积物的 AOA 群落可分为 2 个不同的簇（图 4.9）。Soil/sediment cluster（土壤/沉积物聚类），包含了 19 个古菌 *amoA* OTU，该簇中的序列与一些 *Candidatus Nitrosotalea devanaterra* JN227489.1（亚硝化念珠菌）、*Nitrosopumilus maritimus* SCM1 U239959.1（常温亚硝化泉古菌）、*Nitrosopumilus maritimus* HM345608.1（常温亚硝化泉古菌）亲缘关系紧密。OTU82 是流域样品中众多 AOA 种群中最优势的种群，广泛分布在全部流域采样点，其中采样点 4~8 号、10~12 号采样点中相对丰度达到 15.84%~70.47%，而 1~3 号、9 号采样点相对丰度为 0.02%~5.82%。OTU76 及 OTU64 也是该簇中表现为优势的群体，与 OTU 表现相似，主要存在于 3~8 号及 10~12 号采样点（相对丰度 3.16%~19.35%，0.25%~21.99%）。OTU124 最为特别，仅存在于矿区流域 1 号和 2 号采样点，相对丰度分别达到 5.46%、86.19%，与 AOB 群落中的 OTU120 相似（图 4.8），具备很强的重金属污染抗性或是极端环境的抗性。根据聚类分析，可以将 1 号、2 号、9 号采样点各自归为一类，而其余归为一类。其中 1 号、2 号、9 号采样点均为最接近矿区，且 2 号、9 号采样点污染程度为最高，这三点均具备自身区域强特征。其余采样点也有各自的特点，但 AOA 群体具备较于 AOB 群体更好的抗逆能力，使得 AOA 表现出更均匀的分布，特别是表现在情况复杂的下游 10 号及 11 号采样点上，AOB 偏向将其分为单独各一类，而 AOA 偏向将其聚为一类。此外，在 6 号、8 号、10 号、11 号采样点作为干流且上下游关系的条件下，AOA 群落被更好的继承下来，表现在于这 4 个采样点被聚类靠近（图 4.10），而 AOB 群落由于更为敏感，这 4 个采样点在聚类分析中表现为分离。这进一步证明了 AOA 具备更强的环境变化抗逆性，而 AOB 具备更高的环境变化敏感性。进行更系统的研究或许能将 AOB 作为环境污染的新指示参数。

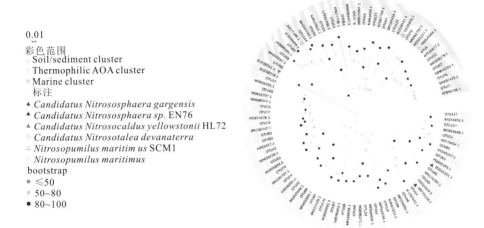

0.01
彩色范围
　Soil/sediment cluster
　Thermophilic AOA cluster
　Marine cluster
　标注
▲ *Candidatus Nitrososphaera gargensis*
▲ *Candidatus Nitrososphaera sp.* EN76
▲ *Candidatus Nitrosocaldus yellowstonii* HL72
△ *Candidatus Nitrosotalea devanaterra*
△ *Nitrosopumilus maritim us* SCM1
○ *Nitrosopumilus maritimus*
bootstrap
• ≤50
• 50~80
• 80~100

图 4.9　主要的古菌 *amoA* OTUs 系统发生树

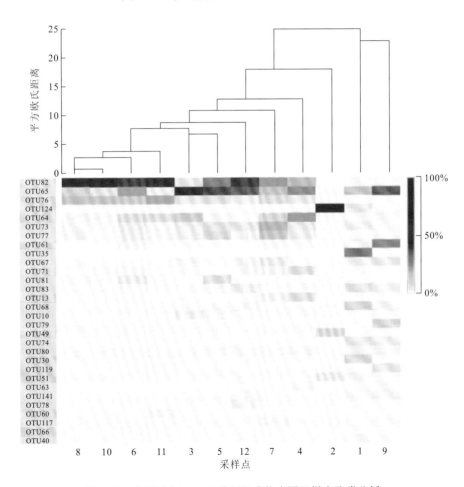

图 4.10　主要 AOA *amoA* 基因组成热点图及样点聚类分析

Thermophilic AOA cluster（嗜温氨氧化古菌），包含了 31 个古菌 *amoA* OTUs。该簇中的序列与一些 *Candidatus Nitrososphaera gargensis* EU281321.1（亚硝化念珠菌）、*Candidatus Nitrososphaera* sp. EN76 FR773159.1（亚硝化念珠菌）亲缘关系紧密。OTU65 是该簇优势最为明显的种群，除了污染最为严重的 2 号采样点，其余采样点均有发现，相对丰度为 2.97%～58.28%，分布较土壤/沉积物聚类中的 OTU76 及 OTU64 更广泛。OTU73 与 OTU77 分布相似，且它们在系统发生树中也非常接近，即亲缘关系很接近，所以物种功能、性状都接近，表现也接近。OTU73 与 OTU77 主要分布在 3～8 号采样点及 10～12 号采样点，相对丰度为 1.04%～17.01%、0.79%～13.55%，与土壤/沉积物聚类中 OTU82 及 OTU76 相似。这是与土壤/沉积物聚类共同导致样点聚类分析中将 3～8 号采样点及 10～12 号采样点聚归为一类的重要原因。比较图 4.8 与图 4.10，AOB 聚类分析可以分 7 类，1 类为 3～8 号采样点，其余 6 类为剩余采样点单独一类；AOA 聚类分析可以分 4 类，1 类为 3～8 号采样点及 10~12 号采样点，其余 3 类为各自采样点单独一类。这说明了作为现代微生物种群优势的细菌，具有更大的多样性，能分布在全球各地，能适应各地环境，但对环境的变化更为敏感，环境的差异会被细菌群落组成和结构放大；而作为远古至今的优异生存者——古菌，虽然没有细菌等优异的资源获取能力，但是具备自古以来继承的优异抗逆能力，使其能更广泛遍布于各种不同的环境，非显著差异环境会被古菌群落组成和结构所忽略。

4.4　沉积物微生物多样驱动机制

4.4.1　沉积物理化特征

降低痕量或极端少量 OTU 对多元分析的影响，本小节选择含量/丰度超过 1%的 OTU 序列，构建物种/基因组成矩阵。使用 Canoco 4.5 软件对本小节不同样点 AOB 和 AOA *amoA* 基因组成数据进行除趋势对应分析（DCA），以判定基因组成数据对理化因子改变的响应模式。DCA 分析表明，第一轴梯度长为 2.401（AOB）和 3.581（AOA），基因组成数据比较适宜基于线性的冗余分析（redundancy ananlysis，RDA）。而后选择所有的理化因子进行 RDA 分析，以判定基因组成与理化因子的多元关系。

AOB *amoA* 组成与流域样点沉积物理化因子的冗余分析结果如表 4.2 所示。排序效果理想，蒙特卡罗检验结果表明，所有排序轴均显著（$P=0.002$），AOB 种群前 2 个排序轴的特征值分别为 0.336 和 0.236，这 2 个排序轴与本小节实验选择的 13 个理化因子的相关系数为 0.969 和 0.936，分别解释了 33.6%和 23.6%的 AOB 种群结构变化，对应 36.2%和 24.5%的种群结构与理化因子关系。前 4 个排序轴共解释了 74.7%的 AOB 种群结构变化和 83.0%的 AOB 种群-理化因子的关系。本小节所选择的 13 个理化因子一共解释了 74.6%的总特征值。

表 4.2　氨氧化细菌种群的冗余分析

项目	Axis 1	Axis 2	Axis 3	Axis 4
特征值	0.336	0.236	0.110	0.064
种群-理化因子的相关系数	0.969	0.936	0.981	0.910
种群数据变化百分比 / %	33.6	57.2	68.2	74.7
种群-理化因子关系变化的累计百分比 / %	36.2	60.7	76.0	83.0

注：蒙特卡罗检验，第一轴显著性，$F=3.542$，$P=0.0020$；所有典范轴（canonical axes）的显著性检验，$F=5.155$，$P=0.0020$；所有特征值和所有典范特征值的和分别为 1.000 和 0.747

　　AOA *amoA* 组成与流域采样点理化因子的冗余分析结果如表 4.3 所示。排序效果也同样理想，所有排序轴均显著（$P=0.002$）。前 2 个排序轴的特征值分别为 0.439 和 0.090，与理化因子的相关系数分别为 0.981 和 0.858，能够解释 43.9% 和 9.0% 的 AOA 种群结构变化，对应 57.7% 和 16.8% 的种群结构与理化因子关系。前 4 个排序轴共解释了 86.5% 的 AOA 种群结构变化和 90.9% 的 AOA 种群-流域沉积物理化因子的关系。13 个理化因子解释了 85.7% 的总特征值。

表 4.3　氨氧化古菌种群的冗余分析

项目	Axis 1	Axis 2	Axis 3	Axis 4
特征值	0.439	0.090	0.238	0.090
种群-理化因子间的相关系数	0.981	0.858	0.864	0.830
种群数据变化百分比 / %	43.9	52.9	76.7	86.5
种群-理化因子关系变化的累计百分比 / %	57.7	74.5	85.6	90.9

注：蒙特卡罗检验，第一轴显著性，$F=7.031$，$P=0.0020$；所有典范轴（canonical axes）的显著性检验，$F=5.048$，$P=0.0040$；所有特征值和所有典范特征值加和分别为 1.000 和 0.755

4.4.2　多样性驱动机制

　　RDA 和 CCA 等多元分析方法的巨大优势是可以在复杂的环境因子群中找出显著影响多样品微生物组成的驱动因子并使用方差分离的方法计算出它们的影响大小及显著性。不同的理化因子对 AOB 和 AOA 种群的梯度分布影响大小不同，本小节研究的主要目的是判定和计算到底是哪些因子显著影响和驱动了流域沉积物中 AOB 和 AOA 的种群的动态变化。

　　手动选择的分析结果表明：Cd、Cr、TK 及 ORP 显著（$P<0.05$）解释了 AOB 群落结构的动态变化。这 4 个因子共解释了 54.9%（$P=0.002$）的 AOB 种群组成。方差分离分析结果表明，Cd 单独解释了 20.7%（$P=0.032$）的细菌种群，Cr、TK 及 ORP 依次解释了 18.7%（$P=0.008$）和 9.6%（$P=0.022$）（表 4.4）。流域沉积物 As、pH 与 AOA 群落的更替显著相关（$P<0.05$），分别解释了 23.6%（$P=0.002$）、13.9%（$P=0.050$）的 AOA 群落组成。这些理化因子是调控 AOB 和 AOA 种群差异的最主要因子，是不同样

点种群组成差异的主要原因。

表 4.4　AOB 和 AOA amoA 基因组成方差分离分析

目标种群	因子	特征值	解释物种组成/%	F 值	P 值
AOB	Cd	0.207	20.7	3.470	0.032
	Cr	0.186	18.7	4.007	0.008
	TK	0.096	9.6	2.898	0.022
	ORP	0.059	5.9	3.415	0.024
	以上 4 个因子加和	0.549	54.9	6.481	0.002
AOA	As	0.236	23.6	5.996	0.002
	pH	0.139	13.9	3.938	0.050
	以上 2 个因子加和	0.375	37.5	6.775	0.002

注：仅保留显著影响因子的蒙特卡罗检验，单一因子作为环境因子，其他显著影响因子作为补充因子（covariables）。F 值与 P 值为蒙特卡罗检验后的估计值。所有特征值的加和为 1.000

　　样点-流域沉积物理化因子的二维排序图见图 4.11 和图 4.12。在样点-流域沉积物理化因子的二维排序图中，箭头连线与排序轴的夹角大小表示该理化因子与对应排序轴之间的相关性（夹角越小，正相关性越强）；连线的长短反映了微生物种群与该过程因子相关系数的大小，箭头所指方向则表示该理化因子的变化趋势。AOB 种群的样点-流域沉积物理化因子二维排序图（图 4.11）中的样点分布可划分为 4 个不同的区域，大致对应于磺矿尾矿区（1 号采样点）、铅锌尾矿区（2 号采样点）、干流下游（11 号采样点）和流域上游（3～10 号及 12 号采样点）。

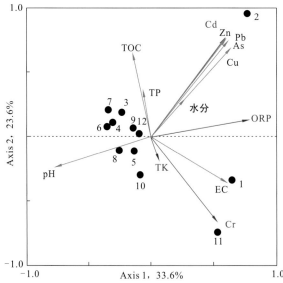

图 4.11　氨氧化细菌（AOB）种群与流域沉积物理化因子的二维排序图

显著性理化因子用红线表示；非显著因子用灰线表示；圆圈代表不同样点

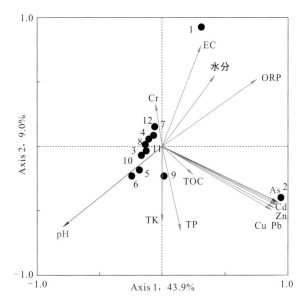

图 4.12 氨氧化古细菌（AOA）种群与流域沉积物理化因子的二维排序图

显著性理化因子用红线表示；非显著因子用灰线表示；圆圈代表不同样点

AOA 种群的样点-流域沉积物理化因子二维排序图（图 4.12）中的样点分布可划分为 3 个不同的区域，大致对应于磺矿尾矿区（1 号样点）、铅锌尾矿区（2 号样点）、主要流域（3～12 号样点）。RDA 是一种很有潜力的量化环境样品微生物群落组成与环境因子关系的方法。这种样品组的划分方法反映了不同物种种群对不同区域环境的生态适应性，在排序图上显示的结果更直观。AOB 和 AOA 种群在矿区样点在排序图中的位置变动较大，反映出该区域微生物种群结构剧烈更替的特征。

前期大量研究表明，AOA 的种群受氨浓度的影响，AOA 的种群受氨浓度的影响（Limpiyakorn et al.，2011；Wellset al.，2009）。AOA 被认为是低铵环境的主要氨氧化驱动微生物种群。研究结果表明，作为高有机质和高铵含量的河流沉积物系统，AOA 种群数量仍然占主导地位。AOB 正常的新陈代谢需要 1%～10%浓度的氧气供应（Béline et al.，1999）。各种无机盐和有机物都会影响 AOB 的生长和活性（Yan et al.，2010）。细菌和古菌在氨氧化反应中的相对贡献依据环境的条件变化而发生改变。在特定环境体系下，某种也许会比另外一种氨氧化微生物更具备氨氧化的竞争力。最近不少研究报告指出在许多环境体系（例如土壤）AOA 在硝化反应中所起的作用比 AOB 更大（Leininger et al.，2006）。一些研究报告表明 AOA 特别能适应不利的环境条件，比如高温或低氧等（Hatzenpichler et al.，2008；Herndl et al.，2005）。基因组学分析也确认 AOA 具有兼性自养能力，能够同时利用二氧化碳和有机物作为碳源（Hallam et al.，2006a，2006b）。

参 考 文 献

丁苏丽, 张祁炅, 董俊, 等, 2018. 深港红树林沉积物微生物群落多样性及其与重金属的关系. 生态学杂志, 37: 3018-3030.

何天良, 2012. 巢湖两个入湖河口沉积物氨氧化古菌群落结构时空差异的分子生态学研究. 合肥: 安徽农业大学.

蒋有绪, 郭泉水, 马娟, 2018. 中国森林群落分类及其群落学特征. 北京: 科学出版社.

全向春, 王育来, 何孟常, 等, 2009. FISH 方法解析大辽河入海口沉积物中微生物的垂直分布特征. 环境科学学报, 29: 1502-1509.

沈辉. 2016. 富营养化沉积物生物修复及生物扰动对微生物群落结构的影响. 上海: 上海海洋大学.

孙海美, 孙卫玲, 邵军, 2012. 布吉河枯水期总细菌和反硝化功能基因定量研究. 北京大学学报(自然科学版), 48: 620-629.

王若冰, 赵钰, 单保庆, 等, 2018. 海河流域典型重污染河流滏阳河沉积物氨化和硝化速率研究. 环境科学学报, 38: 858-866.

叶磊, 祝贵兵, 王雨, 等, 2011. 白洋淀湖滨湿地岸边带氨氧化古菌与氨氧化细菌的分布特性. 生态学报, 31: 2209-2215.

阴星望, 田伟, 丁一, 等, 2018. 丹江口库区表层沉积物细菌多样性及功能预测分析. 湖泊科学, 30: 1052-1063.

赵文博, 刘晓伟, 汪光, 2018. 珠江广州段沉积物微生物对环境差异响应分析. 环境科学与技术, 41(S1): 31-36.

AMANN R I, LUDWIG W, SCHLEIFER K-H, 1995. Phylogenetic identification and in situ detection of individual microbial cells without cultivation. Microbiology and Molecular Biology Reviews, 59(1): 143-169.

BÉLINE F, MARTINEZ J, CHADWICK D, et al., 1999. Factors affecting nitrogen transformations and related nitrous oxide emissions from aerobically treated piggery slurry. Journal of Agricultural Engineering Research, 73(3): 235-243.

BORCARD D, LEGENDRE P, DRAPEAU P, 1992. Partialling out the spatial component of ecological variation. Ecology, 73(3): 1045-1055.

GILLER K E, WITTER E, MCGRATH S P, 1998. Toxicity of heavy metals to microorganisms and microbial processes in agricultural soils: A review. Soil Biology & Biochemistry, 30(10-11): 1389-1414.

HALLAM S J, KONSTANTINIDIS K T, PUTNAM N, et al., 2006a. Genomic analysis of the uncultivated marine crenarchaeote cenarchaeum symbiosum. Proceedings of the National Academy of Sciences of the United States of America, 103(48):18296-18301 .

HALLAM S J, MINCER T J, SCHLEPER C, et al., 2006b. Pathways of carbon assimilation and ammonia oxidation suggested by environmental genomic analyses of marine crenarchaeota. PLOS Biology, 4(4): 520-536.

HATZENPICHLER R, LEBEDEVA E V, SPIECK E, et al., 2008. A moderately thermophilic ammonia-oxidizing crenarchaeote from a hot spring. Proceedings of the National Academy of Sciences of the United States of America, 105(6): 2134-2139.

HERNDL G J, REINTHALER T, TEIRA E, et al., 2005. Contribution of Archaea to total prokaryotic production in the deep Atlantic Ocean. Applied and Environmental Microbiology, 71(5): 2303-2309.

KANDELER F, KAMPICHLER C, HORAK O, 1996. Influence of heavy metals on the functional diversity of soil microbial communities. Biology and Fertility of Soils, 23(3): 299-306.

KAŠTOVSKÁ E, SANTRUCKOVA H, 2003. Growth rate of bacteria is affected by soil texture and extraction procedure. Soil Biology & Biochemistry, 35(2): 217-224.

KIRSTINE M A, KAMMAW, SØREN C, et al., 2001. The effect of long-term mercury pollution on the soil microbial community. FEMS Microbiology Ecology, 36(1): 11-19.

KYOHEI K, MASASHI H, NOZOMI N, et al., 2015. Community composition of known and uncultured archaeal lineages in anaerobic or anoxic wastewater treatment sludge. Microbial ecology, 69(3): 586-596.

LEFF L G, LEFF A A, LEMKE J M, 1998. Seasonal changes in planktonic bacterial assemblages of two Ohio streams. Freshwater Biology, 39(1): 129-134.

LEININGER S, URICH T, SCHLOTER M, et al., 2006. Archaea predominate among ammonia-oxidizing prokaryotes in soils. Nature: International Weekly Journal of Science, 442(7104): 806-809.

LIANG Y T, JIANG Y J,WANG F, et al., 2015. Long-term soil transplant simulating climate change with latitude significantly alters microbial temporal turnover. The ISME Journal, 9(12): 2561-2572.

LIMPIYAKORN T, SONTHIPHAND P, RONGSAYAMANONT C, et al., 2011. Abundance of amoA genes of ammonia-oxidizing archaea and bacteria in activated sludge of full-scale wastewater treatment plants. Bioresource Technology, 102(4): 3694-3701.

MARIA T, FREITAGT E, NICOLGW, et al., 2008. Growth, activity and temperature responses of ammonia-oxidizing archaea and bacteria in soil microcosms. Environmental Microbiology,10(5): 1357-1364.

MEOT A, LEGENDRE P, BORCARD D, 1998. Partialling out the spatial component of ecological variation: Questions and propositions in the linear modelling framework. Environmental and Ecological Statistics, 5(1): 1-27.

REN L, CAI C, ZHANG J, et al., 2018. Key environmental factors to variation of ammonia-oxidizing archaea community and potential ammonia oxidation rate during agricultural waste composting. Bioresource Technology, 270: 278-285.

ROTTHAUWE J H, WITZEL K P, LIESACK W, 1997. The ammonia monooxygenase structural gene *amoA* as a functional marker: Molecular fine-scale analysis of natural ammonia-oxidizing populations. Applied and Environmental and Microbiology, 63(12): 4704-4712.

SANDAA R A, TORSVIK V, ENGER Ø, et al., 1999. Analysis of bacterial communities in heavy metal-contaminated soils at different levels of resolution. FEMS Microbiology Ecology, 30(3): 237-251.

TOURNA M, FREITAG T E, NICOL G W, et al., 2008. Growth, activity and temperature responses of ammonia-oxidizing archaea and bacteria in soil microcosms. Environmental Microbiology, 10(5): 1357-1364.

WELLS G F, PARK H D,YEUNG C H, et al., 2009. Ammonia-oxidizing communities in a highly aerated full-scale activated sludge bioreactor: Betaproteobacterial dynamics and low relative abundance of Crenarchaea. Environmental Microbiology, 11(9): 2310-2328.

WITZEL K P, ROTTHAUWE J H, 1997. The ammonia monooxygenase structural gene *amoA* as a functional marker: Molecular fine-scale analysis of natural ammonia-oxidizing populations. Applied and Environmental Microbiology, 63(12):4704-4712 .

YAN J, JETTEN M, RANG J, et al., 2010. Comparison of the effects of different salts on aerobic ammonia oxidizers for treating ammonium-rich organic wastewater by free and sodium alginate immobilized biomass system. Chemosphere, 81(5): 669-673.

YE W, LIU X, LIN S, et al., 2009. The vertical distribution of bacterial and archaeal communities in the water and sediment of Lake Taihu. FEMS Microbiol Ecol, 70(2): 107-120.

ZENG G, ZHANG J, CHEN Y, et al., 2011. Relative contributions of archaea and bacteria to microbial ammonia oxidation differ under different conditions during agricultural waste composting. Bioresource Technology, 102(19): 9026-9032.

ZHANG J, LUO L, GAO J, et al., 2016. Ammonia-oxidizing bacterial communities and shaping factors with different Phanerochaete chrysosporium inoculation regimes during agricultural waste composting. RSC Advances, 6(66): 61473-61481.

ZHANG J, ZENG G, CHEN Y, et al., 2014. Phanerochaetechrysosporium inoculation shapes the indigenous fungal communities during agricultural waste composting. Biodegradation, 25(5): 669-680.

第 5 章　改性材料在重金属酸性废水处置中的应用

重金属酸性废水中含有大量的砷、锑、镉、铜等有毒有害金属离子，传统的单一吸附材料在污染物的去除上存在利用率低、成本高、去除效果有限等缺点。因此，根据材料的吸附性、孔隙度、官能团等特征，通过表面修饰、官能团嫁接、元素掺杂等方法进行材料改性，以提高重金属污染物的吸附去除效果。本章将研究赤泥、水滑石、铁基矿物材料、生物炭等材料及改性方法在重金属酸性废水中去除砷、锑、镉、铜等有毒有害金属离子。

5.1　介孔铁铝材料去除重金属酸性废水中 As(III)

砷对植物、动物及人类都具有潜在性的危害，对砷的吸附研究工作主要集中于矿物材料吸附等温方程的拟合、动力学方程的拟合、吸附影响因素等方面，如铁铝氧化物、铁铝氢氧化物、铁铝土、黏土矿物、碳酸盐、锰氧化物等土壤矿物对砷、砷酸根的吸附行为及机理（李士杏 等，2012；石荣 等，2007）。吸附法作为一种高效、廉价且简单易行的方法在处理水中重金属方面具有明显的优势和应用价值，其核心的问题是高容量吸附剂。通过查阅大量文献发现，铁基金属材料对水中砷的去除效果较好，$\alpha\text{-Al}_2\text{O}_3$ 对砷具有较强的吸附能力，如 Halter 等（2001）研究表明 $\alpha\text{-Al}_2\text{O}_3$ 对 As(V) 具有较好的吸附效果。传统的单一吸附材料在污染物的去除上存在利用率低、成本高等缺点。而材料的孔径对吸附性能也有重要影响，微孔材料存在机械性能较差，大孔材料存在孔径分布范围宽、孔径尺寸大的缺点，这些缺点限制了这两类材料在吸附及催化等方面的应用。而 2～50 nm 的介孔材料的表面可通过修饰和功能化来改善其相关性能。因此，介孔材料在去除环境污染物等方面具有较为广阔的应用前景和潜能（Liu et al.，2012；Schuster et al.，2012；Meng et al.，2006）。金属复合材料将两种或两种以上的单一材料进行复合具备优良的力学性能、综合性能及其他特殊性能。因此，在环境领域对金属复合材料的关注度日益提高（张效宁 等，2006）。

铁及其化合衍生物对水中砷的污染治理一直有着较好的效果，如零价铁吸附去除含 As(III) 废水，饱和吸附容量为 89.9 mg/g，pH、零价铁的腐蚀产物等因素对零价铁吸附去除 As(III) 影响较大，吸附过程主要涉及表面吸附和共沉淀作用（赵雅光 等，2015）。铁的亚铁羟基化合物能提高电子转移和内部零价铁的腐蚀，对 As(V) 的最大吸附容量为 537.85 mg/g，对 As(III) 的最大吸附容量为 349.54 mg/g，吸附过程符合 Langmuir 吸附等温模型（邵彬彬 等，2016）。结晶度较差的不定形次生羟基硫酸盐高铁矿物的施氏矿物（schwertmannite）（廖岳华 等，2007），在诸如矿山酸性废水这样极端的酸性条件下，能够参与环境中的有毒重金属的自然钝化。由于在处理酸性废水中的砷具有巨大的潜力，人工合成施氏矿物日益受到人们的关注。如廖岳华（2008）通过实验室静态实验，考察了生物法合成的施氏矿物在处理水中砷的最佳吸附条件及饱和吸附容量。研究结果表明，在 90 min 内大约 95%的 As(III)被吸附去除。室温下的饱和吸附容量可达 114 mg/g。施氏矿物对 As(III)的吸附属于专性吸附，主要包括矿物表面的络合反应及矿物内的配位体交换作用。牟海燕（2015）通过化学合成的施氏矿物同步处理水中的 As(V)和 Cr(VI)，研究结果表明，以 0.5 g/L 的投加量处理初始浓度为 0.346 7 mmol/L 的含砷废水，在溶液 pH＝4.5 时，对 As(V)吸附容量可达 0.688 1 mmol/g。吸附过程主要涉及离子交换及 As(V)与表面 Fe(III)的结合吸附。多孔活性氧化铝吸附材料对废水的 pH（3～11）适应范围较广，对甲基橙废水吸附处理能力较强，适合应用于工业废水的处理（何清泉，2015），氧化铝基复合吸附材料具有较大的吸附潜能（张滢 等，2012），适合应用于工业废水的处理。相比于单一的金属体系，双金属体系具有更高的活性和更好的动力学吸附效果（Lin et al.，2015），铁铝复合材料适应的 pH 范围更广（Fu et al.，2015；崔自敏，2011），是一种高效、迅速的吸附材料，在处理水中重金属污染方面具有巨大的潜力。本研究小组在铁铝材料应用于重金属污染治理方面也开展了相关的研究（魏东宁 等，2018；孟成奇 等，2017；罗琳 等，2016；李雅贞 等，2015）。

基于综合考虑介孔材料具备良好的物理结构、双金属材料在去除污染物上的优良综合性能和铁、铝在处理含砷废水上的优势，合成介孔铁铝复合材料，探讨介孔铁铝复合材料对水中 As(III)的吸附机理。

5.1.1　介孔铁铝材料制备及特征

称取一定量的 $FeSO_4 \cdot 7H_2O$ 置于锥形瓶中，加入一定量的去离子水使其溶解。按物质的量比 n_{Fe}：$n_{H_2O_2}$ 不同比例缓慢加入 H_2O_2，调节至 pH＝6，然后按 n_{Fe}：$n_{Al_2O_3}$ 不同比例加入经过 1 000 ℃、2 h 煅烧、过 100 目筛后的 Al_2O_3，所得溶液置于 25 ℃、150 r/min 的恒温振荡器上振荡 24 h。铁铝复合材料中 n_{Fe}：n_{Al}＝1：0.2 时，对于初始浓度为 20 mg/L 的 As(III)溶液进行处理，具有可达 94.3%的最佳去除率。

铁铝复合材料的电镜扫描（SEM）、能量散射分析（EDS）及红外光谱（FTIR）表征见图 5.1。通过 5 000 倍放大的 SEM 图中可以看出，铁铝复合材料具有凹凸不平的表面结构，有利于增加其比表面积，而且其结构比较松散，颗粒团聚不明显，这样的结构有利于增加材料对目标污染物的去除效果，而 EDS 结果表明，其组成元素为 Fe、S、Na、Al 等元素。铁铝复合材料的红外光谱特征峰分别为 1 130.32 cm⁻¹、1 118.35 cm⁻¹、1 109.23 cm⁻¹ 和 614.13 cm⁻¹。铁铝复合材料在 1 100 cm⁻¹ 附近有很明显的吸收峰，经查表可知为 C—O 的伸缩振动峰。600～1 100 cm⁻¹ 则为该红外光谱图的指纹区，该部分最能反映出物质的细微结构的差异。

通过对铁铝复合材料进行氮气吸附-脱附动力研究[图 5.2（a）]，可以观察到滞留环的类型为 H3 型，这表明铁铝复合材料是介孔材料（Kaminsky et al.，1994）。从孔径分布

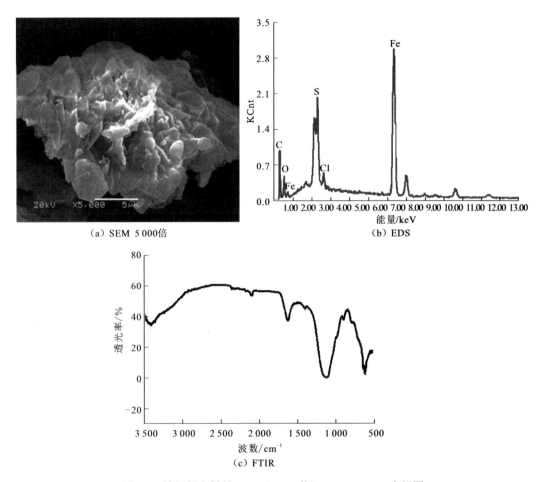

（a）SEM 5 000倍　　　　　　　　　（b）EDS

（c）FTIR

图 5.1　铁铝复合材料 SEM（5 000 倍）、EDS、FTIR 表征图

曲线［图 5.2（b）］可看到，铁铝复合材料主要分布在 20～40 nm，更进一步地证明了铁铝复合材料属于介孔双金属复合材料。铁铝复合材料的平均孔径为 3.949 nm，基于 BET 模型计算得出的比表面积为 1 930.2 m²/g，基于 BJH 模型计算得出的比表面积为 1 706 m²/g，孔容为 0.6 cm³/g。

通过对铁铝复合材料进行 X 射线衍射分析其组成成分，研究结果显示于图 5.3（a）。根据布拉格（Bragg）等式计算得出，在 X 射线衍射图谱中，铁铝复合材料的晶面间距分别为 0.464 1 nm、0.277 7 nm 及 0.263 8 nm。通过对照《X 射线衍射鉴定表》（辽宁省地质局，1977）可知，铁铝双金属复合材料与纤铁矿（卡片编号为：412c）有相似的特征。纤铁矿对水中砷的吸附机理主要是通过形成砷氧四面体和铁氧八面体的内层双齿配合而实现的（Moore et al.，1989；辽宁省地质局，1977）。此外，该铁铝复合材料的衍射峰强度很弱，说明所形成的矿物晶体结构还不够完善，属于微晶体结构。该结构利于增加材料的活性，以及降低被吸附金属在水中的溶出。

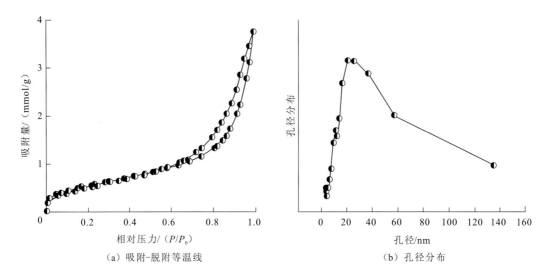

（a）吸附-脱附等温线　　　　　（b）孔径分布

图 5.2　铁铝复合材料的氮气吸附-脱附等温线和孔径分布图

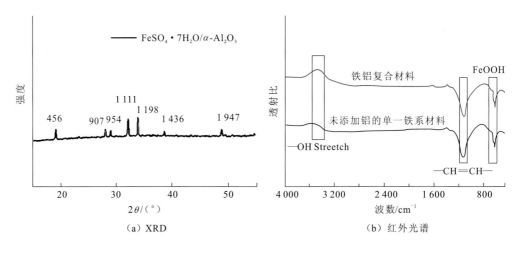

（a）XRD　　　　　（b）红外光谱

图 5.3　铁铝复合材料的 XRD 和红外光谱图

由图 5.3（b）可知，相同制备条件下，铁铝复合材料与未添加铝的单一铁系材料的红外光谱图（尤其在 1 000 cm^{-1} 以下）存在差异，这说明铝的加入使吸附材料的结构产生了改变，且这两种材料在峰型和强度上有着明显的不同。在 3 500 cm^{-1} 附近，两种材料都存在吸收峰，该峰为吸附材料中水和—OH 的伸缩振动峰。铁铝复合材料在 1 100 cm^{-1} 附近有很明显的吸收峰，经查表可知为 C—O 的伸缩振动峰。600～1 100 cm^{-1} 为该图谱差异最为明显的部分，该区为红外光谱图的指纹区，最能反映物质的细微结构的差异。相比于未添加铝的材料，铁铝复合材料 800～900 cm^{-1} 波段附近出现明显的差异，而此段为 Al—O 键的位置。

5.1.2　介孔铁铝材料吸附去除 As(III) 影响因素

1. 溶液初始 pH

溶液中酸碱条件可影响重金属的存在形式和价态，进而影响对重金属的吸附效果。对 As(III) 而言，As(III) 在 pH 为 3～9 的条件下为电中性，在 pH 为 9～12 条件下以 $H_2AsO_3^-$ 状态存在（赵维梅，2010）。溶液初始 pH 对水中总砷、As(III) 和 As(V) 的吸附影响见图 5.4，铁铝复合材料吸附水中 As 在碱性条件下比酸性条件下效果要好。当溶液初始 pH 从 3.12 提高到 8.05 时，总砷去除率迅速升高。随着溶液 pH 的上升，带负电三价砷阴离子含量逐渐增加，三价砷阴离子与介孔铁铝之间的静电引力能促进其吸附。同时铁铝复合材料对 As(III) 和 As(V) 的去除，在弱碱性溶液中要优于弱酸性溶液中，但是不同 pH 中 As(V) 浓度随时间先升高后降低，碱性条件更利于 As(V) 的吸附。

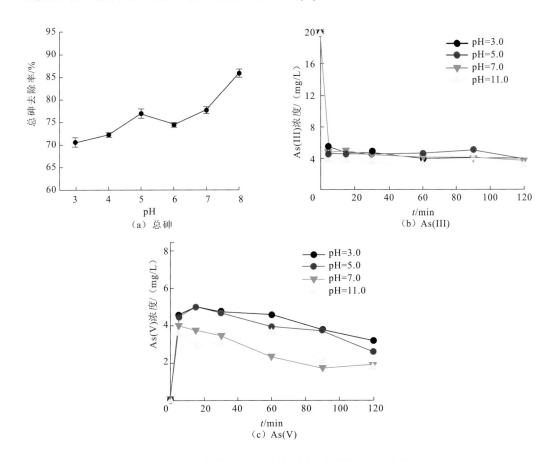

图 5.4　溶液初始 pH 对铁铝复合材料吸附水中砷的影响

2. 吸附剂投加量

介孔铁铝复合材料的投加量对含砷废水处理效果见图 5.5。从图中可以看出，随着材料投加量的增加，去除率先增加后趋于稳定。当投加量为 0.25～5.0 mg/L 时，总砷去除率从 23.48% 上升至 85.36%，当投加量增加至 10.0 mg/L 时，总砷的去除率上升至 90.92%。投加量超过 10.0 mg/L 时，对总砷的去除率无明显影响，可能是由于介孔铁铝材料在高投加量时，材料部分发生团聚，使得其表面的吸附位点减少。为节约处理成本，应根据实际需求选择适当的投加量避免过量，同时保证体系充分混合均匀。

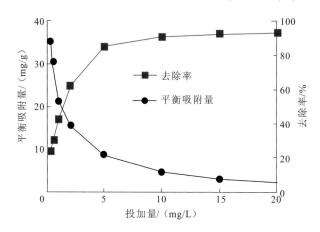

图 5.5 投加量对介孔铁铝复合材料除砷效果的影响

3. H_2O_2 比例

加入不同体积的 H_2O_2 在介孔铁铝复合材料 2 h 后 As(III) 和 As(V) 的浓度变化见图 5.6。低浓度的 H_2O_2 加入能够促使溶液中 As(III) 和 As(V) 浓度有所下降，当 H_2O_2：As(III) 体积比超过 20% 时，As(V) 浓度逐渐升高，这表明低浓度的 H_2O_2 能促进介孔铁铝复合材料对 As(III) 和 As(V) 的吸附，H_2O_2 体积分数超过 20% 时，存在氧化过程，能将 As(III) 氧化为 As(V)。根据前人的研究结论，在亚铁离子存在的条件下，H_2O_2 能够分解产生羟基自由基，这一过程既促进了 Fe(II)/Fe(III) 的循环，又能促进介孔铁铝复合材料对砷的吸附。

4. 介孔铁铝材料再生利用

吸附材料的重复利用对于降低成本具有较为重要的意义。本实验利用盐酸和氢氧化钠调节酸碱，对比材料的脱附再生效果，结果见图 5.7。从图中可知，用 pH＝3 的洗脱液，经过 5 个循环后，介孔铁铝复合材料对砷的去除率从 89.34% 降低至 81.64%。用 pH＝7 的洗脱液，经过 5 个循环后，介孔铁铝复合材料对砷的去除率从 89.62% 降低至 80.35%。用 pH＝11 的洗脱液，经过 5 个循环后，介孔铁铝复合材料对砷的去除率从 90.61% 降低至 82.46%。这表明三种洗脱液都能很好地实现材料的再生利用，材料具有较好的重复利用性，同样说明该材料在不同 pH 环境中具有较好的结构稳定性。

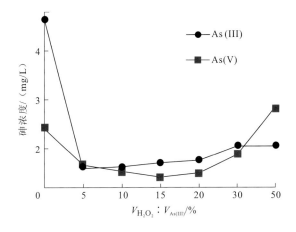

图 5.6　过氧化氢对 As(III)吸附的影响

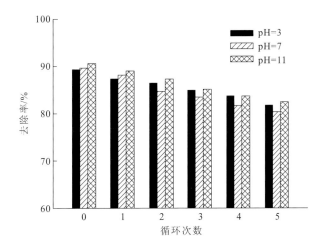

图 5.7　连续吸附-解吸循环中介孔铁铝复合材料对砷的去除率

5.1.3　介孔铁铝材料去除 As(III)吸附热动力学

1. 介孔铁铝复合材料吸附动力学

为进一步研究铁铝复合材料对水中 As(III)随反应时间的变化趋势，分别采用准一级和准二级动力学模型拟合初始浓度为 20 mg/L 的 As(III)的动力学实验数据。

准一级动力学方程：

$$\lg(q_e - q_t) = \lg q_e - \frac{k_1}{2.303}t \tag{5.1}$$

式中：t 为时间，min；q_e 和 q_t 分别为吸附达到平衡时和 t 时刻的吸附量，mg/g；k_1 为准一级动力学模型的速率常数，g/（mg·min）。采用准一级动力学方程模拟铁铝复合材料吸附动力学数据的结果表明，材料的线性拟合的相关系数小于 0.90，表明该模型不适用于模拟铁铝复合材料的动力学吸附过程，传质阻力并不是吸附速度的主要控制因素。

准二级动力学方程：

$$\frac{t}{q_t} = \frac{t}{q_e} + \frac{1}{k_2 q_e^2} \tag{5.2}$$

式中：k_2 是准二级动力学方程吸附速率常数，g/（mg·min）。

通过准二级动力学方程对实验结果进行拟合，相关参数见表 5.1，实验结果见图 5.8。在前 30 min 复合材料对砷的吸附速率非常大，吸附量由 0 增加到 1.67 mg/g，属于快速反应阶段；随着时间的增加，吸附速率逐渐放缓并趋于平衡，30～360 min 吸附量由 1.67 mg/g 增加到 1.75 mg/g，属于慢速反应阶段。此后吸附速率基本维持不变。从工程设计的角度来看，在设计停留时间上可以根据需要，合理地选择停留时间，在节约成本的基础上，较为充分地利用材料。此外，该复合材料的吸附效果能够很好地用准二级动力学模型进行拟合，表明前期 As(III)从液相转移到固相速率较快，而后期 As(III)在固相中的扩散速率较慢，在 4 h 左右材料基本达到饱和吸附。

表 5.1 动力学拟合参数

准二级动力学方程	r^2	q_e/（mg/g）	k_2/[g/（mg·min）]
$t/q_t = 0.5696t + 0.7852$	0.999 8	1.755 6	0.413 2

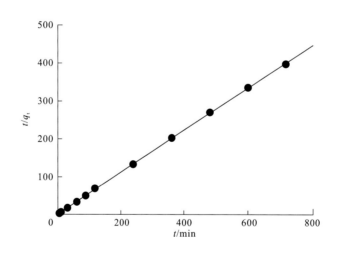

图 5.8 复合材料吸附动力学

2. 介孔铁铝复合材料等温吸附

利用 D-R 等温吸附模型、弗罗因德利希（Freundlich）等温吸附模型和朗缪尔（Langmuir）等温吸附模型对实验数据进行拟合（He et al.，2008），拟合得到的相关参数见表 5.2。Langmuir 等温模型和 Freundlich 等温模型拟合效果都比较好，两者的相关系数差别不大且都大于 95%。根据 Langmuir 等温式计算得出铁铝复合材料在 15 ℃、25 ℃

和 35 ℃下对砷的最大吸附量分别 29.94 mg/g 和 35.34 mg/g、28.17 mg/g。根据 Langmuir 模型假推断，铁铝复合材料对三价砷的吸附可能存在单层吸附，且吸附剂表面的吸附位点分布均匀。

表 5.2　Langmuir 模型、Freundlich 模型及 D-R 等温吸附模型拟合参数

温度 /℃	Langmuir 模型			Freundlich 模型			D-R 等温吸附模型			
	q_m / (mg/g)	K_L / (L/mg)	r^2	K_F	n	r^2	q_m / (mg/g)	K_D / (mol/kJ)	E / (kJ/mol)	r^2
15	29.94	0.010	0.951	0.489	0.734	0.961	7.102	0.003 38	12.153	0.859
25	35.34	0.013	0.954	0.706	0.742	0.977	9.522	0.001 22	20.211	0.843
35	28.17	0.011	0.953	0.523	0.723	0.969	8.260	0.001 26	19.849	0.846

平均吸附自由能 E（kJ/mol）可通过以下公式进行计算（Sarkar et al.，2016）：

$$E = \frac{1}{\left(2K_D\right)^{0.5}} \tag{5.3}$$

式中：K_D 为与吸附能相关的常数，mol/kJ。

E 的数值能用来判断吸附反应类型：当 E＝1～8 kJ/mol 时，吸附为物理吸附为主；当 E＝8～16 kJ/mol 时，吸附以离子交换为主；当 E＝20～40 kJ/mol 时，吸附以化学吸附为主（Matschullat，2000）。计算得到的平均自由能结果表明，该材料在 15 ℃时以离子交换吸附为主，在 25 ℃时化学吸附效果比较明显，在 35 ℃时同时存在离子交换吸附和化学吸附，这证明了铁铝复合材料对水中 As(III)的吸附机制既涉及离子交换和静电吸引，又涉及表面配位作用。此外，这一结果在一定程度上解释了铁铝复合材料在 25 ℃时饱和吸附效果最佳这一结论。

在不同温度下测定复合材料对三价砷的等温吸附容量见图 5.9。从图中可以看出随着溶液浓度的增加，吸附容量不断增加，最后趋于平衡，其最大吸附量 $q_{35℃}$＝28.17 mg/L＜ $q_{15℃}$＝29.94 mg/L＜$q_{25℃}$＝35.34 mg/L。该趋势表明温度对复合材料的吸附效果有一定的影

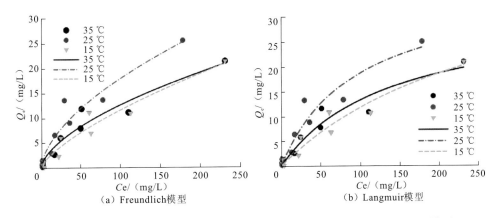

（a）Freundlich模型　　　　　　　　（b）Langmuir模型

图 5.9　铁铝复合材料在不同温度下对砷吸附的 Freundlich 模型和 Langmuir 模型

响，其在 25 ℃时吸附效果最佳。一般说来，吸附剂的吸附效果会随着温度的升高而逐渐升高或是降低（Wei et al.，2011）。但是从本实验的结论来看，温度对吸附效果的影响并不符合这两种规律，这与材料的吸附常数 K_D 及吉布斯自由能 ΔG 有关，也与温度对材料吸附、解吸速率的影响及吸附类型有关。一方面由于吸附过程是一个放热过程，随着温度的升高吸附效果会降低，但是另一方面温度的升高有利于增加离子的运动及与材料结合的可能性。因此这是一个比较复杂的过程，需要后续进一步的研究和探讨。

3. 介孔铁铝复合材料吸附热力学

通过对吸附过程进行的热力学分析，可以进一步研究吸附性质及机理。为研究铁铝复合材料的热力学特征，利用以下方程计算吉布斯自由能（ΔG，kJ/mol）、焓变（ΔH，kJ/mol）及熵变（ΔS，kJ/mol）：

$$\Delta G = -RT \ln b \qquad (5.4)$$

$$\ln b = \frac{\Delta S}{R} - \frac{\Delta H}{RT} \qquad (5.5)$$

式中：b 为与吸附相关的平衡常数，L/mg；R 为理想气体常数，8.314 J/（mol·K）；T 为温度，K。

不同温度下的ΔG、ΔH、ΔS 值见表 5.3。吉布斯自由能在不同温度下均为负值，表明吸附过程为自发进行。焓变为正值，表明该吸附过程是吸热反应。同时，熵变为正值，不仅证实了吸附剂对含砷废水的亲和性，同时也表明吸附过程中材料的结构发生了一定的变化，从而导致了固态–液态接触面的随机性增加（Barringer et al.，2011；Wei et al.，2011）。

表 5.3　不同温度下铁铝复合材料吸附的热力学参数

温度/K	ΔG/（kJ/mol）	ΔH/（kJ/mol）	ΔS/（kJ/mol）
288	−5.54		
298	−6.521	53.103	38.319
308	−6.276		

5.1.4　介孔铁铝复合材料吸附机理

根据先前的报道，As(III)很难被材料直接吸附，吸附机理常涉及氧化去除（Rahman et al.，2012；Barringer et al.，2011）。在铁铝复合材料的吸附过程中，存在 Fe(III)将 As(III)氧化为 As(V)的过程。BET 模型计算结果同样表明铁铝复合材料的直径非常小，属于介孔材料。基于前人的研究结果，介孔材料一般不会只存在单纯的物理吸附，吸附过程大多会涉及化学反应。为了进一步探究介孔铁铝复合材料对砷的吸附机理，通过 XPS 检测技术对介孔铁铝复合材料吸附前后进行表征，结果如图 5.10 所示。图 5.10（a）和图 5.10（d）分别是介孔铁铝复合材料对 As(III)吸附前后铝元素的 Al(2p)层图。图 5.10（a）

和图 5.10（d）的峰值分别为 75.23 eV 和 74.34 eV，这分别代表 $Al_2(SO_4)_3$ 和 AlOOH。图 5.10（b）和图 5.10（e）分别是介孔铁铝复合材料对 As(III)吸附前后铁元素的 Fe(2p3/2)层图。其中，图 5.10（b）和图 5.10（e）的峰值分别为 711.1 eV 和 724.39 eV，这是 Fe(III)和 Fe_2O_3 存在的峰值。同样的，图 5.10（c）和图 5.10（f）分别是介孔铁铝复合材料对 As(III)吸附前后氧元素的 O(1s)图层。其中，图 5.10（c）和图 5.10（f）的峰值分别为 531.84 eV 和 530.39 eV，这是 O_2^- 和 OH^- 存在的峰值。XPS 结果表明材料吸附过程涉及

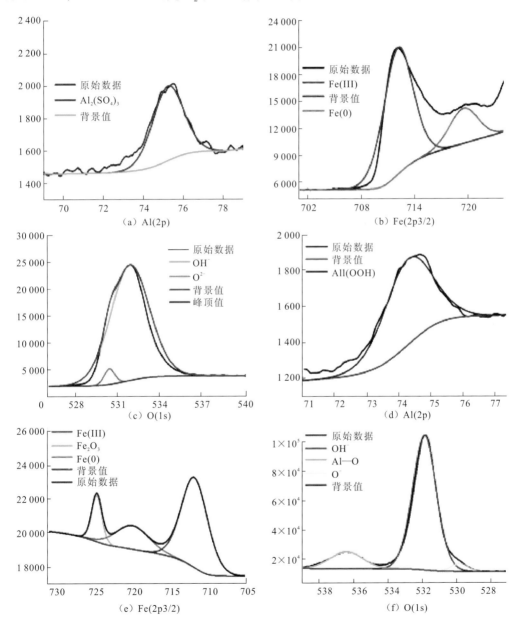

图 5.10 铁铝复合材料的 X 射线光电子能谱

横坐标为键能（eV），纵坐标为强度（cps）

铁的氧化、As(III)的氧化吸附过程。此外，生成的 OH⁻能与铁离子反应产生氢氧化铁或氢氧化亚铁胶体，继而与砷发生共沉淀反应。介孔铁铝复合材料对 As(III)的吸附机理见图 5.11。

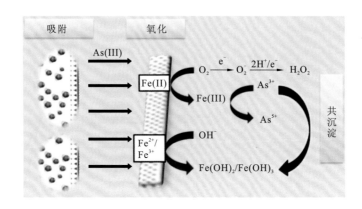

图 5.11　介孔铁铝复合材料的吸附机理图

综上所述，铁铝复合材料对水中 As(III)的吸附涉及三个阶段。首先，材料较大的比表面积可以通过物理吸附去除水中 As(III)；然后，过氧化氢将 Fe(II)氧化成 Fe(III)，而 Fe(III)将 As(III)氧化为毒性较弱的 As(V)；最后，溶液中的铁离子与氢氧根离子形成氢氧化铁的胶体，从而与溶液中的砷发生共沉淀作用。

5.2　赤泥陶粒去除重金属酸性废水中 Sb(III)和 Cd(II)

锑（Sb）主要以 Sb₂S₃（辉锑矿）形态存在于岩石圈中，锑与它的化合物主要用于制作陶瓷、生产电池、制作油漆与阻燃剂等。锑的毒性与砷类似，属中等毒性。锑的水溶性化合物有酒石酸锑钾、三氯化锑、五氯化锑、硝酸锑、硫酸锑等。锑的人为污染主要有人类活动产生的含锑生活垃圾，锑矿开采中产生的废水、废渣及粉尘，含锑燃料的燃烧等。锑中毒会引起人体多种疾病，甚至具有致癌性（Nriagu，1989）。短期内接触大剂量锑会引起急性中毒，也会引发皮炎等（宋书巧 等，2008；客绍英 等，2005）。含锑化合物对水生生物的生长也产生一定影响，如绿藻接触了 15 mg/L 的酒石酸锑钾时会死亡。

镉（Cd）在地壳中广泛存在，大量镉用于生产镍镉电池，少量用于印染、电镀等行业。镉污染的最主要来源是矿藏开采与冶炼过程产生的含镉废水、废气、废渣等（饶婵，2012）。镉是对环境与人体危害严重的一种重金属，毒性很强。自然环境中的镉可以通过食物链、生物富集与放大作用由呼吸道、消化道及皮肤转移至人体。镉中毒时会引发骨质疏松或骨质软化，甚至引发肿瘤，而且还具有致癌作用（Lee et al.，2012；Waseem et al.，2011；Johnson，1990）。镉的生物半衰期约为 10～30 年，在体内具有潜伏性，难以排出体外。

赤泥是一种强碱性、不溶性的固体废物，呈暗红色，产生于铝土矿生产氧化铝中。随着我国氧化铝的大量生产，赤泥的产量逐渐增多，赤泥成分复杂，产生量大，主要的处置方式是堆置，而且赤泥的综合利用率较低，赤泥的有效利用有待加强。已有不少赤泥在废水处理方面的研究，并且在含重金属废水处理方面效果良好，但其不易回收的特点使得对赤泥的改性成为研究的重点。王小娟等（2013）利用结烧法制备的赤泥处理水中 Cd(II) 和 Pb(II)，表明改性赤泥对 Cd(II) 和 Pb(II) 的去除效果随着温度的升高而提高，最大去除率可达 100%。吸附过程主要涉及静电引力和表面吸附，且能很好地利用二级动力学模型进行拟合。王芳等（2016）研究了赤泥质陶粒对酸性含铜废水的处理效果，对初始浓度为 20 g/L、初始 pH＝3 的含铜废水，按 20 g/L 的固液比加入赤泥质陶粒，在 30 ℃下吸附 4 h，去除率可达 95.06%，饱和吸附容量可达 7.412 9 mg/g，通过 1 mol/L 的 NaOH 多次脱附再生后，对 Cu^{2+} 的吸附率仍然可达 75% 以上。肖利萍等（2016）利用了赤泥复合颗粒高碱度的特性来处理煤矿酸性废水中的 Fe(II) 和 Mn(II)，研究结果表明赤泥复合颗粒释放的总碱度可达 186.68 mg/g，以 2 g/L 的投加量处理酸性废水中，对 Fe(II) 和 Mn(II) 的去除率分别为 83.26% 和 62.27%。赤泥的吸附过程主要涉及物理吸附和化学吸附，国内对提高赤泥吸附效果的研究主要包括以下几个方面。第一，通过高温结烧或添加成孔剂及结烧助剂来提高其强度和气孔率。第二，通过将其纳米化来减少赤泥材料的体积密度。第三，通过对赤泥表面改性、添加表面官能团、与其他材料进行复合等来增强赤泥的化学吸附能力。赤泥具有比表面积大、颗粒分散性好、表面具有活性、在溶液中稳定性高等优点，将其作为吸附材料应用于环境污染物的治理已被许多研究工作所证明。作者团队在赤泥应用于重金属污染治理方面也开展了大量的研究（Hui et al.，2018；Wang et al.，2018；周睿 等，2017；王芳 等，2016，2015；易建龙 等，2015；范美蓉 等，2014，2012c，2010；罗琳 等，2013，2011；罗惠莉 等，2013，2011a；魏建宏 等，2013，2012，2009；田杰 等，2012；刘艳 等，2011）。

本节研究赤泥、粉煤灰、膨润土、成孔剂和稳泡剂制备赤泥陶粒，通过实验确定赤泥陶粒的成分配比和烧制条件；在制备赤泥陶粒的过程中，进一步添加纳米 Al_2O_3 对赤泥陶粒改性，筛选最佳成分配比，并考察烧制过程中的影响因素（预热温度、预热时间、焙烧温度、焙烧时间），对赤泥陶粒和改性赤泥陶粒进行对比实验，考察其对含重金属废水的处理效果，进一步论证纳米 Al_2O_3 改性赤泥陶粒（以下简称改性赤泥陶粒）在重金属污染废水处理中的可行性。

5.2.1 赤泥陶粒制备及影响因素

实验以赤泥、粉煤灰、膨润土、成孔剂（粉质活性炭，高温下反应放出气体）、稳泡剂（自制，在高温下提高熔体黏度）为原料制备赤泥陶粒。陶粒的制备包括处理原料、制备成球、烧制陶粒三个步骤。所有材料均烘干、粉磨后过 100 目筛制成粉末，加入适量水后均匀搅拌至略黏稠状，置于小型颗粒机中制成球状颗粒，选择粒径在 3～6 mm 的颗粒备用，干燥密封保存。陶粒的烧制包括 4 个阶段：加热干燥、预加热、高温焙烧、自然冷却。赤泥轻质陶粒的制备干燥温度为 105 ℃±2 ℃，干燥时间为 2 h（马龙 等，2013）。将制成的陶粒生料球置于干燥箱内干燥后先于额定温度下预热，随后进入高温阶段焙烧，最后冷却至室温得到陶粒最终成品。陶粒中主要化学组成见表5.4。

表 5.4 材料主要化学组成 （单位：%）

材料	SiO_2	Al_2O_3	Fe_2O_3	CaO	MgO	Na_2O	K_2O	其他
赤泥	37.14	8.23	8.19	29.76	4.17	3.42	1.28	7.81
粉煤灰	56.15	19.13	3.46	3.51	4.82	2.18	1.97	8.78
膨润土	74.38	11.62	1.74	2.89	2.26	0.49	0.43	6.19

以赤泥、粉煤灰等为主要原料制得的改性赤泥陶粒为多孔隙结构，其中选取粉质活性炭作为成孔剂是由于活性炭具有无毒无味、孔隙多、性能稳定、吸附性好等特点。活性炭良好的活性和宽广的炭化温度范围有利于孔隙的形成。改性赤泥陶粒在加热焙烧条件下成孔的主要化学反应如下：

碳酸盐的分解反应：

$$CaCO_3 \longrightarrow CaO + CO_2 \uparrow \quad （850\sim900 ℃） \qquad （5.6）$$

$$MgCO_3 \longrightarrow MgO + CO_2 \uparrow \quad （400\sim500 ℃） \qquad （5.7）$$

碳的化合反应：

$$C + O_2 \longrightarrow CO_2 \quad 2C + O_2 \longrightarrow CO \qquad （5.8）$$

在氧化条件下，温度从 600 ℃升高至 1 000 ℃时，CO 的产生量逐渐增大。陶粒内部疏松膨胀并形成多孔状结构主要是因为其内部的有机质在高温时会发生作用产生 CO 和 CO_2 气体，从而形成陶粒内部疏松膨胀并形成多孔状结构。

本小节综合采用添加造孔剂和堆积颗粒法制备多孔状陶粒，利用高温焙烧工艺制得孔隙发达、表面粗糙的陶粒。高温条件下陶粒发生了化学反应，内部产生气体，使材料膨胀，在陶粒的内部形成了许多孔洞，因而具有蜂窝状结构。

将赤泥、粉煤灰、膨润土、成孔剂及稳泡剂粉磨后过 100 目筛制成粉末，调研文献资料，选择赤泥比例 20%～40%，粉煤灰比例 20%～40%，膨润土 10%～30%，成孔剂的掺加量（质量分数）为 5%～25%，稳泡剂比例为 5%来设计正交实验，通过不同原料配比制成赤泥陶粒对 Sb(III)去除率来筛选最优吸附性能的赤泥陶粒。通过预实验筛选出原料的最优配比方案为赤泥 30%、粉煤灰 20%、膨润土 10%、成孔剂 15%、稳泡剂 5%的物料配比，制成的赤泥陶粒对 Sb(III)去除率较高（42.3%）。

1. 焙烧温度

焙烧温度的选择在赤泥陶粒的烧制过程中是非常关键的，在 25 ℃、150 r/min、自然 pH 在 5 左右、陶粒投加量为 5 g/L、Sb(III)初始浓度为 4 mg/L、吸附时间为 2 h 时，对比不同焙烧温度（900～1 150 ℃）对赤泥陶粒吸附 Sb(III)影响见图 5.12。

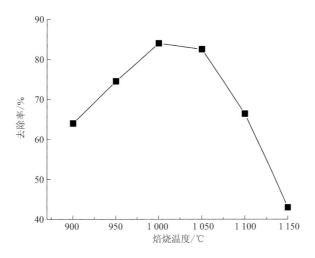

图 5.12　赤泥陶粒不同焙烧温度对 Sb(III) 的吸附影响

由图 5.12 可以看出，焙烧温度对赤泥陶粒的吸附性能影响很大，在 900 ℃升高到 1 000 ℃时，Sb(III) 去除率随焙烧温度的升高而升高，在这个温度范围内有利于形成赤泥陶粒内的气泡孔，到 1 000 ℃时内部气孔趋于稳定。当温度从 1 000 ℃逐渐升高到 1 150 ℃时，赤泥陶粒对 Sb(III) 吸附去除率反而降低，这是由于赤泥陶粒表面出现釉质，粗糙度降低，赤泥陶粒表面出现玻璃相，强度大，污染难以进入内部空隙。因此，确定赤泥陶粒最佳焙烧温度为 1 000 ℃。

2. 焙烧时间

焙烧时间会影响赤泥陶粒结构，进而影响其吸附性能。焙烧时间（10～40 min）对赤泥陶粒吸附 Sb(III) 的影响结果见图 5.13。

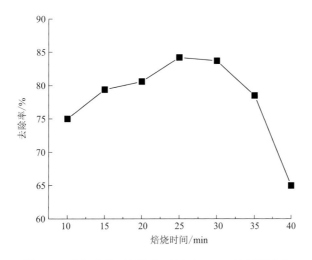

图 5.13　赤泥陶粒不同焙烧时间对 Sb(III) 的吸附影响

由图 5.13 可知，焙烧时间也是影响赤泥陶粒吸附 Sb(III)的一个重要因素。焙烧时间从 10 min 至 25 min 时，Sb(III)的去除率逐渐升高，在焙烧时间为 25 min 时最高，随时间延长，去除率有所降低。随着焙烧时间的增加，赤泥陶粒内部的玻璃相比例增加，占据了赤泥陶粒烧制过程中形成的孔隙，影响赤泥陶粒的吸附性能，因此最佳焙烧时间为 25 min。

3. 预热温度

预热阶段也是赤泥陶粒烧制中的重要阶段，预热温度（300～600 ℃）对赤泥陶粒吸附 Sb(III)行为的影响见图 5.14。

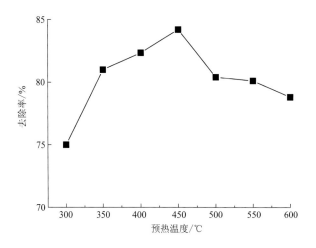

图 5.14 赤泥陶粒不同预热温度对 Sb(III)的吸附影响

在赤泥陶粒的烧制过程中相当于一个缓冲阶段，这一阶段赤泥陶粒内部会发生一系列化学变化，化学组成有所改变，同时会产生一定气体，有助于内部气孔形成（巫昊峰，2009）。随着预热温度的升高，赤泥陶粒对 Sb(III)的去除率呈现先增后减的趋势，在预热温度为 450 ℃时 Sb(III)的去除率最高，当预热温度过高时（＞450 ℃），有助于赤泥陶粒气孔生成，但会影响陶粒的结构稳定性，降低陶粒的黏度，进而影响赤泥陶粒对重金属离子的吸附。因此，赤泥陶粒最佳预热温度为 450 ℃。

4. 预热时间

预热时间能影响赤泥陶粒成形及结构，不同预热时间（10～35 min）对赤泥陶粒吸附 Sb(III)的影响结果见图 5.15。从吸附效率上看，预热最佳时间为 20 min，预热时间过短时未能较好调整生料球的化学组成，而预热时间过长导致陶粒烧制过程中气体过早生成和逸出，影响了赤泥陶粒的孔隙率，从而影响了赤泥陶粒对重金属离子的吸附效果。在预热时间为 20 min 时，赤泥陶粒对 Sb(III)的去除率最高，达到 84.25%。

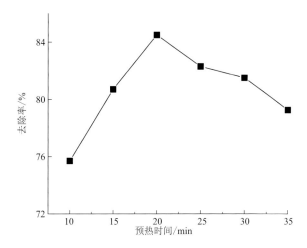

图 5.15　赤泥陶粒不同预热时间对 Sb(III)的吸附影响

综合实验结果分析得知，制备的赤泥陶粒的最优原料配比（质量比）为赤泥：粉煤灰：膨润土：成孔剂：稳泡剂＝3∶2∶1∶1.5∶0.5；最优工艺条件，在 105 ℃时干燥 2 h，在 450 ℃时预热 20 min，在 1 000 ℃时焙烧 25 min。在这个条件下制备的赤泥陶粒对振荡温度为 25 ℃、陶粒投加量为 5 g/L、Sb(III)溶液浓度为 4 mg/L、吸附时间为 2 h 的 Sb(III)溶液的去除率最高达到 84.25%。

5.2.2　改性赤泥陶粒制备及特征

1. 纳米 Al_2O_3 添加量

陶粒的化学组分及其变化是致使陶粒膨胀的主要因素。陶粒的成分可分为：①成陶组分，包括 Al_2O_3、Fe_2O_3 与 SiO_2；②助熔组分，包括 FeO、MgO、CaO 与 Na_2O 等；③造气成分，指在高温时逸出的气体，包括 CO、CO_2、H_2O 与 H_2 等。这三种组分影响陶粒对重金属离子的吸附效果。纳米 Al_2O_3 作为赤泥陶粒的改性材料，可以作为成陶组分，满足制备陶粒的基本要求。前期实验制备的赤泥陶粒在重金属离子处理方面表现出较好的吸附性能，在原有配比中加入适量纳米 Al_2O_3 制备改性赤泥陶粒，提高吸附性能。纳米 Al_2O_3 的添加量参照其他改性材料中添加量，选择 0.1%～3.0%。将赤泥、粉煤灰、膨润土、成孔剂、稳泡剂与纳米 Al_2O_3 按实验确定的配比均匀混合，参照赤泥陶粒最佳烧制条件，通过对 Sb(III)的吸附情况确定纳米 Al_2O_3 添加量（图 5.16），来优化改性赤泥陶粒的吸附效果。

由图 5.16 可知，添加纳米 Al_2O_3 提高了赤泥陶粒对 Sb(III)的吸附率，在纳米 Al_2O_3 的添加量为 1%时，改性赤泥陶粒对 Sb(III)的去除率最高，可达到 95.76%。纳米 Al_2O_3 的添加可以增大赤泥陶粒的强度，使其内部结构更加均匀，减小孔隙尺寸，利于对重金属离子的吸附。通过改性赤泥陶粒烧制中涉及的预热温度、预热时间、焙烧温度、焙烧

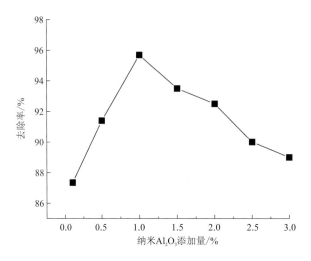

图 5.16 纳米 Al$_2$O$_3$ 添加量对吸附 Sb(III)的影响

时间来设计正交对 Sb(III)的吸附性能的实验，得出在 450 ℃时预热 15 min，在 1 000 ℃时焙烧 25 min 时的改性赤泥陶粒具有最佳 Sb（III）吸附效率。

2. 赤泥陶粒扫描电镜分析

对赤泥陶粒与改性赤泥陶粒进行 SEM 分析，结果见图 5.17。利用扫描电子显微镜对赤泥陶粒和改性赤泥陶粒进行观察，纳米 Al$_2$O$_3$ 填充在改性赤泥陶粒内部，孔隙尺寸减小，气孔成为纳米级，增大了陶粒空隙密度，使得改性赤泥陶粒更利于对重金属离子的吸附。

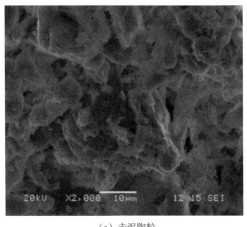

（a）赤泥陶粒　　　　　　　　　　　　　　　（b）纳米改性赤泥陶粒

图 5.17 赤泥陶粒与改性赤泥陶粒的扫描电子显微镜照片

5.2.3 改性赤泥陶粒静态吸附

改性赤泥陶粒吸附过程涉及分子间作用力、氢键力、范德瓦耳斯力与静电引力等。本小节实验基于静态吸附探讨吸附机理。静态吸附是指定量的吸附剂和定量的溶液经过长时间的充分接触而达到平衡。通过静态吸附实验可以定性地研究单一变量对吸附情况的影响，从而确定最佳静态吸附条件。

1. 静态吸附影响因素

溶液初始 pH、重金属离子初始浓度、吸附剂投加量、吸附时间和吸附温度等是影响吸附性能的重要因素，本小节研究不同影响因素中改性赤泥陶粒对 Sb(III)和 Cd(II)吸附性能。

1）溶液初始浓度对吸附性能的影响

根据锑和镉在水中污染浓度的限值不同，将 Sb(III)溶液初始浓度设定为 0.5～20 mg/L，Cd(II)溶液初始浓度为 20～500 mg/L 来研究不同溶液初始浓度对改性赤泥陶粒吸附去除 Sb(III)和 Cd(II)的影响，结果见图 5.18。

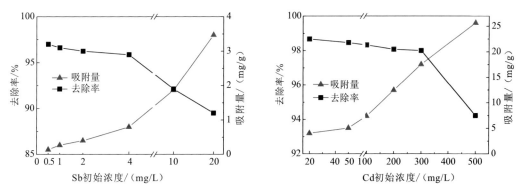

图 5.18　溶液初始浓度对吸附 Sb(III)、Cd(II)的影响

改性赤泥陶粒对不同初始浓度的 Sb(III)和 Cd(II)溶液的吸附去除率都在 90%以上，对高浓度的 Sb(III)和 Cd(II)吸附去除率最高均达到 97%以上，说明对 Sb(III)和 Cd(II)具有良好的吸附去除作用。随 Sb(III)或 Cd(II)初始浓度的增加，去除率不断降低，吸附量逐渐上升。相对于一定量的吸附剂，随着污染物浓度升高，改性赤泥陶粒表面吸附位点逐渐达到饱和，但吸附总量仍有提升。Sb(III)和 Cd(II)的初始浓度较低时，改性赤泥陶粒能提供足量的吸附位点，保证 Sb(III)和 Cd(II)的有效去除；随着 Sb(III)和 Cd(II)初始浓度的进一步提高，改性赤泥陶粒表面的吸附位点相对匮乏，Sb(III)和 Cd(II)的吸附去除率随着其初始浓度的增加而有一定程度的降低。Sb(III)和 Cd(II)初始浓度的增加能有效增加固液界面的传质动力，促进其在改性赤泥陶粒表面的吸附，吸附量增加。由图 5.18确定 Sb(III)溶液的最佳初始浓度为 4 mg/L，Cd(II)溶液的最佳初始浓度为 300 mg/L。后

续研究不同 pH、投加量、吸附时间及温度因素时将初始浓度设定为该浓度值。

2）溶液初始 pH 对吸附性能的影响

不同的 pH 下 Sb(III)的存在形式不同，而形成的 Sb(OH)$_3$、Sb(OH)$_4^-$能容易被吸附剂所吸附，而 Sb(OH)$_3$、Sb(OH)$_4^-$存在的 pH 的选择范围较大，因此设定 Sb(III)模拟废水的 pH 为 3～11；而水中的 Cd(II)在 pH＝7.2 时开始形成沉淀，Cd(II)模拟废水的 pH 范围设定为 2～8。将 Sb(III)和 Cd(III)的初始浓度分别设置为 4 mg/L 和 300 mg/L 的模拟重金属废水，分别投加改性赤泥陶粒 5 g/L 和 20 g/L。

添加了 Al$_2$O$_3$的改性赤泥陶粒对 Sb(III)的去除率均随 pH 的升高（Ph 3～11）影响不大，吸附去除率为 95.5%～97.9%，但对改性赤泥陶粒吸附去除 Cd(II)影响较大，当 pH 从 2 提升至 7 时，Cd(II)的去除率提升了约 65%，达到 97.5%。低 pH 下溶液中存在大量的 H$^+$，能被赤泥陶粒表明负电荷优先吸附，占据了改性赤泥陶粒的吸附位点，使表面负电荷减少（Jain et al.，1979），减少了改性赤泥陶粒与重金属阳离子的结合，当 pH 升高时，溶液中 H$^+$浓度减少，使得原本被 H$^+$占据的吸附位点释放出来，逐渐被重金属阳离子所占据。然而，pH 对改性赤泥陶粒吸附去除 Sb(III)和 Cd(II)效率的影响明显不同，可能与 Sb(III)和 Cd(II)在不同 pH 溶液中存在形式相关。Sb(III)在 pH 为 3～11 时主要以 Sb(OH)$_3$、Sb(OH)$_4^-$形式存在，而赤泥陶粒表面的负电位吸附位点对 Sb(OH)$_3$、Sb(OH)$_4^-$结合影响不大，Cd(II)在 pH 为 2～8 范围内主要以 Cd^{2+}单离子形式存在，H$^+$的减少利于带正电荷的 Cd^{2+}与原本被 H$^+$占据的吸附位点相结合，pH 变化对 Cd(II)的吸附影响较大。因此，改性赤泥陶粒可适用于不同酸碱废水中 Sb(III)的去除，而 pH 提升利于对 Cd(II)的吸附去除。

3）投加量对吸附性能的影响

吸附剂的投加量涉及吸附效率与成本因素。研究改性赤泥陶粒投加量（Sb(III)溶液中投加量设定为 2～10 g/L，Cd(II)溶液中吸附剂的投加量设定为 5～50 g/L）对吸附行为的影响见图 5.19。

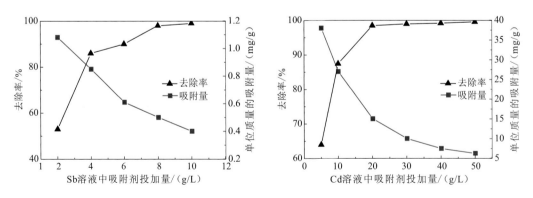

图 5.19 纳米改性赤泥陶粒投加量对吸附 Sb(III)、Cd(II)的影响

随着改性赤泥陶粒投加量的增大，Sb(III)和 Cd(II)溶液的吸附去除率逐渐上升，最后

趋于平衡，去除率增速变缓。改性赤泥陶粒投加量为 8 g/L 时，对 Sb(III)的吸附基本达到稳定，去除率为 98.27%，投加量为 20 g/L 时，对 Cd(II)的吸附达到稳定，去除率为 98.72%。但随投加量增加，单位质量陶粒的吸附量均逐渐降低，Sb(III)溶液的吸附量从 1.07 mg/g 降至 0.39 mg/g，Cd(II)溶液的吸附量从 38.35 mg/g 降至 5.96 mg/g。

4）吸附温度对吸附性能的影响

不同吸附温度（15～35 ℃）对改性赤泥陶粒吸附 Sb(III)、Cd(II)的影响见图 5.20。

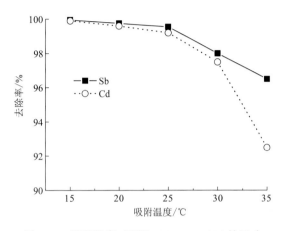

图 5.20　吸附温度对吸附 Sb(III)、Cd(II)的影响

随着吸附温度的升高，改性赤泥陶粒对 Sb(III)、Cd(II)的去除率均逐渐下降，说明改性赤泥陶粒对 Sb(III)和 Cd(II)的吸附过程为放热过程，温度升高可能破坏了吸附剂上的吸附活性位点，并导致吸附效率降低。

5）吸附时间对吸附性能的影响

随着吸附时间的增加，改性赤泥陶粒对 Sb(III)、Cd(II)吸附逐渐趋于平衡，在 100 min 后，随吸附时间增加，对 Sb(III)和 Cd(II)的吸附去除率变化较小，因此可确定改性赤泥陶粒对 Sb(III)和 Cd(II)的最佳吸附时间为 100 min。

2. 静态吸附特征

1）吸附等温线

水中污染物的吸附一般适用于 Freundlich 和 Langmuir 等温吸附方程，其中 Freundlich 等温方程适用于中等覆盖度的物理、化学吸附；而 Langmuir 等温方程适用于单分子层吸附、物理和化学吸附。设定温度为 25 ℃，Sb(III)和 Cd(II)初始浓度分别设定为 0.5～20 mg/L 和 20～500 mg/L，改性赤泥陶粒投加量分别为 5 g/L 和 20 g/L，在 pH 7、转速 150 r/min、吸附 100 min 后分别测定溶液中 Sb(III)与 Cd(II)浓度，得到去除率与单位质量吸附剂的最大饱和吸附量，绘制对 Sb(III)和 Cd(II)的 Freundlich 和 Langmuir 模型拟合，其等温吸附常数见表 5.5。

表 5.5　改性赤泥陶粒对 Sb(III)和 Cd(II)的等温吸附常数

重金属离子	Freundlich 等温方程			Langmuir 等温方程		
	n	K	r^2	$q_m/$（mg/g）	$b/$（L/mg）	r^2
Sb(III)	1.387	2.346	0.986 6	3.447	1.848	0.999 8
	$\ln q = 0.721\,2 \times \ln c_t + 0.829\,5$			$\ln q_m = 0.157 \times 1/c_t + 0.290\,1$		
Cd(II)	1.578	4.532	0.950 1	16.667	0.486	0.992 4
	$\ln n = 0.633\,7 \times \ln c_t + 1.511\,1$			$\ln q_m = 0.123\,4 \times 1/c_t + 0.06$		

从表 5.5 中可以看出，改性赤泥陶粒对 Sb(III)的 Freundlich 和 Langmuir 方程的拟合系数 r^2 均达到 0.98 以上，但对 Langmuir 方程的拟合值更高，为 0.999 8。这说明改性赤泥陶粒对 Sb(III)的吸附既符合 Freundlich 等温吸附模型，又符合 Langmuir 等温吸附模型；既存在单层吸附，又存在多层吸附，吸附机制较复杂。改性赤泥陶粒对 Cd(II)的等温吸附更符合 Langmuir 等温方程，拟合系数达 0.992 4。说明改性赤泥陶粒对 Cd(II)的吸附以单分子吸附为主（熊佰炼，2009）。改性赤泥陶粒对 Cd(II)的吸附常数为 0.486 L/mg，小于对 Sb(III)的吸附常数，表明其与 Cd(II)结合稳定性低于 Sb(III)，被吸附的 Cd(II)更易被脱附下来。

2）吸附热力学

在 50 mL 初始浓度为 4 mg/L 的 Sb(III)溶液和 300 mg/L 的 Cd(II)溶液中进行吸附热力学研究，改性赤泥陶粒投加量分别为 8 g/L 和 20 g/L，pH＝7，150 r/min，温度分别设置为 15 ℃、20 ℃、25 ℃、30 ℃、35 ℃，吸附 100 min 后分别测定溶液中剩余 Sb(III)浓度与 Cd(II)浓度。改性赤泥陶粒对 Sb(III)和 Cd(III)的吸附热力学结果见表 5.6。

表 5.6　赤泥陶粒对 Sb(III)和 Cd(II)的吸附热力学参数

重金属离子	T/K	$\Delta G_0/$（kJ/mol）	$\Delta H_0/$（kJ/mol）	$\Delta S_0/$（J/mol·K）	r^2
Sb(III)	288	-9.266 9			
	293	-8.772 4	-125.375 1	-399.254 9	0.880 3
	298	-8.280 8			
	303	-4.297 1			
	308	-1.382 9	$\ln K_d = 15\,080 \times 1/T - 48.022$		
Cd(II)	288	-9.617 2			
	293	-8.887 5	-143.399 9	-460.712 0	0.872 3
	298	-8.373 5			
	303	-2.457 7			
	308	-1.203 8	$\ln K_d = 17\,248 \times 1/T - 55.414$		

Sb(III)和 Cd(II)的吸附热力学的 ΔH_0 均为负值，说明改性赤泥陶粒过程均为放热反应，温度升高不利于反应的进行，这与吸附温度变化相符。ΔG_0 均小于零，而且 Sb(III) 和 Cd(II)都是 ΔG_0 随着温度的升高而增大，说明改性赤泥陶粒对 Sb(III)和 Cd(II)的吸附均可自发进行。

3）吸附动力学

通过准一级动力学模型、准二级动力学模型和颗粒内扩散模型（表 5.7，图 5.21）拟合改性赤泥陶粒对 Sb(III)和 Cd(II)的吸附行为，探讨其吸附机理，其中动力学模型见式（5.1）和式（5.2），颗粒内扩散方程如下：

$$q_t = k_d t^{1/2} + C \qquad (5.9)$$

式中：t 为吸附时间，min；q_t 为 t 时刻的吸附量，mg/g；k_d 为内部扩散速率常数，mg/（L·min$^{0.5}$）；C 为常数。

表 5.7　改性赤泥陶粒吸附 Sb(III)的吸附动力学参数

重金属离子	模型	拟合方程	r^2	方程参数
Sb(III)	准一级动力学模型	$y = -0.0077x - 0.9091$	0.648 5	$k_1 = 0.0077$
	准二级动力学模型	$y = 1.9138x + 21.669$	0.998 2	$k_2 = 0.1855$
	颗粒内扩散模型	$y = 0.0176x + 0.2623$	0.638 6	$k_d = 0.0176\ C = 0.2623$
Cd(II)	准一级动力学模型	$y = -0.0096x + 0.6577$	0.776 6	$k_1 = 0.0096$
	准二级动力学模型	$y = 0.0638x + 0.6643$	0.998 9	$k_2 = 0.0067$
	颗粒内扩散模型	$y = 0.4896x + 8.3902$	0.669 2	$k_d = 0.4896\ C = 8.3902$

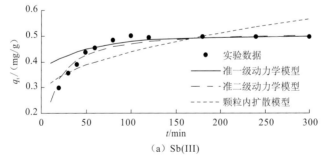

（a）Sb(III)

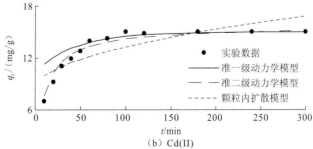

（b）Cd(II)

图 5.21　改性赤泥陶粒吸附 Sb(III)和 Cd(II)的动力学模型拟合

对结果分析可知，改性赤泥陶粒对Sb(III)和Cd(II)的吸附更符合准二级动力学模型，其相关系数达到0.998 2和0.998 9，同时经拟合得到的理论吸附量与实验所得的饱和吸附量更接近。Sb(III)和Cd(II)在改性赤泥陶粒上的吸附包括外表面吸附和内表面吸附，吸附的速控步骤涉及膜扩散和颗粒内扩散过程。将Sb(III)和Cd(II)在改性赤泥陶粒上的吸附按颗粒内扩散模型拟合可知，Sb(III)和Cd(II)在赤泥陶粒上的膜扩散和颗粒内扩散均能影响其吸附动力学过程，内扩散不是影响吸附的唯一步骤。

3. 静态解吸特征

吸附材料的效果，除了它的吸附容量、去除率、达到吸附平衡的时间、操作是否简便，还要看它的吸附再生性能。对比中性蒸馏水洗、酸洗（HNO₃）、碱洗（NaOH）、EDTA洗4种解吸实验，对比这4种不同的方式对陶粒吸附Sb(III)、Cd(II)的解吸再生吸附效果，研究其解吸和再生吸附特点，并对吸附饱和的改性赤泥陶粒进行浸出毒性讨论。

1）不同解吸液的影响

将Sb(III)、Cd(II)吸附饱和的改性赤泥陶粒分别投加到1 mol/L HNO₃、NaOH、EDTA及H₂O 4种不同类型的解吸液中进行恒温解吸4 h，其中吸附饱和的改性赤泥陶粒重量（g）与解吸液体积（mL）之比为1∶10，之后用去离子水将陶粒清洗干净，烘干后分别置于4 mg/L Sb(III)和300 mg/L Cd(II)溶液中进行吸附实验，分别投加8 g/L和20 g/L解吸后的改性赤泥陶粒，对比不同解吸液对解吸—吸附效果见图5.22。HNO₃、NaOH、EDTA和H₂O解吸液解吸后的改性赤泥陶粒对Sb(III)和Cd(II)废水的吸附率分别达到87.16%、60.79%、73.43%、53.79%和93.24%、84.67%、79.87%、62.84%。1 mol/L HNO₃解吸后的改性赤泥陶粒处理效果最好，去除率最高。

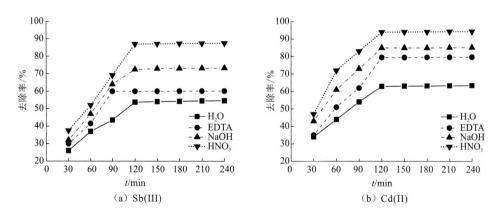

图5.22 不同解吸液对改性赤泥陶粒对Sb(III)和Cd(II)吸附去除的影响

2）解吸液不同浓度的影响

将对Sb(III)和Cd(II)分别吸附饱和的改性赤泥陶粒投加到不同浓度的解吸液（HNO₃）中恒温解吸4 h，其中吸附饱和的改性赤泥陶粒重量（g）与解吸液体积（mL）之比为

1∶10，之后用去离子水将陶粒清洗为中性，烘干后进行吸附实验。在两组锥形瓶中分别加入 50 mL Sb(III)浓度为 4 mg/L 的模拟废水和 50 mL Cd(II)浓度为 300 mg/L 的模拟废水，设置溶液均为自然 pH。两组锥形瓶中四种不同浓度解吸液解吸后的改性赤泥陶粒投加量分别 8 g/L 和 20 g/L，每组温度均设置为 25 ℃、恒温振荡箱转速为 150 r/min、吸附时间均取 100 min，测定滤液中 Sb(III)、Cd(II)的浓度，解吸之后的改性赤泥陶粒对 Sb(III) 和 Cd(II)的去除率与 HNO$_3$ 浓度的关系见图 5.23。

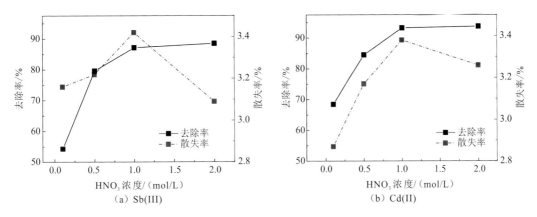

图 5.23　解吸液 HNO$_3$ 浓度对改性赤泥陶粒对 Sb(III)和 Cd(II)吸附去除的影响

当解吸液 HNO$_3$ 浓度由 0.1 mol/L 逐渐增加到 2 mol/L 时，改性赤泥陶粒吸附 Sb(III) 和 Cd(II)的去除率分别增加了 34.18%和 25.31%，在 HNO$_3$ 解吸液浓度为 1.0 mol/L 时，吸附去除率仍有 87.2%和 93.2%，而后续解吸液浓度升高对吸附去除率提升不大，因此在实际处理中可用 1.0 mol/L HNO$_3$ 解吸液处理，能保持改性赤泥陶粒吸附解吸后再生性能。

3）多次再生实验及结果分析

用 1.0 mol/L 的 HNO$_3$ 溶液解吸后的改性赤泥陶粒对 Sb(III)和 Cd(II)进行多次再生吸附实验，在 4 次吸附-解吸后，对 4 mg/L Sb(III)和 300 mg/L Cd(II)的吸附率均可达 76% 以上，散失率均小于 5%，说明造粒效果良好，改性赤泥陶粒可多次重复利用且再生性能良好，这与蒋丽等（2011）研究陶粒的再生情况相吻合。

4）改性赤泥陶粒的浸出毒性

根据我国环境保护行业标准《固体废物　浸出毒性浸出方法　硫酸硝酸法》（HJ/T 299—2007）、国家标准《危险废物鉴别标准　浸出毒性鉴别》（GB 5085.3—2007）和《锡、锑、汞工业污染物排放标准》（GB 30770—2014）对处理过含 Sb(III)和 Cd(II)废水的改性赤泥陶粒进行浸出毒性分析测试。其中以硝酸/硫酸混合液为浸提剂，称取处理过含 Sb(III) 废水和含 Cd(II)废水的烘干后的陶粒中浸出的 Sb^{3+}、Cd^{2+}、As^{3+}、Zn^{2+}、Cu^{2+}、Pb^{2+}、Hg^{2+} 浓度见表 5.8。

表 5.8　改性赤泥陶粒处理 Sb(III)后浸出液中重金属浓度　　　（单位：mg/L）

数值来源	Sb^{3+}	Cd^{2+}	As^{3+}	Zn^{2+}	Cu^{2+}	Pb^{2+}	Hg^{2+}
处理 Sb(III)	0.073	0.003	0.009	0.036	0.084	0.006	0.000 3
处理 Cd(II)	0.002	0.092	0.013	0.028	0.104	0.003	0.000 7
国家浸出毒性标准	0.3	1.0	5.0	100.0	100.0	5.0	0.1

处理 Sb(III)和 Cd(II)废水后的改性赤泥陶粒浸出有毒金属离子的浓度均低于国家浸出毒性标准，pH 为 7.5，因此改性赤泥陶粒在处理含 Sb(III)、Cd(II)废水后可作为一般固废进行后续处理，不会产生二次污染。

4. 静态吸附机理

1）改性赤泥陶粒的成分、孔径和比表面分析

通过元素分析仪对改性赤泥陶粒进行分析，其中主要含有 Si、Al、Mg、Fe、Ti 等元素，其内部含有大量的 SiO_2、Al_2O_3、Fe_2O_3、MgO 等活性矿物组分，构成孔状结构，孔径主要分布在 $3.2\times10^{-10}\sim1.8\times10^{-9}$ m，平均孔径为 0.969×10^{-9} m，属于微孔结构（小于 2×10^{-9} m），总孔隙体积为 $0.045\ cm^3/g$，孔隙率为 1.48%左右，使其具有良好的吸附效果。

2）改性赤泥陶粒 FTIR 分析

对改性赤泥陶粒吸附 Sb(III)和 Cd(II)前后的红外光谱分析（图 5.24）。吸附 Sb(III)前后的红外吸收光谱峰形基本不变，仅原有 3 408 cm^{-1} 改性赤泥陶粒上吸附水的吸收峰发生了变化，说明改性赤泥陶粒对 Sb(III)的吸附没有破坏其原本结构。而 Cd(II)的吸附光谱说明，在吸附前，3 699 cm^{-1} 处为结构—OH 的伸缩振动吸收峰；3 408 cm^{-1} 为改性赤泥陶粒上吸附水的吸收峰；3 420 cm^{-1} 为—OH 的对称收缩振动峰；1 627 cm^{-1} 为羧酸盐

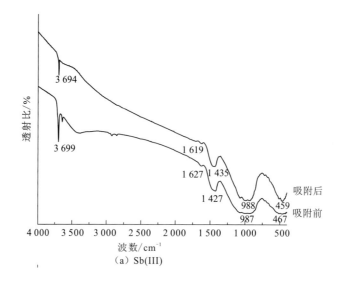

（a）Sb(III)

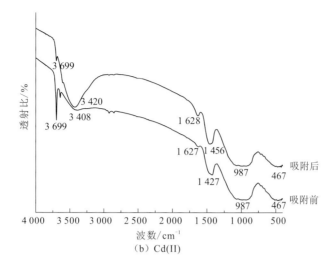

（b）Cd(II)

图 5.24 改性赤泥陶粒吸附 Sb(III)和 Cd(II)前后红外吸收光谱

上 C—O 键伸缩振动吸收峰和结构水的变角振动吸收峰；1 427 cm⁻¹ 处的吸收峰是由纳米改性赤泥陶粒中含有碳水化合物或 C—O 伸缩振动引起的，吸附后偏移至 1 456 cm⁻¹；987 cm⁻¹ 处的吸收峰是由 Si—O 键伸缩振动和弯曲振动所致；467 cm⁻¹ 是 Si—O—Si 键角振动所致。吸附后，—OH、羧酸中 C—O 键、碳水化合物或 C—O 伸缩振动峰均有偏移，说明这些基团参与了吸附过程，这些说明了改性赤泥陶粒对 Cd(II)的吸附是物理吸附与化学吸附共同作用产生的。

3）改性赤泥陶粒 XRD 分析

改性赤泥陶粒对 Sb(III)和 Cd(II)吸附前后的 XRD 结果见图 5.25。改性赤泥陶粒对 Sb(III)吸附前和吸附后的 XRD 图谱中产生了明显的新峰，将其与标准 Sb 的 PDF 卡比对，新形成了锑的氧化物 Sb₂O₃，这说明在改性赤泥陶粒对 Sb(III)的吸附过程中发生了化学作用。而改性赤泥陶粒对 Cd(II)吸附前后的 XRD 图谱中有新的镉氧化物 CdO 生成，这

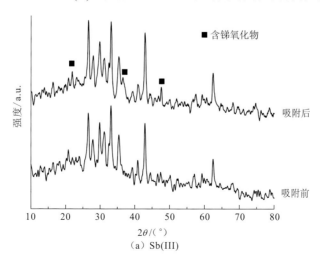

（a）Sb(III)

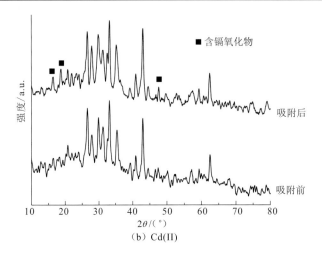

（b）Cd(II)

图 5.25 改性赤泥陶粒吸附 Sb(III)和 Cd(II)前后 XRD 谱图

说明在改性赤泥陶粒对 Cd(II)的吸附过程中也发生了化学作用。在纳米改性赤泥陶粒吸附过程中，其较大的比表面积和发达的孔隙为它的物理吸附提供了条件，同时改性赤泥陶粒的层间域存在大量负电荷（何宏平 等，1999），对重金属离子产生了较强的离子交换吸附作用；改性赤泥陶粒表面含有羟基等官能团，可以与重金属离子发生络合反应或配合、配位反应，均属化学反应。

4）改性赤泥陶粒 SEM 分析

对吸附 Sb(III)和 Cd(II)前后的改性赤泥陶粒进行 SEM 分析，结果见图 5.26。从图中可以看出改性赤泥陶粒呈不规整结构、疏松多孔、微孔覆盖面积大且分布不均匀、孔隙内表面不平整，表明改性赤泥陶粒外表面和空隙内部均能提供位点吸附 Sb(III)和 Cd(II)。改性赤泥陶粒在吸附后的形貌较吸附前有一定程度的变化。吸附后，材料表面出现疏松、细小的微粒，呈絮状，可能是在吸附过程中生成的 Sb(III)和 Cd(II)与 OH^- 生成 $Sb(OH)_3$ 和 $Cd(OH)_2$ 沉淀覆盖在材料表面所致。

（a）吸附前   （b）吸附Sb(III)后

（c）吸附Cd(II)后

图 5.26　吸附 Sb(III)和 Cd(II)前后改性赤泥陶粒的 SEM 图

5.2.4　改性赤泥陶粒动态吸附

前期实验表明，改性赤泥陶粒对 Sb(III)和 Cd(II)的吸附效果优于赤泥陶粒，因此，本小节在静态吸附实验的基础上进一步研究动态吸附过程。设计简易可控流速的装置，研究柱高（吸附剂填充量）、进水浓度、水样流速对动态吸附过程吸附 Sb(III)和 Cd(II)的影响，并通过穿透曲线等对改性赤泥陶粒处理重金属废水进行分析。

1. 柱高对动态吸附的影响

层析柱中分别填充 4 cm、8 cm、12 cm 的改性赤泥陶粒，对 Sb(III)和 Cd(II)进行动态吸附，进水中 Sb(III)和 Cd(II)浓度分别为 4 mg/L 和 300 mg/L，流速控制为 4 cm/min，实验选取 $C_t/C_0 = 0.9$ 作为穿透点（C_0 为溶液进水浓度，C_t 为溶液出水浓度），结果见图 5.27。

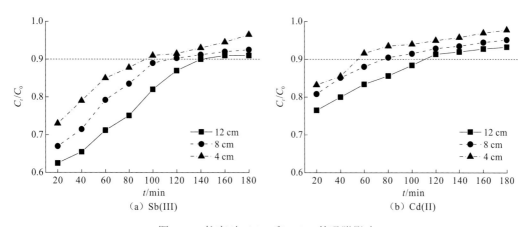

图 5.27　柱高对 Sb(III)和 Cd(II)的吸附影响

改性赤泥陶粒填料柱高分别为 4 cm、8 cm、12 cm 时，Sb(III)吸附达到穿透点的时间分别为 100 min、120 min、140 min，Cd(II)的穿透时间为 50 min、80 min、110 min，穿透时间越长，吸附柱内 Sb(III)、Cd(II)溶液的停留时间就越久，利于吸附去除，柱高为 12 cm 时的穿透曲线的出水 Sb(III)、Cd(II)浓度明显低于其他柱高时的出水浓度。因此，在实际应用中，可根据实际处理中进水浓度和处理时间调整改性赤泥陶粒的填充量。

为了更好地得到动态吸附实验的吸附容量，本小节将柱高影响数据与 Bohart-Adams 提出的 BDST 模型进行拟合（Wong et al.，2003），它可以准确地描述吸附柱的运行周期与柱高之间的关系，BDST 模型的公式如下：

$$t＝（N/C_0v）H－（1-K_aC_0）\ln[C_0/C_t-1]\qquad(5.10)$$

式中：v 为溶液在柱中的流速，cm/min；N 为填料柱的吸附容量，mg/g；K_a 为速率常数，L/（min·mg）；H 为柱高，cm；t 为运行时间，h；C_0 为重金属初始浓度，mg/L；C_t 为出水中重金属浓度，mg/L。

分别将两组实验的柱高作为横坐标，穿透时间作为纵坐标作图，根据 BDST 公式拟合吸附常量 N 和速率常数 K_a。BDST 模型能够较好地拟合 Sb(III)和 Cd(II)的实验数据，R^2 分别为 0.999 和 0.969，可根据拟合结果得出吸附 Sb(III)的动态吸附柱的吸附容量为 1.326 mg/g，Cd(II)的吸附容量为 147.794 mg/g。

2. 进水浓度对动态吸附的影响

分别采用 2 mg/L、4 mg/L、10 mg/L 的初始 Sb(III)浓度和 100 mg/L、300 mg/L、500 mg/L 的初始 Cd(II)浓度进行动态吸附实验，吸附柱高为 12 cm，进水流速控制为 4 cm/min 研究不同进水浓度对吸附效果的影响，实验选取 $C_t/C_0＝0.9$ 作为穿透点，实验结果见图 5.28。

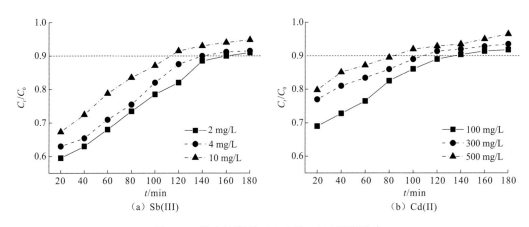

图 5.28　进水浓度对 Sb(III)和 Cd(II)吸附影响

当进水 Sb(III)浓度分别为 2 mg/L、4 mg/L、10 mg/L 时，填充柱达到吸附穿透点的时间分别为 159 min、139 min、118 min，Cd(II)溶液进水浓度由 100 mg/L 升高到 500 mg/L

时，填充桩达到吸附穿透点的时间则由 139min 降到 98 min。初始 Sb(III)和 Cd(II)浓度越大，填充柱达到穿透点的时间就越短，这是由于在溶液浓度过大时，溶液中 Sb(III)和 Cd(II)未与吸附剂完全反应便随出水流出，或吸附剂达到吸附平衡。李方文等（2009）利用涂铁陶瓷对水中亚甲基的动态吸附研究中也有类似现象。

为了得到关于动态吸附实验的平衡吸附量，本小节将进水 Sb(III)浓度和 Cd(II)浓度相关数据拟合 Thomas 模型，可得平衡吸附量和吸附速率常数，Thomas 模型公式如下：

$$\ln（C_0/C_t-1）=K_{Th}q_0M/v-K_{Th}C_0t \tag{5.11}$$

式中：K_{Th} 为速率常数，L/（mg·min）；q_0 为平衡吸附量，mg/g；M 为柱中吸附剂的量，g；v 为体积流速，mL/min；t 为柱运行时间，min。

分别对实验进行线性拟合，Thomas 模型对改性赤泥陶粒吸附 Sb(III)和 Cd(II)实验数据拟合程度较高，R^2 均超过 0.96。通过 Thomas 模型计算得出 2 mg/L、4 mg/L、10 mg/L Sb(III)和 100 mg/L、300 mg/L、500 mg/L Cd(II)浓度下的平衡吸附量分别为 24.427 5 mg/g、17.909 1 mg/g、116.784 0 mg/g 和 167.855 1 mg/g、108.629 9 mg/g、176.896 6 mg/g。

3. 进水流速对动态吸附的影响

设置吸附柱高为 12 cm，分别控制进水流速为 4 cm/min、8 cm/min、12 cm/min，分别对改性赤泥陶粒吸附去除 4 mg/L Sb(III)、300 mg/L Cd(II)浓度进行动态吸附实验（图 5.29）。当溶液流速从 4 cm/min 升高到 12 cm/min 时，穿透曲线的总体趋势大致相同，流速越大，穿透时间越短，越不利于溶液中 Sb(III)和 Cd(II)的吸附去除，要适当地减小流速，延长在柱中的停留时间，提高去除率，因此改性赤泥陶粒对 Sb(III)和 Cd(II)流速可选择 4 cm/min 左右。

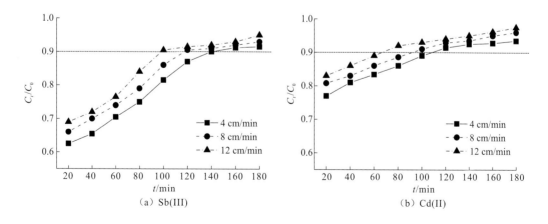

图 5.29　进水流速对 Sb(III)和 Cd(II)吸附影响

5.3 磁性水滑石去除重金属酸性废水中 Cd(II)和 Cu(II)

水滑石质轻、易碎，具有多样化的组成离子、可变双层状结构和稳定的理化性能（冯春瑶，2000），其中代表性物质包括水滑石（hydrotalcite，HT）、类水滑石化合物（hydrotalcite-like compounds，HTLCs）和柱撑水滑石（pillared LDH）（艾桃桃，2008）。水滑石呈碱性层状，借助单位三维空间构型的静电相互作用力、氢键作用力进行连接（陆军 等，2008），八面体空间构型内部的二价离子可被三价离子替代，零电荷状态被打破，使物质带正电。层间 A^n 具有可变性，可以从溶液中吸收负电荷，积极平衡增加的正电荷量；还有一些结晶态水，在加热条件下可消失。水滑石类插层材料是通过主体层板及层间的阴离子相互作用而形成的一类阴离子性层状化合物矿物类吸附材料。水滑石类插层材料结构电荷容易发生改变，使其表现出电荷可变性，对离子金属的吸附具有良好效果。水滑石类插层材料具有记忆效应、热稳定性、层间阴离子可交换性、催化性等特殊的物理化学性质。因此，对水滑石类插层材料的合成和改性并将其应用于环境污染物的处理成为人们研究的热点。研究者发现通过共沉淀、离子交换、微波沉淀及高温煅烧等方法对类水滑石化合物进行改造，可以提高其饱和吸附容量（钟琼 等，2014；宋国君 等，2008）。镁铝水滑石结构见图 5.30。王军涛等（2014）利用离子交换原理，将 EDTA 负载于共沉淀法合成的 $Mg_2ZnAl-CO_3$ 水滑石前体上，合成了 $Mg_2ZnAl-EDTA$ 水滑石，对水中的 Pb(II)的饱和吸附容量达到了 183.51 mg/g。作者团队在水滑石（胡伟斌 等，2017；张琪 等，2015，2014）及磁性材料（张志旭 等，2017；胡伟斌 等，2017；罗琳 等，2015；张琪 等，2015）应用于重金属污染治理方面也开展了相关的研究。

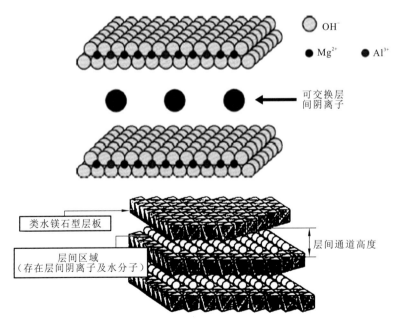

图 5.30 镁铝水滑石结构

本节研究磁基质改性水滑石吸附去除酸性废水中 Cd(II) 和 Cu(II)，探究磁性水滑石制备的影响因素及对其吸附性能影响，阐明磁性水滑石去除 Cu(II) 和 Cd(II) 的机理。

5.3.1　磁性水滑石制备及表征

1. 水滑石及磁性水滑石的制备

实验中所用水滑石原材料购于湖南邵阳市，技术参数见表 5.9。水滑石为热不稳定矿物，当煅烧温度小于 200 ℃ 时，水滑石脱去自由水（烘干），层状构型变化情况不明显；当温度升高到 200～500 ℃ 时，层间的碳酸根变成二氧化碳；当煅烧温度高于 900 ℃，水滑石层状结构塌陷，比表面锐减、孔径增大，严重时变为尖晶石（Basti et al.，2010；曾虹燕 等，2008；Tichit et al.，1998；Kang et al.，1996；Fernandez et al.，1994；Reichle et al.，1986）。本小节以水滑石在 300 ℃、500 ℃、700 ℃ 和 1 000 ℃ 下煅烧后的产物为原材料制备磁性水滑石。

表 5.9　水滑石的技术参数

项目	水滑石
类型	钙铝型
重金属/（mg/kg）	≤10
平均粒径/μm	0.6～1.0
比表面积/（m^2/g）	8.0～20.0
pH	8.0～9.0

磁性基质的主要原材料是 $FeCl_3 \cdot 6H_2O$ 和 $FeCl_2 \cdot 4H_2O$，将两种铁盐按 1∶1 物质的量比混合溶于无氧超纯水中，80 ℃ 下恒温振荡约 2 min（150 r/min），使两种溶液混合均匀。向混合液中滴加约 15% 的浓氨水，继续振荡约 10 min，生成磁性基质（$Fe^{2+} + 2Fe^{3+} + 8OH^- \longrightarrow Fe_3O_4 \downarrow + 4H_2O$）。将不同温度煅烧生成的水滑石材料按一定比例投加到磁性基质的制备液中，80 ℃ 下恒温振荡 90 min（150 r/min）隔绝空气冷却，常温陈化 1 d，50 ℃ 下干燥箱内烘干（约 3～4 d）。烘干磁性水滑石研磨过 20 目筛后于干燥器内保存备用。通过对 Cu(II) 的吸附预实验，优化水滑石煅烧温度和磁性基质的比例对改性水滑石吸附性能的影响。水滑石经 500 ℃ 煅烧改性，同时煅烧水滑石与 Fe_3O_4 的质量比为 0.6∶1，磁性水滑石的吸附性能最佳，Cu(II) 的去除率达到 99%。继续增大物料配比，Cu(II) 的去除率基本保持稳定。因此，选择煅烧水滑石与 Fe_3O_4 的最佳物料配比（质量比）为 0.6∶1。水滑石改性前后的主要物相如表 5.10 所示，Fe_3O_4 与煅烧水滑石中的 CaO 和 Al_2O_3 等发生了化学反应，生成了新的化合物。

表5.10 磁性水滑石及单质的主要矿物相

名称	主要矿物相
水滑石	$Ca_4Al_2O_6Cl_2 \cdot 10H_2O$、$Ca_2Al(OH)_6Cl_2 \cdot 2H_2O$、$CaCO_3$、$Al(OH)_3$
煅烧水滑石	$Ca_4Al_2O_6Cl_2$、$Ca_2Al(HO)_6Cl \cdot 2H_2O$、$CaO$、$Al_2O_3$
Fe_3O_4	Fe_3O_4、$Fe(OH)_3$、FeO
磁性水滑石	$Ca_4Al_2O_6Cl_2 \cdot 10H_2O$、$Ca_2Al(OH)_6Cl_2 \cdot 2H_2O$、$Ca_2(Al/Fe^{3+})_2O_5$、$Ca_{0.15}Fe_{2.85}O_4$、$Ca_3Al_2O_5 \cdot xH_2O$、$Ca(Al/Fe)_{12}O_{19}$

2. 水滑石及磁性水滑石的表征

水滑石、煅烧水滑石（500 ℃）和 Fe_3O_4 粒子的形貌如图 5.31 所示。水滑石颗粒的微观结构近似正六边形片状、粒径大小较一致、表面光滑；水滑石经 500 ℃高温煅烧后，颗粒形状发生明显变化，大小不一，并出现大块堆积现象，颗粒六边形结构变得模糊（图 5.31）。高温煅烧使得水滑石层间基团脱除，由层状晶体结构变为氧化物的晶体结构，并发生颗粒堆积，但阳离子和羟基构成的双层骨架仍旧存在（汤晓欢 等，2014；仲崇娜，2007；李蕾，2002）。由于制备条件的差异，本小节研究所得的 Fe_3O_4 颗粒较大、密实度高，与文献报道的粒径尺寸略有不同（Peng et al.，2011；Deng et al.，2005）。

（a）水滑石（×2 000倍）

（b）水滑石（×10 000倍）

（c）500 ℃煅烧水滑石（×2 000倍）

（d）500 ℃煅烧水滑石（×10 000倍）

（e）Fe$_3$O$_4$（×2 000倍）　　　　　　　（f）Fe$_3$O$_4$（×10 000倍）

图 5.31　水滑石、煅烧水滑石（500℃）及 Fe$_3$O$_4$ 的表观形貌

　　磁性水滑石的形貌如图 5.32 所示，水滑石与 Fe$_3$O$_4$ 结合后仍具有六边形层状结构，颗粒之间结合紧密、表面凹凸不平，明显增大了材料的比表面积，说明磁性基质与煅烧水滑石之间的反应并未改变分子的结构排列。保持水滑石的原结构有利于增大磁性水滑石与重金属的接触面积，提高吸附率。水滑石是阴离子型层状化合物，水滑石与煅烧水滑石、磁性水滑石存在相互转化。磁性水滑石的氮气吸附-脱附实验表明水滑石的孔径在 2～50 nm，属介孔材料（表 5.11）。水滑石经煅烧和磁化改性后比表面积明显增大，由 1.91 m^2/g 增至 68.18 m^2/g（表 5.11）。综合 SEM 和比表面分析可以推断，水滑石经煅烧磁化改性后生成多层凹凸结构，比表面明显增大，能提供更多的吸附位点。

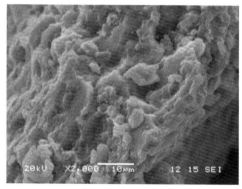 

（a）磁性水滑石（×2 000倍）　　　　　　（b）磁性水滑石（×10 000倍）

图 5.32　磁性水滑石的 SEM 图片

表 5.11　不同材料的比表面

材料	比表面积/（m²/g）	平均粒径/（Å）	孔容/（cm³/g）
Fe$_3$O$_4$	40.17	123.91	0.12
水滑石	1.91	87.84	0.004
煅烧水滑石（500℃）	21.48	92.17	0.05
磁性水滑石	68.18	74.53	0.13

注：1 Å=0.1 nm=10^{-10} m

水滑石煅烧前后的 XRD 衍射图谱如图 5.33 所示，$2\theta=12.52°$、$29.98°$ 和 $34.24°$ 有明显的衍射峰，与（003）、（006）和（009）晶面对应，表明水滑石具有理想的层状结构。$2\theta=29.98°$ 和 $34.24°$ 为碳酸钙的衍射峰，$2\theta=12.52°$ 的衍射峰表明产物有很好的结晶度。$2\theta=40°\sim70°$ 时存在一些较小的特征衍射峰，表明水滑石中含有少量的其他矿物。500 ℃煅烧水滑石的衍射峰强度变低、峰面变宽，特征峰发生一定程度的偏移，说明煅烧过程改变了水滑石的层状结构，导致层状构型塌陷。$2\theta=22.98°$ 和 $62.16°$ 处新增的衍射峰为水滑石脱稳失去不稳定阴离子而形成的钙铝复合氧化物。

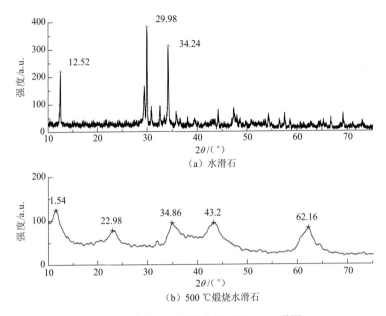

（a）水滑石

（b）500 ℃煅烧水滑石

图 5.33　水滑石及煅烧水滑石的 XRD 谱图

图 5.34 为磁性水滑石、煅烧水滑石及磁性基质的 XRD 谱图。磁性水滑石与磁性基质的特征衍射峰相似，在 $2\theta=22.68°$、$32.62°$、$35.54°$、$43.08°$、$57.3°$ 和 $62.78°$ 处有明显的衍射峰，说明磁性水滑石产生的衍射峰主要来自磁性基质 Fe_3O_4。磁化改性后的水滑石较母体而言，特征峰部分消失或呈现出一定程度的弱化，主要是由煅烧水滑石中钙铝化合物遇水反应所致。

水滑石、煅烧水滑石、Fe_3O_4 和磁性水滑石的红外特征信息如表 5.12 和图 5.35 所示。红外谱图上 3 447 cm^{-1} 处的振动峰对应层间 OH 伸缩振动；1 635 cm^{-1} 处窄而弱的振动峰对应缔合状态的 OH 和层间自由水的弯曲振动；1 401 cm^{-1} 处窄而强的振动峰为水滑石中 CO_3^{2-} 的伸缩振动峰；1 124 cm^{-1} 附近窄而弱的吸附峰为 Si—O 和 Cl 的伸缩振动；450～650 cm^{-1} 范围内出现的振动峰为氧化钙、氧化铝等含氧物质的伸缩或弯曲振动，称之为晶格氧（Schaper et al.，1989）。水滑石经 500 ℃煅烧处理后，红外谱图上特征峰的位置与水滑石基本一致，但是峰值与峰形有明显变化。煅烧后的水滑石因失去部分层间结晶水，在 1 654 cm^{-1} 处的振动峰变得小而宽，峰强变弱。高温下少量 CO_3^{2-} 会转化成 CO_2 而

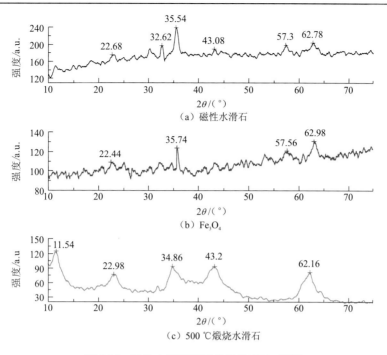

图 5.34　磁性水滑石及其单质的 XRD 谱图

被挥发掉，但由于在 500 ℃煅烧时挥发的多为层间水及结晶水，CO_3^{2-} 的绝对含量有所增加，CO_3^{2-} 的伸缩振动峰峰形有所改善（1 428 cm^{-1}），同时峰强有一定程度的增加。Fe_3O_4 红外图谱中，波长 1 402 cm^{-1} 处的尖锐峰对应游离 OH^- 的弯曲振动；1 108 cm^{-1} 处为 Cl^- 或 FeO 的倍频峰；572 cm^{-1} 处为铁氧化合物的伸缩振动引起，与 Fe_3O_4 标准谱图基本一样。在 Fe_3O_4 形成过程中，水滑石被固定在其表面，碱性水滑石遇水发生结构复原过程，恢复层状结构，重新形成自由水、羟基和 CO_3^{2-} 等。磁性水滑石在 3 045 cm^{-1}、1 401 cm^{-1} 和 450～650 cm^{-1} 处有显著的吸收峰，然而在 1 637 cm^{-1} 处的缔合状变化不大。

表 5.12　磁性水滑石及其单质对应的红外数值

不同处理	波数/cm^{-1}	备注说明
水滑石	3 447	层板间 OH^- 伸缩振动
	1 635	缔合状态的 OH^- 和层间的结晶态水的弯曲振动
	1 401	CO_3^{2-} 的伸缩振动
	1 124	Si—O、Cl^- 的伸缩振动
	619	Ca—O、Al—O 等伸缩振动和弯曲振动
煅烧水滑石	3 407	层板间 OH^- 伸缩振动
	1 654	缔合状态 OH^- 的弯曲振动
	1 428	CO_3^{2-} 的伸缩振动
	999	Si—O、Cl^- 的伸缩振动

续表

不同处理	波数/cm⁻¹	备注说明
煅烧水滑石	553	Ca—O、Al—O 等伸缩振动和弯曲振动
Fe₃O₄	3 138	层板间 OH⁻伸缩振动
	1 402	游离 OH⁻的弯曲振动
	1 108	Cl⁻或的倍频峰
	572	Fe—O 的伸缩振动
磁性水滑石	3 435	层板间 OH⁻伸缩振动
	1 637	缔合状态的 OH⁻和层间的结晶态水的弯曲振动
	1 401	游离 OH⁻的弯曲振动、CO_3^{2-} 的伸缩振动
	1 003	SO_4^{2-} 的伸缩振动、Cl⁻的伸缩振动
	559	Ca—O、Al—O、Fe—O 等伸缩振动和弯曲振动

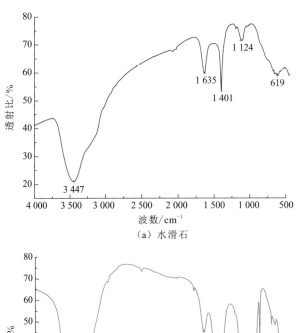

（a）水滑石

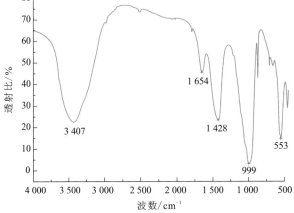

（b）500℃煅烧水滑石

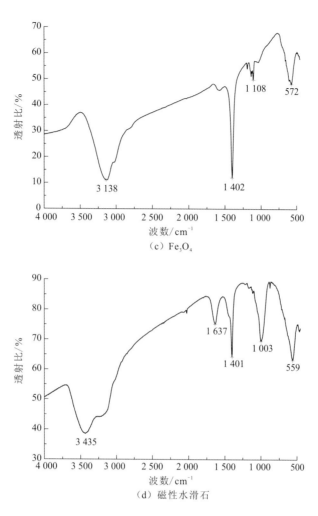

图 5.35　磁性水滑石及其单质的 FTIR 曲线

5.3.2　磁性水滑石吸附去除 Cu(II)和 Cd(II)

　　吸附动力能够表征吸附质在吸附剂表面达到吸附平衡的速度。吸附质在吸附剂表面的吸附可以分为三个阶段：①颗粒外部扩散阶段，即吸附质从溶液扩散到吸附剂表面；②空隙扩散阶段，即吸附质从吸附剂空隙向吸附位点扩散；③吸附反应阶段，即吸附质被吸附剂吸附在空隙内活性官能团上；吸附反应的速度主要取决于第一阶段和第二阶段。一般采用 Lagrange 伪一级和伪二级动力学方程拟合吸附质在吸附剂上的吸附动力学过程（席永慧 等，2004；Yang et al.，2003）。将 Cu(II)和 Cd(II)在磁性水滑石上的吸附按伪二级动力学方程拟合，结果见图 5.36。Cu(II)和 Cd(II)在磁性水滑石上的吸附很快，分别在 10 min 和 30 min 左右即可达到平衡，此时 Cu(II)和 Cd(II)的吸附去除率分别达到 99%和 96%。磁性水滑石对 Cu(II)和 Cd(II)的吸附整体呈现出先快后慢的趋势，吸附的初始阶段主要为表面吸附，随着吸附过程的进行，表面吸附位点逐渐趋于平衡，吸附逐步由表面向孔道内转移，此过程主要为慢速内扩散过程控制，该过程为整个吸附过程的限速步骤。

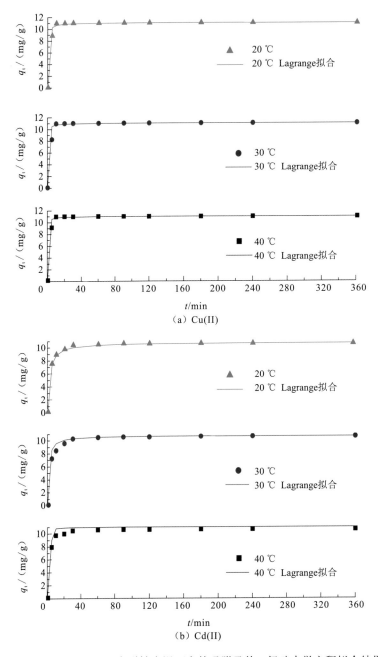

图 5.36　Cu(II)和 Cd(II)在磁性水滑石上的吸附及伪二级动力学方程拟合结果

　　Cu(II)和 Cd(II)在磁性水滑石上的吸附与其初始浓度相关，初始浓度越高，单位吸附剂的吸附量越大。当 Cu(II)和 Cd(II)的初始浓度分别为 10 mg/L、50 mg/L 和 100 mg/L

时,磁性水滑石(0.01 g)对 Cu(II)和 Cd(II)的最大吸附量分别为 29.35 mg/g、25.65 mg/g、35.04 mg/g 和 26.32 mg/g、26.94 mg/g、27.82 mg/g。Cu(II)和 Cd(II)在高浓度时与磁性水滑石表面的活性位点反应更加充分。磁性水滑石的吸附量与其投加量成反比,当其投加量较低时,磁性水滑石可在溶液中充分分散均匀,单位活性位点与 Cu(II)和 Cd(II)的接触更加充分;当磁性水滑石的投加量过高时,磁性水滑石之间会发生磁聚现象,磁性水滑石与 Cu(II)和 Cd(II)之间的接触不充分,导致单位体积活性表面的吸附量降低。磁性水滑石的投加量为 0.2 g/L 和 5.0 g/L 时,磁性水滑石吸附 50 mg/L Cu(II)/Cd(II)的最大吸附量分别为 25.8/26.9 mg/g 和 10.3/7.9 mg/g。磁性水滑石的投加量越高,单位体积溶液中的吸附位点越多,Cu(II)的去除率越高。随着磁性水滑石的投加量从 0.1 g/L 增至 5.0 g/L,Cu(II)和 Cd(II)的去除率分别从 12.4%和 13.3%提高到 99.7%和 99.8%(图 5.37)。将磁性水滑石的投加量增至 6.0 g/L,Cu(II)和 Cd(II)的去除率未明显增加,但会增加药剂消耗和处理成本,因而 5.0 g/L 为最佳药剂投加量。

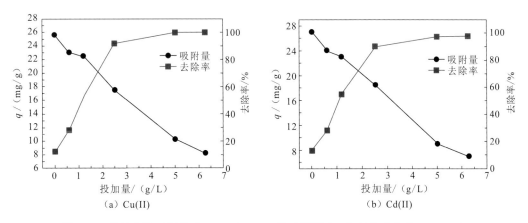

图 5.37　磁性水滑石剂量对 Cu(II)和 Cd(II)的吸附影响(初始浓度均为 50 mg/L)

Cu(II)和 Cd(II)可直接吸附去除,还可与 OH⁻反应生成难溶性氢氧化沉淀物。pH 能显著影响 Cu(II)和 Cd(II)在磁性水滑石上的吸附(图 5.38)。随着溶液的初始 pH 从 2.0 增

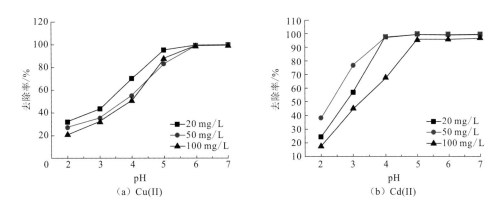

图 5.38　pH 对磁性水滑石吸附 Cu(II)和 Cd(II)的影响

至 6.0，Cu(II)和 Cd(II)的去除率明显增加，进一步增加溶液的 pH 对 Cu(II)和 Cd(II)的去除无明显影响。

当 Cu(II)的初始浓度较低时（<30 mg/L），温度对 Cu(II)的吸附影响较小；当 Cu(II)的初始浓度较高时（>30 mg/L），Cu(II)的吸附量随着温度的增加而增加。Cd(II)的浓度在 5～150 mg/L 时，温度对 Cd(II)的吸附影响不明显；当 Cd(II)的浓度高于 200 mg/L 时，Cd(II)的吸附随着体系温度的增加而增加。磁性水滑石吸附 Cu(II)和 Cd(II)的热力学参数见表 5.13。Cu(II)和 Cd(II)在磁性水滑石上吸附的焓变（ΔH^0）分别为 23.63 kJ/mol 和 9.89 kJ/mol，吸附热在 2.0～25.0 kJ/mol，反应的自由能（ΔG^0）随温度的升高而降低。上述数据一致表明，Cu(II)和 Cd(II)在磁性水滑石上的反应为吸热反应。升高温度可以促进 Cu(II)和 Cd(II)的扩散，增加 Cu(II)和 Cd(II)与磁性水滑石活性吸附点的有效碰撞，同时温度升高还可降低吸附反应的活化能，促进 Cu(II)和 Cd(II)在磁性水滑石上的吸附。

表 5.13　磁性水滑石吸附 Cu(II)和 Cd(II)的热力学参数

T/K	Cu(II)			Cd(II)		
	ΔG^0 /（kJ/mol）	ΔH^0 /（kJ/mol）	ΔS^0 /[J/（mol·K）]	ΔG^0 /（kJ/mol）	ΔH^0 /（kJ/mol）	ΔS^0 /[J/（mol·K）]
293	3.75			4.25		
303	3.07	23.63	67.84	4.06	9.89	19.25
313	2.40			3.86		

5.3.3　磁性水滑石吸附 Cu(II)和 Cd(II)的等温吸附模型

吸附等温线是特定温度下溶质分子在固液界面达到吸附平衡时，溶质分子在固液相浓度间形成的关系曲线。吸附质在固相上的吸附量（M）是绝对温度（T）、液体浓度（c）和固体-气体之间的吸附作用势（E）的函数（$M=F[T,\ c,\ E]$）。吸附等温线的形状可以反映固体的表面结构、孔结构及固体-吸附质的相互作用，常用的等温吸附模型为 Langmuir 模型和 Freundlich 模型等。

将 Cu(II)、Cd(II)在磁性水滑石上的吸附分别按 Langmuir 和 Freundlich 等温吸附模型拟合结果如表 5.14 和表 5.15 所示。相较 Freundlich 等温吸附模型而言，Langmuir 等温吸附模型可以更好地描述 Cu(II)在磁性水滑石上的吸附过程，拟合相关系数 R^2 分别大于 0.99 和 0.93，表明 Cu(II)和 Cd(II)在磁性水滑石上的吸附主要为单层吸附。

表 5.14 磁性水滑石对 Cu(II) 的等温吸附拟合方程

温度/℃	Langmuir 拟合方程			
	公式	$q_0/$ (mg/g)	$K_L/$ (L/mg)	R^2
20	$y=0.030\,6x+0.152\,8$	32.68	0.2	0.991
30	$y=0.031\,6x+0.092\,8$	31.65	0.34	0.993
40	$y=0.030\,6x+0.081\,7$	32.68	0.37	0.994

温度/℃	Freundlich 拟合方程			
	公式	n	K_F	R^2
20	$y=0.461\,0x+0.674\,8$	2.17	4.73	0.701
30	$y=0.399\,7x+0.800\,7$	2.50	6.32	0.727
40	$y=0.408\,6x+0.819\,6$	2.45	6.60	0.746

表 5.15 磁性水滑石对 Cd(II) 的等温吸附拟合方程

温度/℃	Langmuir 拟合方程			
	公式	$q_0/$ (mg/g)	$K_L/$ (L/mg)	R^2
20	$y=0.026\,5x+0.152\,4$	37.74	0.17	0.970
30	$y=0.026\,3x+0.124\,1$	38.02	0.21	0.975
40	$y=0.024x+0.107\,1$	41.67	0.22	0.926

温度/℃	Freundlich 拟合方程			
	公式	n	K_F	R^2
20	$y=0.521\,7x+0.705$	1.92	5.07	0.938
30	$y=0.510\,4x+0.754\,2$	1.96	5.68	0.900
40	$y=0.556x+0.795\,6$	1.80	6.25	0.923

5.3.4 磁性水滑石对 Cu(II)、Cd(II) 的吸附机理

图 5.39 为磁性水滑石吸附 Cd(II) 和 Cu(II) 前后的 FTIR 图。A 峰为 SO_4^{2-} 或 Cl^- 的伸缩振动，B 峰为氧化钙、含铝氧化物、含铁氧化物等的伸缩、弯曲振动。吸附后 SO_4^{2-} 或 Cl^- 的伸缩振动较吸附前有明显增强，表明 SO_4^{2-} 或 Cl^- 在磁性水滑石上有较强的吸附。磁性水滑石吸附 Cu(II) 和 Cd(II) 后，Ca—O 和 Cd—O 的伸缩振动明显增强（B 峰）。磁性水滑石在吸附重金属离子 Cu(II)、Cd(II) 的同时亦能够吸附部分阴离子 SO_4^{2-}，表明水滑石兼具吸附阴阳离子的能力。对照组实验表明，Fe_3O_4 吸附去除 Cu(II) 和 Cd(II) 的能力较差，但水滑石具有较强的吸附去除重金属的能力，与文献的结论一致。Cr(VI) 在磁性 $CoFe_2O_4$/MgAl-

LDH 复合材料上的吸附位点主要集中在 MgAl-LDH 上，与 CoFe$_2$O$_4$ 的关系甚微（Deng et al.，2015）。

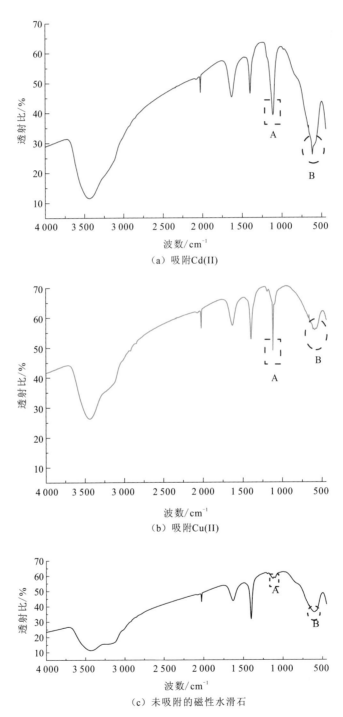

（a）吸附Cd(II)

（b）吸附Cu(II)

（c）未吸附的磁性水滑石

图 5.39　磁性水滑石吸附 Cu(II)、Cd(II)的 FTIR 变化图

磁性基质（Fe_3O_4）形成过程中，水滑石被负载于其表面，与此同时碱性水滑石遇水发生结构复原，层状结构恢复，表面形成自由水、羟基（—OH）和 CO_3^{2-} 等（图 5.40）。—OH 失去 H^+ 形成氧负离子或水解生成 OH_2^+ 和 OH^-。重金属阳离子可通过库仑力吸附在带负电荷的水滑石表面。此外，Cu(II) 和 Cd(II) 还可与溶液中的 OH^- 发生反应，生成 $Cu(OH)_2$ 和 $Cd(OH)_2$ 沉淀。同时，根据 Cu(II) 和 Cd(II) 在磁性水滑石表面吸附的热力学计算结果，吸附过程焓变分别为 23.63 kJ/mol 和 9.89 kJ/mol，吸附热介于 2.0~25.0 kJ/mol。Cu(II) 和 Cd(II) 在磁性水滑石的吸附主要为静电吸附，其次为化学沉淀。

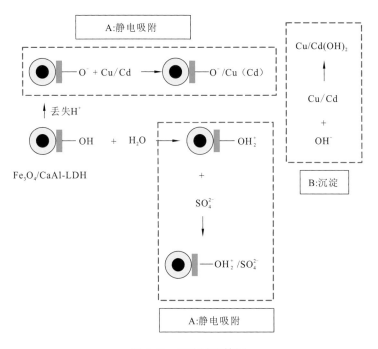

图 5.40　吸附过程简图

5.4　纳米零价铁污泥基生物质炭去除废水中 Sb(III)

生物炭（biochar）是指废弃生物质在厌氧或缺氧的条件下热裂解产生具有较大比表面积与孔隙度的含碳物质，也称为生物质炭（Lehmann et al., 2009），它被认为是能源生产和环境修复应用方面的多功能材料（Mohan et al., 2014）。生物炭的原材料来源非常广泛，主要包括木质生物质、动物粪便、植物残留物和固体废弃物 4 个来源。生物炭主要由具有石墨结构的碳或芳香烃和单质碳不规则堆积层叠而成，C 含量约占整个生物炭的 70%~80%，其中还包括 H、O、N、S 及少量的微量元素（陈温福 等，2013）。虽然生物炭的性质受原材料类型、制备方法、热解条件等影响较大，但总体来说，生物炭吸附能力强、容重小、比表面积大、稳定性高（武玉 等，2014），被广泛应用于生态修复、农业和环保领域（Kramer et al.，2004）。生物炭具有低成本、高孔隙率、环境友好、稳定性好、具有良好的物理/化学表面特性、易于管理和制备等优点（Jiang et al.，2016；Zhang et al.，2014；Mallampati et al.，2013），在生物能源的生产（Field et al.，2013）、污染物的固定（Wu et al.，2016；Ahmad et al.，2014）、土壤肥力的提升（Mohamed et al.，2016；Laird et al.，2014）、土壤的修复（Buss et al.，2016；Sohi，2012）、碳的固定（Windeatt et al.，2014；Woolf et al.，2010）和环境修复（Mohan et al.，2014；Ming et al.，2012）等方面被广泛应用，成为一种新兴生物技术。目前，已有相关生物炭对于水体中重金属的吸附研究（Goswami et al.，2016；Jin et al.，2016；Do et al.，2013；Inyang et al.，2012），而对于可变价态的重金属离子还需进一步的研究（Zhang et al.，2015；Agrafioti et al.，2014）。

纳米零价铁（nano zero valent iron, NZVI）是指粒径为 1～100 nm，且具有特殊性能的零价铁粒子。相对于普通零价铁粉末，NZVI 的粒径更小，表面能更高，比表面积更大，与传统的处理技术相比其对水体中重金属的去除效果更好，可应用于土壤和地下水的原位修复，成本更低，效率更高，是目前广泛研究的纳米材料（Zhao et al.，2016）。由于纳米零价铁（NZVI）比表面积大、还原性强、表面活性高等特殊的优异性能，对环境污染物具有良好的去除率，在环境污染物处理方面得到了广泛的应用。尽管纳米零价铁因其表面活性强、比表面积大等优点在水处理技术中被广泛应用，但由于其特殊的理化性质，在实际应用中还存在以下问题（Stefaniuk et al.，2016；Fu et al.，2014；Mueller et al.，2012）：纳米零价铁粒度小、比表面积大、表面能大及自身存在磁性，因而很容易团聚，并且在空气中极易被氧化，形成钝化层而降低活性，纳米单质金属具有一定的生物毒性。同时纳米零价铁难回收、易流失，会形成潜在的二次污染，这使得纳米零价铁在水处理中的应用受到了限制，因此不适合单独作为吸附剂使用。为了解决这些问题，很多纳米零价铁改性技术应运而生，如钝化纳米零价铁、负载纳米零价铁等（Soleymanzadeh et al.，2015；Yan et al.，2015）。目前，有少数研究将纳米零价铁负载海泡石、膨润土、生物炭等吸附剂材料上来克服其自身的缺点，结合了纳米零价铁和吸附剂材料两者的优点，制备出具有新颖结构和表面性质的新型吸附剂材料。

目前，吸附处理技术已广泛应用于重金属污染废水的处理，大量的吸附剂已被研发（柏松，2014；Li et al.，2013；Wang et al.，2009；Davis et al.，2003）。目前虽有一些研究将纳米零价铁应用于重金属含锑废水的处理中（Zhou et al.，2015；Shan et al.，2014），但纳米零价铁粒径小及自身存在磁性，因而很容易团聚，后期管理也有困难。所以近年来，国内外学者就纳米零价铁的负载也进行了较为深入的研究，但将纳米零价铁负载到污泥生物质炭上的研究仍未见报道。污泥原料具有价格低廉、来源广泛等特点，而大量的污泥随意外运、简单填埋或被弃置，不但占用大量土地，还会造成严重的二次污染及引发新的环境问题，给生态环境带来了隐患（张树国 等，2004）。本节将剩余污泥作为生物炭的制备原料，让污泥由低价值废物转变成为高使用价值的生物炭，不但更好地保护环境、节约了能源，而且还从根本上解决了污泥处理处置这一环境难题（Li et al.，2011；Wen et al.，2011）。因生产原料污泥的价廉而大大降低了生物炭的生产成本，从而实现了污泥的变废为宝及资源的循环再利用，为污泥的资源化利用寻求了更有效的途径。作者团队在生物炭（Mao et al.，2019；Li et al.，2019；Xiang et al.，2019；Wei et al.，2018；Zhou et al.，2018，2017）和零价铁（Mao et al.，2019；黄红丽 等，2018）应用于重金属污染治理方面也开展了大量的研究。

因此，本节充分结合纳米零价铁和污泥生物质炭的特点，通过液相还原法制备了纳米零价铁污泥基生物质炭（NZVI-SBC）。在制备过程中，通过选择不同的煅烧温度、不同的负载铁源及不同的炭铁比等制备条件来优化 NZVI-SBC 对 Sb(III)的吸附性能，这对 NZVI-SBC 应用于含锑废水的处理具有重要的意义。同时，采用 SEM、TEM、FTIR、BET、XPS 等现代分析手段对最终优化后得到的 NZVI-SBC 进行表征分析。

5.4.1　纳米零价铁污泥基生物质炭制备及影响因素

1. 纳米零价铁污泥基生物质炭制备

称取一定量原始污泥在 105 ℃下烘干，然后置于马弗炉 300 ℃下的厌氧环境中煅烧 1 h 成污泥生物质炭（sludge biomass charcoal，SBC）。冷却后用 HCl 浸泡处理，后用蒸馏水洗至中性后烘干，后用玛瑙研钵研磨并过 100 目筛储存，作为负载的基底材料。然后称取一定量的 SBC 浸泡在 $FeSO_4 \cdot 7H_2O$ 中，用 NaOH/HCl 将混合溶液 pH 调至 5.0 左右，通 N_2 1 h 排除混合液中的溶解氧。在磁力搅拌的条件下逐滴加 $NaBH_4$ 后过滤，通入乙醇后置于真空干燥箱 95 ℃下干燥（刘晓龙 等，2018），研磨后过 100 目筛，得到纳米零价铁污泥基生物质炭（NZVI-SBC），避光保存（Yan et al.，2015）。

2. 纳米零价铁污泥基生物质炭制备影响因素

1）不同煅烧温度对生物炭吸附锑的影响

分别称取 0.02 g 生物炭和纳米零价铁于聚乙烯塑料瓶中，加入 100 mL 200 mg/L Sb(III)溶液，结果见图 5.41。300SBC、500SBC、700SBC 分别代表 300 ℃、500 ℃、700 ℃下制备的生物炭，结果表明单一污泥基生物炭对 Sb(III)的去除率都低于 5%，相对来说 500SBC 对 Sb(III)的去除效果最好，而 300SBC 对 Sb(III)的去除效果最弱，为 2%左右。这可能是因为生物质炭的比表面积随煅烧温度的升高而增大，所以 500SBC 比 300SBC 对 Sb(III)的吸附能力强，但是温度过高会破坏生物质炭的孔隙结构，可能导致内部孔道崩塌使其比表面积减小（Cai et al.，2018）。

图 5.41（b）是负载 NZVI 后的生物炭对 Sb(III)的去除效果对比图，可以看出生物炭经过负载 NZVI 后对 Sb(III)的去除率显著上升，对锑的去除效果顺序如下：NZVI-300SBC＞NZVI-500SBC＞NZVI-700SBC，其中 NZVI-300SBC 对 Sb(III)的去除率提升最明显，提高了 25 倍左右；NZVI-500SBC 和 NZVI-700SBC 分别提升了 10 倍和 7 倍。上述实验结果表明：污泥基生物质炭经过负载 NZVI 后对 Sb(III)的吸附能力得到了显著的提升，这可能是负载在生物质炭上的 NZVI 增加了其活性位点、比表面积、含氧官能团及离子交换能力（Devi et al.，2014），同时 300 ℃下制备的 SBC 孔径、空隙等最利于 NZVI 的负

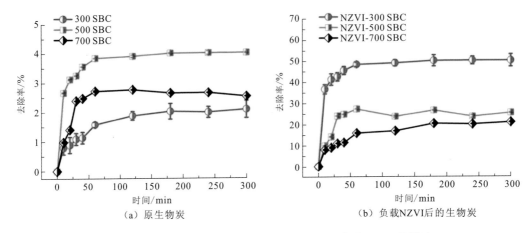

（a）原生物炭　　　　　　　　　　（b）负载NZVI后的生物炭

图 5.41　原生物炭和负载 NZVI 后的生物炭对去除 Sb(III)的影响

载和分散，使得其对污染物的去除能力比其他温度下制备的 SBC 负载 NZVI 后的吸附效果更好。因此后续实验以 300SBC 为基底材料。

2）不同炭铁比对吸附锑的影响

分别以 1∶0、1∶0.2、1∶0.4、1∶1 的炭铁比（质量比）对 300SBC 进行 NZVI 负载，分别对 200 mg/L Sb(III)模拟废水进行吸附。不同炭铁比制备的 NZVI-SBC 对 Sb(III)的去除率变化如图 5.42 所示，随着铁含量的增加，吸附剂表面对锑的吸附位点和活性面积也会增加，导致对 Sb(III)的去除率显著上升，炭铁比为 1∶1 时对 Sb(III)的去除率最大，说明负载在生物质炭上的 NZVI 对整个吸附实验的效果起着决定性作用。因此选择以炭铁质量比 1∶1 负载实验材料开展后续的研究。

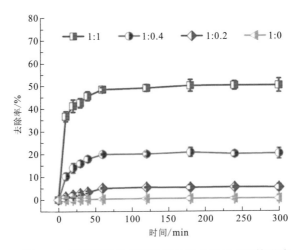

图 5.42　不同炭铁比对吸附剂材料去除 Sb(III)的影响

3. 小结

本小节利用液相还原法制备了纳米零价铁污泥基生物质炭（NZVI-SBC），在制备过程中，通过选择不同的煅烧温度、不同的炭铁比等制备条件来优化 NZVI-SBC 的吸附性能，结果表明通过控制煅烧温度、负载铁源、炭铁比等变量因素制备了多种不同制备条件的吸附材料，将得到的吸附材料逐一对 100 mL、200 mg/L Sb(III)进行吸附实验来验证其吸附性能，实验结果表明：在炭铁比为 1∶1、FeSO₄·7H₂O 为负载铁源、300SBC 为基底材料的条件下制备的 NZVI-SBC 对 Sb(III)的吸附性能最佳，其对 Sb(III)的去除能力是原污泥生物质炭的 25 倍。

5.4.2　纳米零价铁污泥基生物炭表征

通过对纳米零价铁污泥基生物质炭的制备条件进行优化，得出在 300SBC 为负载的基底材料、FeSO₄·7H₂O 为负载铁源、炭铁质量比为 1∶1 的负载条件下，制备对 Sb(III)的去除最佳去除效率的 NZVI-SBC，对 NZVI-SBC 进行 BET、SEM、TEM、FTIR、XPS 表征分析。

1. 扫描电镜分析

采用扫描电子显微镜（SEM）获取 SBC 和 NZVI-SBC 的形貌特征和晶体结构，见图 5.43。未负载纳米零价铁的 SBC 表面颗粒团聚分布不均匀，且颗粒表面光滑平坦，具

图 5.43　SBC 和 NZVI-SBC 的 SEM 图

有团状和块状结构。对于 NZVI-SBC，从结构上看，很多明显的颗粒物沉积在 SBC 上，且颗粒物分散均匀，说明 Fe 被成功地分散在 SBC 内部，利于提高吸附剂的表面活性，具有更多的活性位点来与污染物结合。从形貌上看，表面物质变得蓬松，犹如层层的絮状物，使得负载纳米零价铁后的吸附剂比表面积增大，这可能是负载过程中生成的纳米零价铁以某种方式结合在 SBC 上，使得 NZVI-SBC 对污染物的去除能力更强。

通过扫描电子显微镜（SEM）的 X 射线能谱探测器（EDAX）对 SBC 和 NZVI-SBC 两种材料表面的元素进行分析测定，可以测出两种材料中所含的元素及元素相对含量，并对负载 NZVI 前后的 SBC 中的元素 C、O、Al、Si、Fe 做 Mapping 显示图，结果如表 5.16 和图 5.44 所示。SBC 主要组成元素包括 C、O、Si、Al、N，NZVI-SBC 中 O、Si、Al、N 元素的含量相对减少，特征峰有所降低，而 Fe 元素的含量大大增加，说明 Fe 成功地被负载到 SBC 上，NZVI-SBC 的 Fe 含量约为 SBC 的 24 倍，从 Mapping 图上可直观地观察到 NZVI-SBC 上 Fe 含量远远多于 SBC 上的 Fe 含量。

表 5.16　SBC 和 NZVI-SBC 的元素分析

材料	元素	质量分数/ %	原子百分数/ %	材料	元素	质量分数/ %	原子百分数/ %
SBC	C	38.56	49.8	NZVI-SBC	C	32.46	58.29
	O	31.89	30.93		O	10.19	13.74
	Si	10.14	5.6		Si	2.99	2.29
	Al	4.36	2.51		Al	2.07	1.65
	N	6.93	7.68		N	2.98	4.59
	Fe	2.07	0.58		Fe	48.36	18.68
	K	0.91	0.36		K	0.36	0.20
	Na	0.33	0.22		Na	0.59	0.56

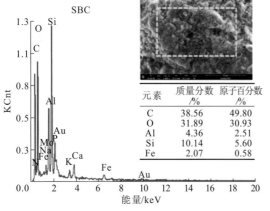

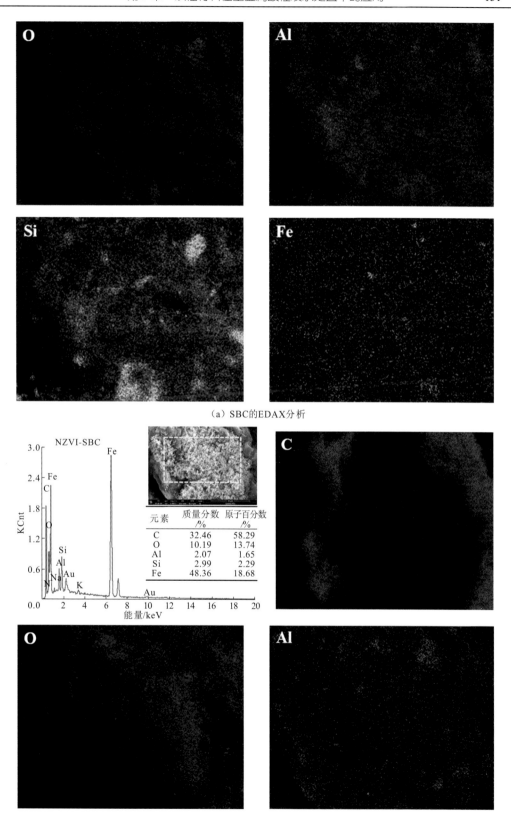

（a）SBC的EDAX分析

元素	质量分数 /%	原子百分数 /%
C	32.46	58.29
O	10.19	13.74
Al	2.07	1.65
Si	2.99	2.29
Fe	48.36	18.68

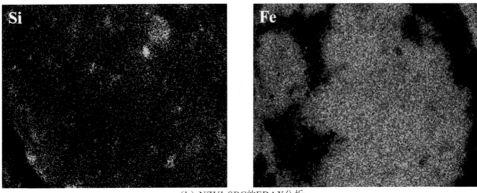

（b）NZVI-SBC的EDAX分析

图 5.44 SBC 和 NZVI-SBC 的 EDAX 分析

2. TEM 分析

图 5.45 为 SBC 和 NZVI-SBC 分别在透射电镜（TEM）下的内部特征。从图中可以看出 SBC 呈块状结构。纳米级别的零价铁颗粒粒径主要分布在 1～100 nm，可以看出经过负载 Fe^0 后的 NZVI-SBC 中明显有颗粒物生成，颗粒物的直径大部分在 30 nm 左右，说明 Fe^0 被成功地负载在污泥基生物质炭上。NZVI-SBC 中整体形态呈链状结构，这是因为合成的 NZVI 有较大的比表面积，且 NZVI 颗粒之间会产生相互吸引作用，具有纳米零价铁易团聚的特点（Jabeen et al.，2011）。

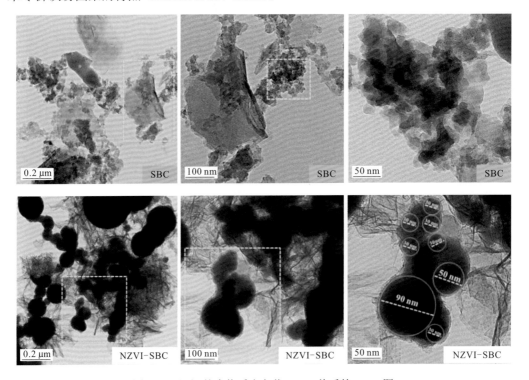

图 5.45 污泥基生物质炭负载 NZVI 前后的 TEM 图

3. BET 分析

比表面积和孔径分布分析仪（Gemini-2390 型）是用来分析各种材料的比表面积和孔道结构参数，采用 BJH 模型由吸附分支计算孔体积及孔径分布，由 BET 方程计算得到生物炭样品的比表面积。不同温度烧制生物炭及其负载零价铁的比表面积、孔结构参数见表 5.17。NZVI-SBC 比 SBC 的比表面积增大了 2.3 倍，平均孔体积增大了 2 倍，这说明了负载 NZVI 后污泥的物理性质所发生的变化对于 Sb(III) 的吸附是有利的。

表 5.17 不同材料的比表面积、孔体积和孔径

材料	SBC			NZVI-SBC		
	S_{BET} / (m²/g)	V_P / (cm³/g)	D_P/nm	S_{BET}/ (m²/g)	V_P / (cm³/g)	D_P/nm
300SBC	13.34	0.001 13	1.935 0	43.97	0.003 39	1.941 7
500SBC	61.21	0.013 53	1.963 7	28.87	0.001 63	1.948 0
700SBC	19.15	0.001 05	1.958 2	32.47	0.001 91	1.943 2

注：S_{BET} 为比表面积；V_P 为平均孔体积；D_P 为孔径

由图 5.46（a）可以明显看出，三种原污泥基生物质炭对 N_2 的吸附量及孔体积的大小顺序为：500SBC>700SBC>300SBC，即 500SBC 具有最大的比表面积（S_{BET}）和最大的孔体积（V_P），为 61.21 m²/g，300SBC 的孔体积最小，为 13.34 m²/g，比表面积与图 5.46（a）中对 Sb(III) 的吸附相吻合。三种温度的 SBC 孔体积的大小顺序为：500SBC>300SBC>

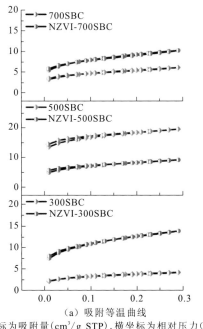

（a）吸附等温曲线
纵坐标为吸附量(cm³/g STP)，横坐标为相对压力(P/P_0)

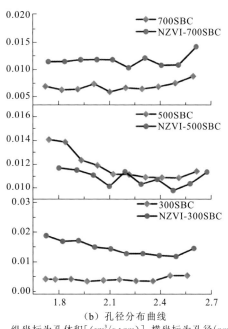

（b）孔径分布曲线
纵坐标为孔体积[(cm³/(g·nm)]，横坐标为孔径(nm)

图 5.46 污泥基生物质炭负载 NZVI 前后的 N_2 吸附等温曲线和孔径分布曲线

700SBC，即 500SBC 的孔体积（V_P）最大，为 0.013 53 cm³/g，700SBC 的最小，为 0.001 05 cm³/g。一般来说，生物质炭的比表面积会随着煅烧温度的升高而增大，结构变得疏松，但是温度太高会使生物质炭中的孔道塌陷，反而使得其比表面积和孔体积变小（Cai et al.，2018）。

经过负载 NZVI 后三种材料对 N₂ 的吸附量和孔体积的大小顺序为 NZVI-300SBC＞NZVI-700SBC＞NZVI-500SBC。NZVI-300SBC 的 S_{BET} 和 V_P 最大，分别为 43.97 m²/g 和 0.003 39 cm³/g，这是由于负载过程中去除了 SBC 孔道间隙内游离的金属离子或杂质，而且 NZVI 也会增加原有 SBC 上部分活性位点，使之比表面积增加（Devi et al.，2014），进而使得其对污染物的去除能力增强。反而 NZVI-500SBC 的 S_{BET} 和 V_P 均下降了，分别由 61.21 m²/g 减少至 28.87 m²/g，0.013 53 cm³/g 减少至 0.001 63 cm³/g，表明负载的 NZVI 除部分分散在生物炭表面外，还有部分 NZVI 进入晶格间和生物炭孔道内，使之比表面积和孔体积变小（Zhou et al.，2013）。三种 SBC 孔径的大小顺序为 500SBC＞700SBC＞300SBC。经过负载 NZVI 后，孔径的大小顺序不变，但是 300SBC 的孔径增大，由 1.935 0 nm 增加至 1.941 7 nm，而 500SBC 和 700SBC 的孔径变小，但是变化都不明显，仍为微孔。

4. FTIR 分析

图 5.47 为污泥基生物质炭负载 NZVI 前后的红外光谱，SBC 在 3 415 cm⁻¹、2 927 cm⁻¹、2 360 cm⁻¹、1 640 cm⁻¹、1 442 cm⁻¹、1 025 cm⁻¹、539 cm⁻¹ 和 462 cm⁻¹ 处都出现了明显的吸收峰：3 415 cm⁻¹ 左右处的吸收峰是由于分子间 O—H 伸缩振动引起的（Panov et al.，2008）；2 927 cm⁻¹ 为饱和的 C—H 伸缩振动峰；2 360 cm⁻¹ 处为 SBC 结构中的 Si—H 特征峰；1 640 cm⁻¹ 处附近出现 C＝O 伸缩振动的吸收峰；1 442 cm⁻¹ 为 SBC 中 C＝C 骨架振动吸收峰；1 025 cm⁻¹ 附近的吸收峰为 Si—O—Si 的伸缩振动峰；539 cm⁻¹ 和 462 cm⁻¹ 处为 SBC 的特征吸收峰，均为 Si—O—Si 的弯曲振动和对称振动共同作用的结果。

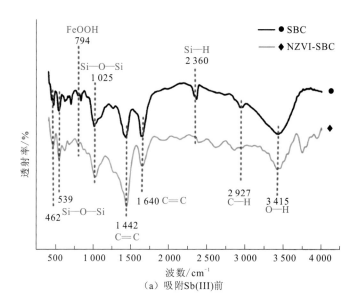

（a）吸附Sb(III)前

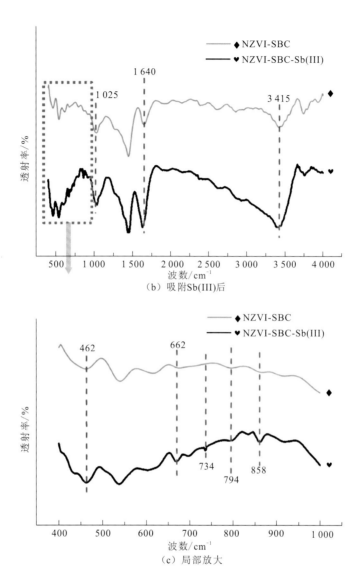

（b）吸附Sb(III)后

（c）局部放大

图 5.47　SBC 和 NZVI-SBC 吸附 Sb(III)前后 FTIR

SBC 经过负载 NZVI 后在 3 415 cm^{-1} 处的特征峰强度减弱了，这是因为负载过程中 Fe 与—OH 结合在一起形成了 FeOOH；同时，1 640 cm^{-1}、1 025 cm^{-1} 和 462 cm^{-1} 三处的 C=O、Si—O—Si 吸收峰较 SBC 也相对减弱了；1 442 cm^{-1} 和 539 cm^{-1} 处的吸收峰较 SBC 相对增强，2 927 cm^{-1} 处的峰发生了偏移；2 360 cm^{-1} 处的吸收峰减弱了，说明在负载过程中洗去了游离在 SBC 表面的 Si^{4+}；在 794 cm^{-1} 附近出现的新峰为 FeOOH 的特征峰，说明 Fe 被成功负载在 SBC 上；由于 Fe—O 吸收峰的强度在 FTIR 中比较弱，所以在光谱图中没有明显的峰，这与 Mishra 等（2016a）的研究结果相似。通过以上的 FTIR 分析，负载 NZVI 后污泥生物炭表面的含氧官能团增加了，且有新的含氧官能团出现。

NZVI-SBC 吸附 Sb(III)后 3 415 cm^{-1}、1 640 cm^{-1}、1 025 cm^{-1} 处吸收峰都加强了，说明 Sb(III)与 NZVI-SBC 表面上的含氧官能团发生了化学反应。NZVI-SBC 吸附 Sb(III)后的材料在 858 cm^{-1}、734 cm^{-1}、662 cm^{-1} 三处出现了新的吸收峰。其中，858 cm^{-1} 处的振动峰为 O—Sb 吸收峰，说明被吸附在 NZVI-SBC 上的 Sb(III)与其含氧官能团发生了反应。734 cm^{-1} 处的特征峰为 Sb—O—Sb 伸缩振动引起的吸收峰（Mishra et al.，2016a），该波长下的吸收峰类似于三氧化二锑（Sb$_2$O$_3$）中的 Sb—O—Sb 伸缩振动特征峰（Miller et al.，1952），说明被吸附在 NZVI-SBC 上的 Sb(III)有部分是以 Sb(III)的形式结合在其表面。同样 462 cm^{-1} 处的吸收峰也是由于 Sb—O—Sb 伸缩振动引起的特征峰（Sudarsan et al.，2002）。而 662 cm^{-1} 处的峰是 NZVI-SBC 表面上 Fe—O—H 弯曲振动的吸收峰（Jubb et al.，2010；Gotić et al.，2007），在吸附 Sb(III)后有明显的吸收峰，吸附 Sb(III)后的 NZVI-SBC 在 794 cm^{-1} 处的 FeOOH 特征峰发生了偏移，表明 Sb 与 Fe 之间发生了化学作用，可能形成了 Sb—O—Fe 络合物（Kiri et al.，2007），这个过程使得 FeO—OH 中的化学键破裂导致 O—H 的数量增多，所以 3 415 cm^{-1} 处的吸收峰变强了。

5. XPS 分析

图 5.48 为 SBC 和负载 NZVI 吸附锑前后的 XPS 全谱扫描（survey scan）和窄区图谱扫描（narrow scan）。从图中可以发现负载 NZVI 前后的污泥生物炭具有相似的峰型结构。其中，在结合能 284.7 eV 附近出现强峰，对应于 SBC 中主要的组成元素 C，而在 531.9 eV 附近最强的峰则归属于 O 元素，它是污泥生物炭的官能团中所含有的氧元素。根据 XPS 图谱中各元素对应的峰面积，计算得到 SBC 中 C、O、Fe 元素的原子含量（表 5.18），其中 Fe 元素含量仅占 0.873%，而 C、O 元素含量则分别占 61.924%和 37.203%。通过对 SBC 中 Fe、C、O 元素进行窄区扫描可以发现，SBC 在未负载 NZVI 之前由于其表面 Fe 元素含量较少，未能形成明显的峰形。负载 NZVI 后，NZVI-SBC 表面的 Fe 元素变化最大，其含量从 0.873%增加至 12.239%，是 SBC 中 Fe 含量的 14 倍。NZVI-SBC 的 Fe 2p 的光谱主要包括六个亚峰，分别在 706.8 eV/720.1 eV（Fe^0 2p3/2）、

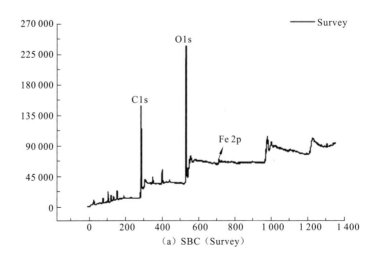

(a) SBC（Survey）

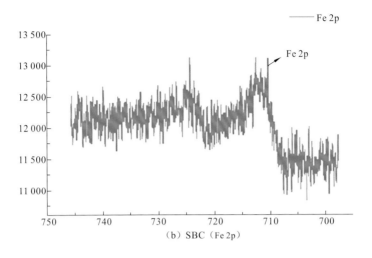

（b）SBC（Fe 2p）

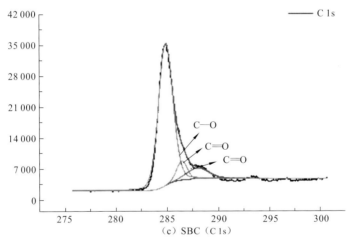

（c）SBC（C 1s）

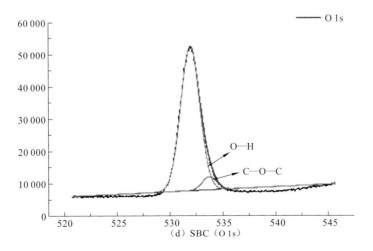

（d）SBC（O 1s）

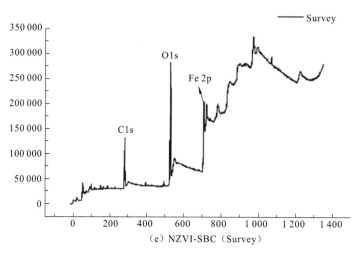

（e）NZVI-SBC（Survey）

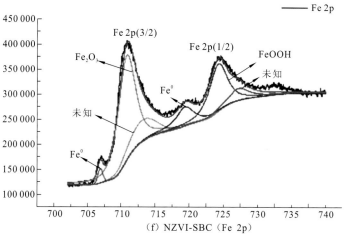

（f）NZVI-SBC（Fe 2p）

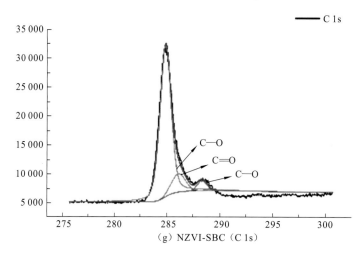

（g）NZVI-SBC（C 1s）

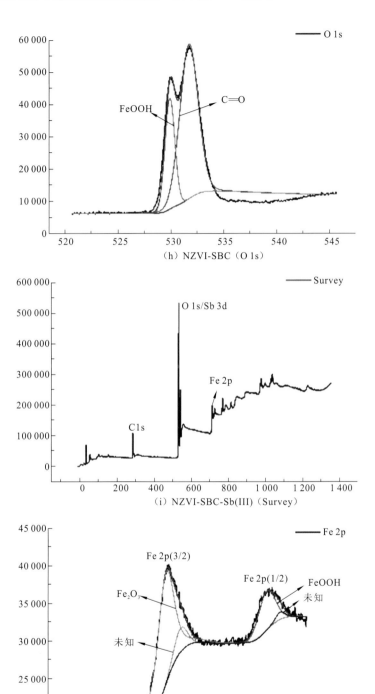

（h）NZVI-SBC（O 1s）

（i）NZVI-SBC-Sb(III)（Survey）

（j）NZVI-SBC-Sb(III)（Fe 2p）

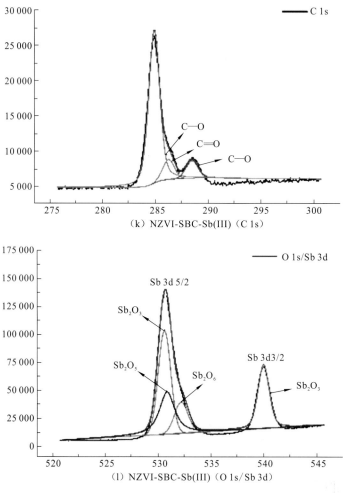

图 5.48　SBC 和 NZVI-SBC 吸附 Sb(III)前后 XPS 分析

横坐标为结合能（eV），纵坐标为强度（s）

710.7 eV（Fe$_2$O$_3$ 2p3/2）、724.3 eV（FeOOH 2p1/2）、713.09 eV/727.08 eV（未知）结合能处，其中 710.6 eV 和 724.3 eV 两个主峰表明铁在 NZVI-SBC 表面主要以三价铁氧化物形式存在，其中在 706.8 eV 和 720.1 eV 出现的两个肩峰为零价铁特征峰（Mittal et al.，2013；Fan，2006），结合 TEM 的结果可表明 NZVI 被成功负载到污泥基生物炭的表面。

通过对 C 1s（图 5.48）谱图进行分峰解析，可以看出 C 的光谱主要包括三个亚峰，分别在 284.83 eV（C—O）、286.39 eV（C=O）和 287.9 eV（C=O）结合能处（Mishra et al.，2016a），这表明 SBC 内含有丰富的含氧官能团。负载 NZVI 之后 C 元素含量由 61.924%下降至 40.176%，其中 C1s 与 SBC 中主要的结合能之间的变化不大。对于 O 元素，可以看出未负载 NZVI 前的污泥生物炭中 O 元素主要以 O—H 键结合的形式存在。而 NZVI-SBC 中 O 元素含量也有了一定程度的增加，从 37.203%增加至 47.586%。

NZVI-SBC 中 O 1s 窄区扫描图谱中发现 NZVI-SBC 表面的 O 1s 与 SBC 相比出现了极为显著的变化，其中 531.7 eV 处由于 C—O—C 中发生了 C—O 断裂而形成了更为稳定的 C＝O 键，529.9 eV 则主要归因于 FeOOH。这可能是负载 NZVI 后表面 O 元素含量增加的原因，也就是说 NZVI 主要以铁氧化物的形式包覆在污泥生物炭表面。XPS 谱图分析结果与 FT-IR 光谱的分析结果相一致，表明经过 NZVI 负载之后，表面出现了新的含氧官能团。

表 5.18　SBC 和 NZVI-SBC 吸附 Sb(III)前后表面元素内层电子的结合能

样品	元素含量/%				结合能/eV		
	Fe	O	C	Sb	Fe 2p	O 1s	C 1s
SBC	0.873	37.203	61.924			531.91（O—H） 533.70（C—O—O）	284.83（C—O） 286.39（C＝O） 287.90（C＝O）
NZVI-SBC	12.239	47.586	40.176		706.8/720.1（Fe⁰） 710.7（Fe₂O₃） 724.3（FeOOH）	529.90（FeOOH） 531.70（C＝O）	284.83（C—O） 286.10（C＝O） 288.30（C＝O）
NZVI-SBC-Sb(III)	6.510	62.725	27.050	3.760	710.9（Fe₂O₃） 724.3（FeOOH）	530.5（Sb₂O₃） 532.1（Sb₂O₅） 530.7（Sb₂O₅）	284.8（C—O） 286.2（C＝O） 288.3（C＝O）

采用 XPS 光谱表征能够进一步描述吸附 Sb(III)后的 NZVI-SBC 吸附剂表面的元素变化情况，吸附 Sb(III)后 NZVI-SBC 具有相似的峰型结构，但是各元素峰的强度发生了显著的变化，明显的观察到 Sb 的存在。C、Fe 元素含量都分别有不同程度的降低，其中 Fe 由 12.239%下降至 6.510%，而 C 则从 40.176%下降至 27.050%，这可能是 Fe—O、C—O 官能团与 Sb 发生了络合反应，从而遮蔽了 X 射线对 Fe、C 元素的响应，也可能是 Sb 与腐蚀的 NZVI 之间发生了离子交换反应，导致材料上的 Fe 被置换出并存于溶液中。与此同时，O、Sb 元素含量则得到了一定程度的增加，其中 O 含量从 47.586%增加至 62.725%，而 Sb 元素则增加了 3.760%，表明 Sb 被成功吸附稳定在 NZVI-SBC 的内部；其中 O 含量的增加是由于 Sb 和 O 元素的电子结合能谱图的重叠。吸附 Sb 之后，NZVI-SBC 吸附剂表面的 Fe 元素中两个代表零价铁（Fe⁰）的肩峰（706.8 eV 和 720.1 eV）消失，表明 NZVI 在吸附过程中被腐蚀成 Fe(II)/Fe(III)并与 Sb(III)发生了离子交换反应，这是 Fe 元素含量下降的原因。同时产的羟基自由基对 Sb(III)具有很强的氧化作用，在结合能 530.5 eV 处有一个 Sb₂O₃（3d3/2）的新峰产生，说明被吸附在 NZVI-SBC 内的锑以 Sb(III)形式存在，除三价锑外，还新出现了五价锑氧化物，分别在 532.1 eV（Sb₂O₅）和 530.7 eV（Sb₂O₅）结合能处，说明被吸附在 NZVI-SBC 内的 Sb(III)有部分被氧化成了 Sb(V)，证明了 NZVI-SBC 对 Sb(III)的氧化能力。这说明 Sb(III)在溶液中被 NZVI-SBC 吸附，部分以 Sb(III)的形式存在其表面，另一部分以 Sb(V)的形式结合在其表面，这表

明在吸附过程中伴随着氧化还原反应。

6. 小结

通过 SEM、FTIR 等表征分析可知负载 NZVI 后的污泥基生物质炭表面有层层的絮状物生成，呈现出疏松多孔的结构；同时，负载后的生物炭表面含氧官能团数量有所增加且有新的含氧官能团出现。通过 TEM 扫描电镜可明显观察到大部分直径为 30 nm 的 NZVI 颗粒以链状形式均匀地分散在生物炭表面。而 BET 数据则表明负载后的生物炭的比表面积 13.34 m^2/g 增加至 43.97 m^2/g，孔体积从 0.001 13 cm^3/g 增加至 0.003 39 cm^3/g。另外，XPS 分析结果显示负载 NZVI 后的污泥基生物质炭表面的铁主要以三价铁氧化物形式存在，但在结合能 706.8 eV 和 720.1 eV 出现的两个肩峰为零价铁特征峰。在 NZVI-SBC 吸附 Sb(III) 的过程中，Sb(III) 与 NZVI-SBC 表面的 FeOOH 发生了络合作用，与腐蚀的 NZVI 之间发生了离子交换反应，NZVI 在被腐蚀的过程中同时将 Sb(III) 氧化成 Sb(V)，最终被吸附稳定在 NZVI-SBC 内的锑一部分以 Sb(III) 的氧化物形式存在其表面，另一部分以 Sb(V) 的氧化物形式结合在其表面，这表明在吸附过程中伴随着氧化还原反应的发生。

5.4.3　NZVI-SBC 对 Sb(III) 的吸附行为

污泥生物质炭（SBC）对水中 Sb(III) 的去除能力有限，但经过负载纳米零价铁（NZVI）后得到的 NZVI-SBC 由于其表面活性位点、比表面积和含氧官能团等的增加对水中的 Sb(III) 的去除能力有显著提高。通过改变吸附剂投加量、吸附时间、Sb(III) 初始浓度、溶液 pH 等影响因素，研究 NZVI-SBC 对 Sb(III) 的静态吸附性能，探讨有氧条件和缺氧条件下 NZVI-SBC 对 Sb(III) 的吸附性能和氧化能力的变化，以及负载的 NZVI 对 Sb(III) 的吸附和氧化的影响。

1. NZVI-SBC 吸附 Sb(III) 的影响因素

1）吸附剂投加量的影响

随着 NZVI-SBC 投加量的增加，对 Sb(III) 的吸附去除率增加，SBC 内部富含微孔，同时 NZVI 本身具有较高的比表面积，NZVI-SBC 结合了两者优势，进一步提高了生物炭上的表面能和比表面积。另一方面，NZVI 在有氧条件下会发生化学反应释放出羟基自由基，羟基自由基具有强氧化能力，可以将毒性很强的 Sb(III) 氧化成毒性低于其 10 倍的 Sb(V)，在投加量从 0.05 g/L 增加至 0.2 g/L 的过程中，NZVI-SBC 对 10 mg/L Sb(III) 的去除率的提高幅度相当可观（图 5.49）。

当投加量达到 0.2 g/L 时，NZVI-SBC 对 Sb(III) 的去除率达到了 96.9%，其中 17.6% Sb(III) 被氧化成 Sb(V) 存于溶液中。继续增加 NZVI-SBC 的投加量，Sb(III) 去除率增加幅度不大，其中一方面原因是绝大部分（>96.9%）的 Sb(III) 已被吸附在 NZVI-SBC 上，而继续投加 NZVI-SBC 对溶液中微量的 Sb(III)（<3.1%）的吸附率提升不大；另一方面，

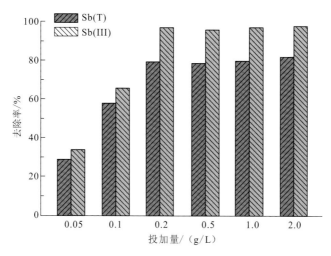

图 5.49　吸附剂投加量对 NZVI-SBC 去除 Sb(III)的影响

吸附 Sb(III)后材料的质量会增加，可能会集聚在没有吸附 Sb(III)的材料表面，导致吸附剂的内部孔隙结构出现阻塞现象，故加大投加量对 Sb(III)的去除率并不会有所改善。所以，此结果表明 0.2 g/L 为实验的最佳投加量。

2）吸附时间的影响

随着吸附时间不断延长，NZVI-SBC 对锑的去除率不断增加（图 5.50）。在 0～20 min，NZVI-SBC 对 Sb(III)的吸附速率非常快，对 Sb(III)的去除率和 Sb(T)（总锑）的去除率基本相同，说明此阶段溶液中去除的 Sb(III)绝大部分都被吸附在 NZVI-SBC 上，仅有很小部分的 Sb(III)被氧化成 Sb(V)。在吸附开始阶段污染物可迅速与表面的吸附位点结合。另外，可能是负载 NZVI 后增加了生物炭表面的活性位点，Sb(III)会快速占据这些吸附位点而被 NZVI-SBC 吸附。因此在反应初期，吸附剂吸附污染物的速率会迅速上升。

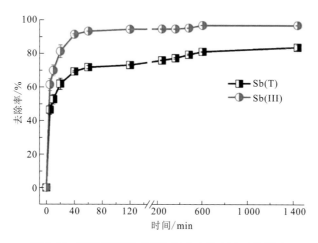

图 5.50　吸附时间对 NZVI-SBC 去除 Sb(III)的影响

在 20～120min，对 Sb(III)和 Sb(T)的去除率都在增加但是增加的速率比较慢，这是因为大部分的吸附位点已经被占据，吸附速率相对于初期明显减缓（Mall et al.，2005）。但是对 Sb(III)的去除率的增加速度要比对 Sb(T)的去除率大得多，说明溶液中的 Sb(III)在零价铁介导 Fe(II)/Fe(III)化学作用下逐渐被氧化成 Sb(V)。吸附 180 min 后，对 Sb(III)和 Sb(T)的去除率变化幅度不明显，基本达到吸附平衡，因此选择 180 min 作为吸附平衡时间。

3）初始浓度的影响

投加 0.2 g/L 的 NZVI-SBC 分别吸附 0.1～100 mg/L 的 Sb(III)得出的吸附容量与去除率的结果见图 5.51，随着 Sb(III)初始浓度的增加，NZVI-SBC 对其吸附容量增加，对应 Sb(T)的去除率为 52.16%～99.38%。可知 NZVI-SBC 对 Sb(III)的吸附容量随初始浓度增大而增大，这是因为初始浓度较小的 Sb(III)未能完全占据 NZVI-SBC 上的活性位点，但是随着初始浓度的增大，被吸附在材料上的锑含量也随之增多，导致其吸附容量增大。但一定 NZVI-SBC 投加量对 Sb(III)的去除率随浓度增大而下降，这是由于一定量的 NZVI-SBC（0.2 g/L）情况下，溶液中的 Sb(III)浓度在 10 mg/L 时即达到吸附平衡，随着 Sb(III)浓度继续增加，NZVI-SBC 逐渐达到吸附饱和，导致高浓度（＞10 mg/L）的 Sb(III)吸附量呈明显下降趋势。

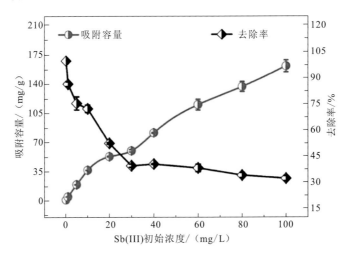

图 5.51　Sb(III)的初始浓度对 NZVI-SBC 去除 Sb(III)的影响

4）pH 的影响

溶液 pH 被认为是影响重金属吸附过程的主要参数之一，与金属离子的化学形态和生物炭上官能团的质子化和去质子化密切相关（Wu et al.，2012）。从图 5.52（a）中可知，pH 对 NZVI-SBC 吸附 Sb(III)有较大的影响，对于初始 pH＜7，吸附反应后会导致 pH 均有轻微上升，这是由于吸附剂表面的 NZVI 在有氧的水环境下会产生类芬顿反应，溶液中会释放出氢氧根离子（Chauhan et al.，2014）；而对于初始 pH＞7，则影响不大。从图 5.52（b）中可知，整个实验的 pH 范围对 Sb(III)的去除率影响并不大，但是对 Sb(T)

的去除率和 Sb(III)的氧化率影响比较显著。pH 为 1.8～4.8 时，对锑的吸附容量总体上是一个急速上升的过程[图 5.52（a）]。可能原因：①在酸性越强的条件下，溶液中游离的 H^+/H_3O^+ 也会越多，这种离子在酸性条件下与锑会形成竞争关系，所以在 pH 从 1.8 升至 4.8 这个过程中，NZVI-SBC 对 Sb(III)的吸附容量会随溶液 pH 上升而增加；②这个过程中锑从 SbO^+、$Sb(OH)^{2+}$ 等形式向 $Sb(OH)_3$ 中性分子转化，导致 NZVI-SBC 上的羟基氧化铁（FeOOH）会与这些分子发生络合反应（Dorjee et al.，2014），这个现象类似于亚砷酸盐在铁氧化物上的吸附（Mishra et al.，2016b）；③NZVI-SBC 表面的 FeOOH 在酸性条件下有部分被解离到溶液中，对 Sb(III)有吸附共沉淀作用（张道勇 等，2009）。但是这个过程中 Sb(III)被氧化成 Sb(V)的氧化率是降低的[图 5.52（b）]，在 pH＝1.8 时，Sb(III)的氧化率最大，溶液中有 61.72%的 Sb(III)被氧化成 Sb(V)。这是因为 NZVI 的活性很强，在强酸有氧的环境中易被氧化成 Fe(II)/Fe(III)并伴随羟基自由基 ·OH 的生成，Sb(III)在这种环境下极易被氧化为 Sb(V)，随着 pH 的升高，溶液中的 ·OH 也会减少，所以 Sb(III)的氧化率也随着 pH 的升高而下降。这些氧化生成的 Sb(V)会直接影响 Sb(T)的去除率，随之 pH 升高，溶液中被氧化成的 Fe(III)会发生水解作用形成 FeOOH，而 FeOOH 会与 Sb(V)进一步发生络合-沉淀作用（陈飞 等，2014；Sen et al.，2011），所以 Sb(T)的去除率也会升高。

从图 5.52（a）可知，pH 为 4.8～8.8 时，随着 pH 的升高，吸附剂对锑的吸附容量整个过程呈现一个缓慢下降的现象。弱酸向弱碱转变的过程中，溶液中的 H^+ 浓度减少而 OH^- 浓度增加，而 NZVI-SBC 表面的基团与 OH^- 的亲和力大于锑，所以这个阶段 NZVI-SBC 对 Sb(III)的吸附量明显下降。在较高 pH 下，重金属阳离子会以难溶的氧化物、氢氧化物形式存在，从而使吸附过程无法进行（Benavente et al.，2011）。但是，当继续升高 pH 为 8.8～10.8 时，吸附剂对锑的吸附容量又呈现轻微上升的过程，这是因为溶液中的锑以难溶于水的形式存在并没有被吸附。由于含重金属离子的实际废水通常是弱酸性的（谭光群 等，2011），而 pH 为 4.8 时 NZVI-SBC 对 Sb(III)的吸附率最大。

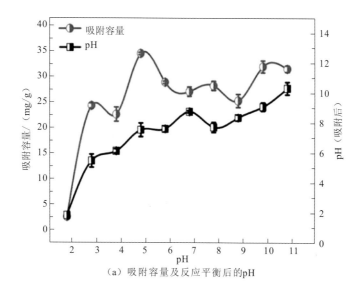

（a）吸附容量及反应平衡后的pH

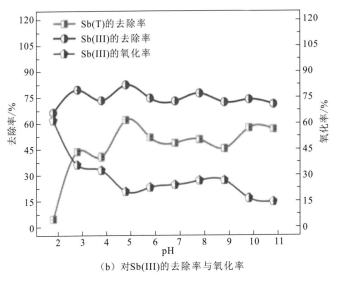

（b）对Sb(III)的去除率与氧化率

图 5.52 pH 对 NZVI-SBC 去除 Sb(III)的影响

2. Sb(III)吸附过程中价态转变

图 5.53 反映了 NZVI-300SBC、NZVI-500SBC 和 NZVI-700SBC 三种材料吸附 Sb(III) 过程中 Sb(III)的价态转变关系。从图 5.53（a）可知，NZVI-300SBC 对总锑和 Sb(III)的去除效果最好，但对 Sb(III)的氧化能力较弱，而 NZVI-500SBC 和 NZVI-700SBC 能提升对 Sb(III)的氧化能力。NZVI-300SBC 对 10 mg/L Sb(III)的去除率最高达到了 96.92%，其中 79.32%的 Sb(III)被吸附稳定在吸附剂内，17.60%则是被氧化成 Sb(V)残留在溶液中。NZVI-500SBC 对 Sb(III)去除率为 79.41%，其中有 26.02%的 Sb(III)被氧化成 Sb(V)，仅有 53.39%的 Sb(III)被吸附。NZVI-700SBC 对 Sb(III)的去除率也达到了 76.92%，但只有 1/2 的 Sb(III)被吸附稳定在吸附剂内，另外的 1/2 的 Sb(III)则是被氧化成 Sb(V)。这些被氧化成的 Sb(V)不会影响 Sb(III)的吸附，但是 Sb(V)的吸附会被 Sb(III)抑制（Herath et al.，2017；Qi et al.，2016），所以随着反应时间的增加，Sb(V)的含量基本不会下降。

通过以上分析可知，煅烧温度越高的基底材料经过负载 NZVI 后，对 Sb(III)的氧化能力越强。但是总体上来说，NZVI-300SBC 对 Sb(III)的去除效率最高。

3. 氧对 Sb(III)吸附和氧化的影响

一般而言，在吸附可变价态的重金属离子过程中会涉及氧化还原反应即会涉及重金属价态的转变，因此有氧状态（oxic）或缺氧状态（anoxic）对污染物氧化和吸附性能会产生一定的影响。图 5.54 为 NZVI-SBC 在有氧环境和缺氧环境下对不同浓度（10 mg/L、20 mg/L、30 mg/L）的 Sb(III)的吸附过程，分别讨论了吸附反应中 Sb(T)的去除率、Sb(III)的去除率及 Sb(III)的氧化率变化的情况。

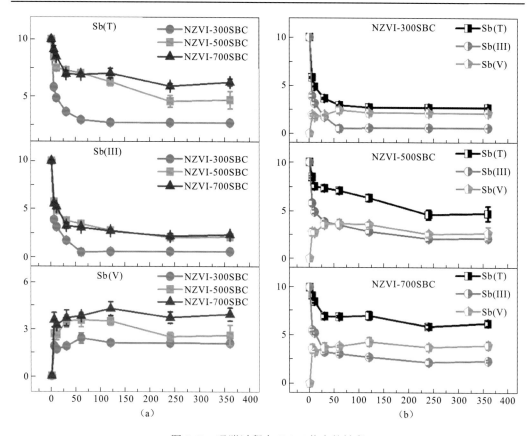

图 5.53 吸附过程中 Sb(III)价态的转变

横坐标为时间（min），纵坐标为浓度（mg/L）

当 Sb(III)的初始浓度为 10 mg/L 时，在缺氧条件时，NZVI-SBC 对 Sb(T)和 Sb(III)的去除能力有所提高，去除率分别由 79.32%和 96.92%提高至 81.61%和 99.14%［图 5.54（a）］，但是氧气对 Sb(III)氧化没有太大影响。当 Sb(III)的初始浓度提高为 20 mg/L 和 30 mg/L 时，对 Sb(T)和 Sb(III)吸附去除影响变化不大，但缺氧条件下，对 Sb(III)的氧化率相对提高。可知，O_2 对 Sb(III)的吸附和氧化过程产生了一定的影响，这种影响程度随着 Sb(III)初始浓度的增加而增大。总的来说，缺氧环境下更好地促进了 Sb(III)的吸附，使水溶液中的 Sb(III)减少，并推进 Sb(III)的氧化，使其转化为毒性较小的 Sb(V)，这说明此材料对地下水中锑污染修复有非常大的潜力。

4. 小结

静态吸附实验的结果分析表明：NZVI-SBC 对 Sb(III)具有很强的吸附能力，在吸附温度为 298 K，吸附剂的投加量为 0.2 g/L，溶液 pH 为 4.8±0.2，吸附反应在 180 min 时达到平衡状态，对 10 mg/LSb(III)的去除率最高可达 96.92%。煅烧温度越高，对 Sb(III)的氧化能力越强，但会降低对 Sb(III)的去除能力。缺氧条件下对高浓度的 Sb(III)吸附和氧化有一定的促进作用。

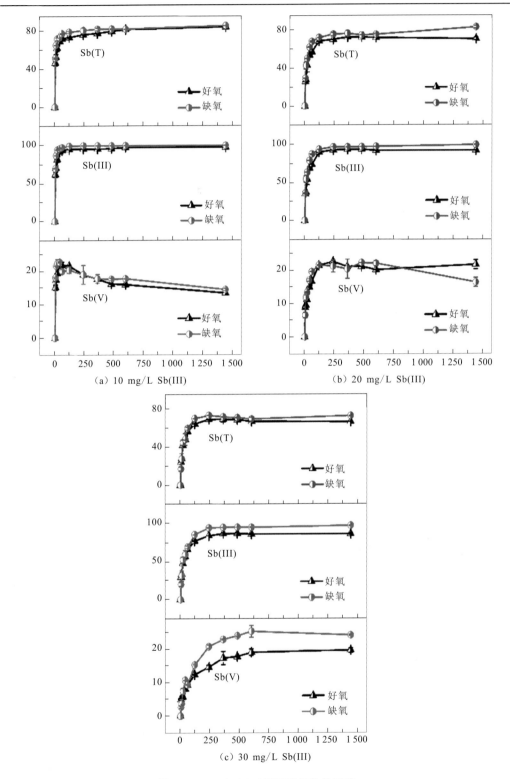

图 5.54 O₂ 对 Sb(III)吸附和氧化的影响

横坐标为时间（min），纵坐标为去除率（%）

5.4.4　NZVI-SBC 对 Sb(III)的吸附热动力学

　　吸附动力学能够表征吸附速度，即单位时间内吸附到单位重量上的物质的量，揭示了生物炭的化学性质和物理特性。本小节采用准一级动力学模型（pseudo-first-order kinetic model）、准二级动力学模型（pseudo-second-order kinetic model）、颗粒内扩散模型（intra-particle diffusion model）、叶洛维奇模型（Elovich model）和 Boyd 模型 5 种模型对 NZVI-SBC 吸附重金属锑的动力学过程进行拟合分析，从而估算其吸附速率，确定其吸附平衡时间，从而探讨其潜在的反应机理。吸附反应是一个动态平衡的过程，当反应达到吸附平衡时，可用等温吸附模型来描述吸附质在溶液和吸附剂表面的分布规律（Tan et al.，2008），进一步了解被吸附的分子或离子是如何与吸附剂表面位点发生相互作用的（Özacar et al.，2008）。等温吸附曲线是指在一定温度下，单位质量吸附剂在液相和固相两相界面上进行的吸附过程处于平衡时的浓度关系曲线。等温吸附和吸附动力学是描述吸附剂吸附行为的重要指标，而热力学评估也是体现吸附剂吸附性能的重要参数。通过对 NZVI-SBC 吸附 Sb(III)的热力学参数进行推算，进而获得 NZVI-SBC 吸附重金属的反应类型。热力学参数包括焓变（ΔH）、熵变（ΔS）和吉布斯自由能（ΔG）。

1. 吸附动力学分析

　　在吸附实验中，吸附动力学是吸附研究的基础，通过确定溶液中 NZVI-SBC 对 Sb(III)的吸附量随时间的变化量，研究 Sb(III)在吸附剂材料-溶液体系中的吸附动力学，从而估算 NZVI-SBC 对 Sb(III)的吸附速率，探讨其潜在的反应机理。图 5.55 是通过准一级动力学模型、准二级动力学模型、颗粒内扩散模型和叶洛维奇模型 4 种模型对 NZVI-SBC 吸附 Sb(III)的动力学特征的线性拟合图，每个模型拟合得出的参数见表 5.19。

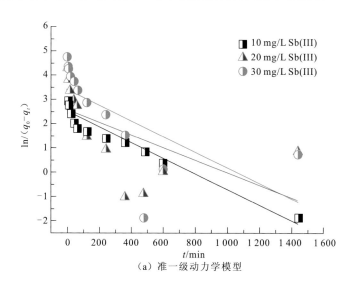

（a）准一级动力学模型

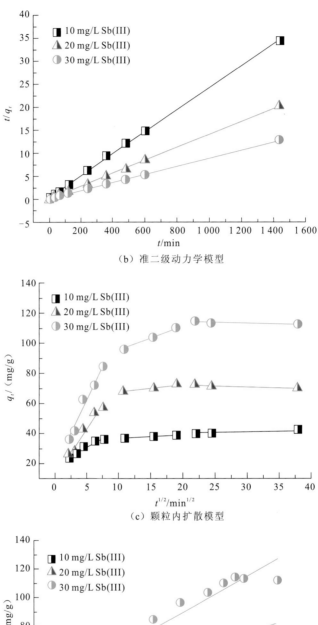

（b）准二级动力学模型

（c）颗粒内扩散模型

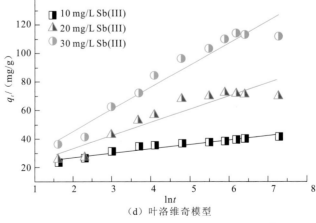

（d）叶洛维奇模型

图 5.55　NZVI-SBC 吸附 Sb(III)的动力学模型的线性拟合

表 5.19　NZVI-SBC 吸附 Sb(III)的动力学参数

动力学模型	参数	Sb(III)的初始浓度/（mg/L）		
		10	20	30
一级动力学模型	K_1/min^{-1}	0.01	0.01	0.01
	$q_{e-级}/（mg/g）$	12.42	13.53	31.28
	$R^2_{二级}$	0.873 1	0.268 7	0.397 6
准二级动力学模型	$k_2/[g/（mg·min）]$	0.001 9	0.000 6	0.000 3
	$q_{e-级}/（mg/g）$	41.82	70.97	113.86
	$q_{e 实验值}/（mg/g）$	41.84	71.48	113.32
	$R^2_{二级}$	0.999 3	0.999 5	0.994 7
颗粒内扩散模型	$h/[g/（mg·min）]$	3.32	3.53	3.89
	$K_{d1}/[mg/（g·min^{1/2}）]$	2.34	6.15	8.88
	C_1	19.02	11.83	16.98
	R^2_1	0.938	0.933	0.960
	$K_{d2}/[mg/（g·min^{1/2}）]$	0.26	0.48	1.67
	C_2	33.79	62.77	78.06
	R^2_2	0.963	0.949	0.997
	$K_{d3}/[mg/（g·min^{1/2}）]$	0.12	−0.12	−0.11
	C_3	37.24	74.50	116.44
	R^2_3	0.867	0.954	0.735
叶洛维奇模型	$α/[mg/（mL·min）]$	2 129.32	47.29	40.54
	$β/（mL/mg）$	0.32	0.11	0.06
	R^2	0.923	0.866	0.938

　　如图 5.55（a）和（b），NZVI-SBC 对 Sb(III)的动力学吸附更符合准二级动力学模型，准二级动力学模型解释了外部液膜扩散、表面吸附和颗粒内扩散过程（Sun et al.，2014；Lei et al.，2013），该模型更为全面且准确地反映了 Sb(III)在 NZVI-SBC 材料上的吸附机理。结合表 5.19 可知，NZVI-SBC 对初始浓度为 10 mg/L、20 mg/L、30 mg/L Sb(III)的吸附动力学拟合的相关性系数 R^2 大小关系依次为：$R^2_{二级}=0.999\,3>R^2_{一级}=0.873\,1$、$R^2_{二级}=0.999\,5>R^2_{一级}=0.268\,7$、$R^2_{二级}=0.994\,7>R^2_{一级}=0.397\,6$。不论 Sb(III)初始浓度的大小，准二级动力学模型拟合的相关系数都要大于准一级动力学模型，说明准二级动力学模型更适合用于描述 NZVI-SBC 对 Sb(III)的吸附。另一方面，由准二级动力学模型拟合得到的平衡吸附容量几乎接近实验中所得的值，而准一级动力学模型拟合得到的值远小于实验值。所以，NZVI-SBC 对 Sb(III)的吸附速率受 Sb(III)与 NZVI-SBC 内官能团两者之间化学作用的影响，同时 Sb(III)在 NZVI-SBC 孔道内的物理扩散也会影响吸附速率，但是前者的化学吸附作用起主要作用，说明 NZVI-SBC 与 Sb(III)之间发生了电子的交换、转移或共有而形成了化学键（Nuhoglu et al.，2009）。另外，表 5.19 中的颗粒内扩散模型参数中 h（初始吸附速率）的值随着 Sb(III)初始浓度从 10 mg/L 增加至 30 mg/L 而由 3.32 g·mg/mL 增加到 3.89 g·mg/mL，这是由于 Sb(III)初始浓度的增加导致 Sb(III)从液相扩散到固相的含量增加（Han et al.，2011）。

在确定 Sb(III)主要是通过化学键被固定吸附在 NZVI-SBC 内部后，进而采用叶洛维奇模型对其动力学特征进行拟合分析，结果见图 5.55（d）：结合表 5.19 中的拟合参数可知，叶洛维奇方程也能较好地拟合 NZVI-SBC 对 Sb(III)的吸附动力学特征，对应不同初始浓度的 Sb(III)（10 mg/L、20 mg/L、30 mg/L），其相关性系数 R^2 分别为 0.923、0.866、0.938。可知 Elovich 模型也可以很好的拟合 Sb(III)在 NZVI-SBC 上的吸附，而 Elovich 模型主要是描述吸附剂表面吸附位点的能量不均匀时发生的吸附动力学过程，所以此吸附是一种非均相扩散过程，而不是一个简单的一级反应（Robati et al.，2016），说明 Sb(III)在 NZVI-SBC 上的吸附是一个由反应速率和扩散一起控制的吸附过程，其结果与准二级动力学模型一致，这与 Fan 等（2016）的实验结果相似。

为了更深入地了解 Sb 在 NZVI-SBC 内的扩散机制，采用颗粒内扩散模型对吸附动力学数据进行拟合分析，结果见图 5.55（c）：q_t-$t^{1/2}$ 分成三段来进行线性拟合，根据表 5.19 可知拟合的相关性系数 R^2 都在 0.735 3～0.996 8，这表明在每一个相应的吸附阶段内颗粒内扩散模型均能很好地模拟 NZVI-SBC 对 Sb(III)的吸附过程，同时也意味着在每一个相应的吸附阶段 NZVI-SBC 表面上均发生了颗粒内扩散。第一阶段内的吸附由于 Sb(III)迅速占领 NZVI-SBC 表面上空的吸附位点而非常之快，第二阶段内的吸附逐渐减慢，是因为 Sb(III)离子通过 NZVI-SBC 吸附剂孔内发生了颗粒内扩散，最后一阶段为吸附平衡阶段。然而，每一吸附阶段的线性拟合都不通过坐标原点，尽管 Sb(III)在 NZVI-SBC 颗粒内的扩散过程是一个主要的控制步骤但不是唯一的限速步骤（Ding et al.，2012；Hu et al.，2011），表明吸附反应中还伴有一些其他的吸附机制（比如表面吸附和液膜扩散机制等（Shi et al.，2014）。

为了预测 NZVI-SBC 吸附 Sb(III)过程中所涉及的真正控制整个吸附速率的阶段，使用 Boyd 模型进一步分析动力学数据。根据 Boyd 模型的理论，如果 B_t-t 图是一条直线并通过坐标原点，则表示吸附过程受粒子内扩散控制，否则，受液膜扩散控制（Khambhaty et al.，2009）。由图 5.56 可知，10 mg/L、20 mg/L、30 mg/L 三个浓度下的拟合线都不通过原点，所以 NZVI-SBC 对 Sb(III)的吸附速率过程主要受液膜扩散控制。

2. 吸附等温线分析

等温吸附可预测 NZVI-SBC 对 Sb(III)的吸附能力，图 5.57 是通过 Freundlich 模型、Langmuir 模型、Temkin 模型和 D-R 模型 4 种模型对 NZVI-SBC 吸附 Sb(III)的等温吸附特性的线性拟合结果图，每个模型拟合得出的参数见表 5.20。

图 5.57（a）～（d）分别为 Langmuir 模型、Freundlich 模型、Temkin 模型和 D-R 模型的拟合结果。可以发现，前两种模型较后两种模型更适合用来描述 NZVI-SBC 对 Sb(III)的吸附。另外，根据表 5.20 中 4 种模型拟合的相关性系数 R^2 表明，Langmuir 模型（$R^2 > 0.81$）和 Freundlich 模型（$R^2 > 0.97$）中的 R^2 值均大于 Temkin 模型（$R^2 < 0.63$）或 D-R 模型（$R^2 < 0.68$）拟合的 R^2 值。也就是说，Langmuir 模型和 Freundlich 模型是更适合于描述 NZVI-SBC 在 NZVI-SBC 上的吸附过程。在本小节中，Temkin 模型拟合后

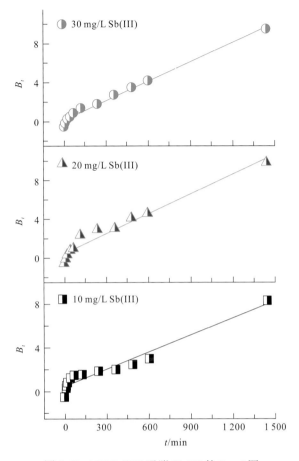

图 5.56　NZVI-SBC 吸附 Sb(III)的 Boyd 图

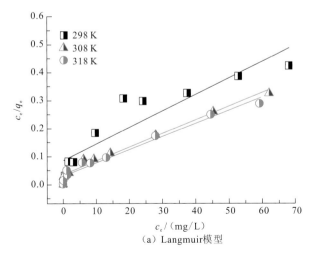

（a）Langmuir模型

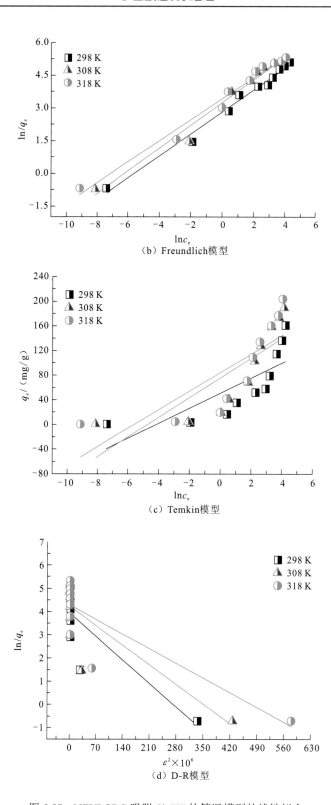

（b）Freundlich模型

（c）Temkin模型

（d）D-R模型

图 5.57　NZVI-SBC 吸附 Sb(III)的等温模型的线性拟合

表 5.20　等温吸附模型线性相关分析及参数值

等温吸附模型	参数	温度/K		
		298	308	318
Langmuir 模型	k_L/（L/mg）	0.07	0.13	0.15
	q_m/（mg/g）	169.49	208.33	212.77
	R^2	0.819	0.974	0.967
Freundlich 模型	K_f/（L/mg）	16.83	25.11	30.48
	n	1.98	1.92	2.08
	R^2	0.988	0.983	0.979
Temkin 模型	k_T/（L/mg）	67.07	110.57	246.96
	b_T	203.42	160.49	174.63
	R^2	0.56	0.63	0.61
D-R 模型	q_m/（mg/g）	52.66	67.95	72.64
	B/（mol²/kJ²）	0.01	0.01	0.01
	R^2	0.669	0.647	0.677

的相关性系数 $R^2 < 0.63$，而 Temkin 模型主要是将吸附机制归于静电相互作用，所以静电相互作用不是 NZVI-SBC 吸附 Sb(III)的重要机制，因为 Sb(III)在溶液 pH 为 2～10.4 范围内主要以中性分子的形式存在。D-R 等温线模型拟合后的相关性系数 $R^2 < 0.68$，而 D-R 等温线模型是用来描述吸附是吸附质填充吸附剂孔的过程，所以再次证明了 Sb(III)在 NZVI-SBC 上的吸附不是单纯的物理吸附，与动力学拟合的结果相吻合。

通过表 5.20 中的数据可知，在 Langmuir 模型中，随着吸附温度的上升，NZVI-SBC 对 Sb(III)的吸附容量也在增加，在 318 K 时，最大可达到 212.77 mg/g，意味着提高反应温度促进了 NZVI-SBC 对 Sb(III)去除（Ding et al.，2015）。另外，Langmuir 中的参数 K_L=0.069 3（298 K）＜0.130 4（308 K）＜0.153 4（318 K），表明温度越高该吸附剂对污染物的亲和力越强（龚志莲 等，2014），也说明该吸附反应为吸热反应，而 R_L 值都在 0～1，也可证明吸附反应是容易进行的，且在该范围内，R_L 值越大越利于吸附（Liu et al.，2013）。尽管 NZVI-SBC 对 Sb(III)的吸附量是随着 Sb(III)初始浓度的增加而增大的，但是 NZVI-SBC 对 Sb(III)的吸附量是随着 Sb(III)初始浓度的增加而下降的。这是因为 R_L 值随着 Sb(III)初始浓度的增加而越小（图 5.58），即溶液中的 Sb(III)越来越多，而 NZVI-SBC 上空着的吸附位点越来越少，那些还未被 Sb(III)霸占的吸附位点与 Sb(III)的增加量不成正比，也就是说随着 Sb(III)含量的增加，NZVI-SBC 上的吸附位点总会达到饱和状态。

在给定的三个反应温度下，见表 5.20 中的相关性系数 R^2 值，Langmuir 模型（R^2＝0.819、0.974、0.967）都要小于 Freundlich 模型（R^2＝0.988、0.983、0.979）。但是在 308 K 和 318 K 两个温度下相差不大，说明在 298 K 较低的温度下 Freundlich 模型比 Langmuir 模型更适合用来描述 Sb(III)在 NZVI-SBC 上的吸附，Sb(III)在 NZVI-SBC 上的吸附为多层非均相吸附，这与动力学模型中的 Elovich 模型的结果相呼应；升高温度后这两个模型都适合于描述 NZVI-SBC 对 Sb(III)的吸附，表明 Sb(III)在 NZVI-SBC 上即发生了多层吸附也发生了单层吸附，以多层吸附为主；在三个温度的吸附反应中，Langmuir 模型拟合的参数 $1/n<1$，说明升高反应温度有利于吸附反应。

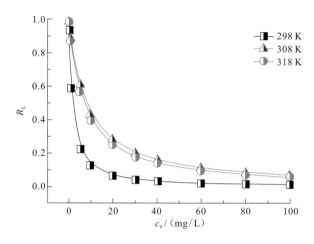

图 5.58　初始浓度值对 NZVI-SBC 吸附 Sb(III)中 R_L 值的影响

3. 吸附热力学分析

为了进一步评估 NZVI-SBC 吸附 Sb(III)的热力学性质并确认吸附过程的性质，研究了温度对吸附的影响，以 $1/T$ 为横坐标 $\ln K$ 为纵坐标作图并进行线性拟合的结果图，表 5.21 则是推算出的热力学参数。

表 5.21　NZVI-SBC 吸附 Sb(III)的热力学参数

T/K	$\Delta G/$（kJ/mol）	$\Delta H/$（kJ/mol）	$\Delta S/[J/$（mol·K）]
298	-7.07		
308	-8.10	23.47	102.48
318	-9.12		

由表 5.21 可知，吸附过程的反应焓变 $\Delta H = 23.47\,kJ/mol > 0$，说明 Sb(III)在 NZVI-SBC 上的吸附过程是吸热过程，升温有利于吸附反应的进行，在初始浓度相同的情况下，吸附反应平衡时的吸附容量随温度的升高而呈增加趋势。吸附过程中的熵变 $\Delta S=102.48\,J/$（mol·K）>0，这说明 NZVI-SBC 对 Sb(III)的吸附过程为熵增大的过程，即体系的反应向着混乱度增大的方向进行。另外，吸附过程的吉布斯自由能 $\Delta G<0$，表明吸附剂 NZVI-SBC 对 Sb(III)的吸附过程是自发进行的，且 ΔG 的绝对值大小随着温度的升高而增大，这表明吸附过程中的推动力随着温度的升高而增大，即升高温度有利吸附反应的进行，这与焓变 ΔH 结论一致。

参 考 文 献

艾桃桃, 2008. 水滑石类插层材料的制备技术及应用. 陶瓷, 11: 26-31.

柏松, 2014. 农林废弃物在重金属废水吸附处理中的研究进展. 环境科学与技术, 37: 94-98.

陈飞, 王罗春, 武文燕, 等, 2014. 2006～2012 年中国城市水源地突发性水污染事件的统计分析. 上海电力学院学报, 30: 62-70.

陈温福, 张伟明, 孟军, 2013. 农用生物炭研究进展与前景. 中国农业科学, 46: 3324-3333.

崔自敏, 2011. 铁铝复合吸附剂共除地下水中砷和氟的研究. 哈尔滨: 哈尔滨工业大学.

范美蓉, 罗琳, 廖育林, 等, 2010. 赤泥在土壤重金属污染治理和农业生产中的应用. 土壤通报, 41: 1531-1536.

范美蓉, 罗琳, 廖育林, 等, 2011. 赤泥施用量对 Cd 污染稻田水稻产量和土壤生物性状的影响. 水土保持学报, 25: 181-185.

范美蓉, 罗琳, 廖育林, 等, 2012a. 赤泥使用量对 Cd 污染稻田水稻生长的影响和修复机理. 安全与环境学报, 12: 36-41.

范美蓉, 罗琳, 廖育林, 等, 2012b. 赤泥对重金属污染稻田土壤 Pb、Zn 和 Cd 的修复效应研究. 安徽农业科学, 40: 3298-3300, 3330.

范美蓉, 罗琳, 廖育林, 等, 2012c. 赤泥施用量对镉污染稻田水稻生长和镉形态转化的影响. 植物营养与肥料学报, 18: 390-396.

范美蓉, 罗琳, 廖育林, 等, 2014. 赤泥与猪粪配施对水稻抗氧化酶系统及镉吸收效果的影响. 水土保持学报, 28: 281-288.

冯春瑶, 2000. 层状固体碱型化合物的结构与吸附性能研究. 北京: 北京化工大学.

龚志莲, 李勇, 陈钰, 等, 2014. 改性小麦秸秆吸附 Cu^{2+} 的动力学和热力学研究. 地球与环境, 42: 561-566.

何宏平, 郭九泉, 谢先德, 等, 1999. 蒙脱石等粘土矿物对重金属离子吸附选择性的实验研究. 矿物学报 (2): 3-5.

何清泉, 2015. 活性氧化铝多孔介质制备及其吸附性能的研究. 武汉: 武汉工程大学.

胡伟斌, 罗琳, 张琪, 等, 2017. 磁性水滑石对 Cd (II)的吸附性能. 广东化工, 44: 17-19.

黄红丽, 魏东宁, 李冰玉, 等, 2018. 一种纳米零价铁污泥基生物质炭的制备方法及其应用: 中国, CN108854959A. 2018-11-23.

蒋丽, 谌建宇, 李小明, 等, 2011. 粉煤灰陶粒对废水中磷酸盐的吸附试验研究. 环境科学学报, 31(7): 1413-1420.

客绍英, 石洪凌, 刘冬莲. 2005. 锑的污染及其毒性效应和生物有效性. 化学世界, 46(6): 382-384.

李方文, 吴小爱, 许中坚, 等, 2009. 涂铁多孔陶瓷对水中亚甲基蓝的动态吸附. 环境工程学报(3): 385-390.

李蕾, 2002. 类水滑石材料新制备方法及结构与性能的理论研究. 北京: 北京化工大学.

李士杏, 骆永明, 章海波, 等, 2012. 不同性质铁铝土对砷酸根吸附特性的比较研究. 土壤学报, 49: 474-480.

李雅贞, 罗琳, 晏洪铃, 等, 2015. 含磷材料对矿区铅镉污染土壤重金属形态转化的影响. 环境工程学报, 9: 2469-2472.

辽宁省地质局, 1977. 矿物 X 射线鉴定表. 北京: 地质出版社.

廖岳华, 2008. 施氏矿物的生物合成及去除水中砷的效果与机理研究. 南京: 南京农业大学.

廖岳华, 周立祥, 2007. 极端酸性环境下形成的施威特曼石 (Schwertmannite) 及其环境学意义. 岩石矿物学杂质, 26: 177-183.

刘艳, 罗琳, 罗惠莉, 等, 2011. 赤泥颗粒对韭菜吸收污染土壤中铅锌的抑制效应研究. 农业环境科学学报, 30: 289-294.

刘晓龙, 张宏, 2018. 纳米零价铁在污水处理中的应用及研究进展. 化工管理, 4: 90-91.

陆军, 刘晓磊, 史文颖, 等, 2008. 水滑石类插层组装功能材料. 石油化工, 37: 539-547.

罗惠莉, 黄圣生, 罗琳, 等, 2011a. 赤泥基颗粒对铅污染土壤的原位稳定化修复. 中南大学学报(自然科学版), 42: 1819-1824.

罗惠莉, 黄圣生, 罗琳, 等, 2011b. 赤泥-磷复合颗粒用于矿区污土中铅化学固定的效应分析. 中国有色金属学报, 21: 2277-2284.

罗惠莉, 罗琳, 刘艳, 等, 2013. 一种赤泥基氮磷缓控释剂及其制备方法: 中国, CN103242101A. 2013-08-14.

罗琳, 罗慧莉, 魏建宏, 等, 2011. 一种利用颗粒化复合赤泥修复重金属污染土壤的方法: 中国, CN102172606A. 2011-09-07.

罗琳, 罗惠莉, 刘艳, 等, 2013. 一种赤泥复合材料及其对土壤的修复方法: 中国, CN103272836A. 2013-09-04.

罗琳, 孟成奇, 张嘉超, 等, 2016. 一种吸附三价砷的铁铝复合材料及其应用: 中国, CN105944655A. 2016-09-21.

罗琳, 张琪, 魏建宏, 等, 2015. 一种磁改性水滑石及其制备方法和应用: 中国, CN104707563A. 2015-06-17.

马龙, 李国忠, 2013. 赤泥轻质陶粒的制备. 砖瓦, 1: 54-55.

孟成奇, 魏建宏, 罗琳, 等, 2017. 铁铝复合材料对水中三价砷的去除效果研究. 矿冶工程, 37: 84-87, 90.

牟海燕, 2015. 施氏矿物对水体中 As(V) 和 Cr(VI) 同步去除试验研究. 重庆: 重庆大学.

饶婵, 2012. 天然植物油菜秸秆与内生菌联合修复镉污染废水的研究. 长沙: 湖南大学.

邵彬彬, 关一奕, 吴德礼, 2016. 结构态亚铁羟基化合物原位矿物转化除砷性能研究. 四川环境, 35(5): 13-19.

石荣, 贾永锋, 王承智, 2007. 土壤矿物质吸附砷的研究进展. 土壤通报, 38: 584-589.

宋国君, 孙良栋, 李培耀, 等, 2008. 水滑石的合成, 改性及其在功能复合材料中的应用. 材料导报, 22: 53-57.

宋书巧, 吴浩东, 蓝唯源, 2008. 土壤锑污染对桑树的影响初探. 资源开发市场, 24: 1-3.

谭光群, 袁红雁, 刘勇, 等, 2011. 小麦秸秆对水中 Pb(II) 和 Cd(II) 的吸附特性. 环境科学, 32: 2298-2304.

汤晓欢, 李剑超, 毛勇, 等, 2014. 催化湿式氧化复合催化剂对偶氮染料废水的降解. 环境化学, 33: 341-348.

田杰, 罗琳, 范美蓉, 等, 2012. 赤泥对污染土壤中 Cd, Pb 和 Zn 形态及水稻生长的影响. 土壤通报, 43:

195-199.

王芳, 罗琳, 易建龙, 等, 2015. 赤泥陶粒处理含三价锑 Sb(III)废水的工艺. 净水技术, 34: 54-59, 69.

王芳, 罗琳, 易建龙, 等, 2016. 赤泥质陶粒吸附模拟酸性废水中铜离子的行为. 环境工程学报, 10: 2440-2446.

王军涛, 徐芳, 2014. MgZnAl-EDTA 柱撑水滑石的制备及其对 Pb (II) 的吸附. 化学研究与应用, 26(4): 581-585.

王小娟, 岳钦艳, 赵频, 等, 2013. 赤泥颗粒吸附剂对重金属 Cd(II)和 Pb(II)吸附性能研究. 工业水处理, 33: 61-64.

魏东宁, 杜淑雯, 罗琳, 等, 2018. 改性吸附剂对水中 Cu(II)的去除效果研究. 矿冶工程, 38: 94-97, 101.

魏建宏, 范美蓉, 廖育林, 等, 2013. 赤泥施用量在铅锌矿区土壤-水稻系统中的改良效应. 土壤通报, 44: 723-729.

魏建宏, 罗琳, 范美蓉, 等, 2009. 赤泥不同施用量在土壤-水稻系统中生态效应的研究. 湖南农业科学, 10: 39-42.

魏建宏, 罗琳, 刘艳, 等, 2012. 赤泥颗粒和赤泥对污染土壤镉形态分布及水稻吸收的效应. 农业环境科学学报, 31: 318-324.

巫昊峰, 2009. 绿色陶粒及其透水混凝土研究. 长沙: 中南大学.

武玉, 徐刚, 吕迎春, 等, 2014. 生物炭对土壤理化性质影响的研究进展. 地球科学进展, 29: 68-79.

席永慧, 赵红, 2004. 粉煤灰及膨润土对 Ni^{2+}, Zn^{2+}, Cd^{2+}, Pb^{2+} 的吸附研究. 粉煤灰综合利用, 3: 3-6.

肖利萍, 李莹, 郭悦, 等, 2016. 赤泥复合颗粒对 Fe^{2+} 和 Mn^{2+} 的吸附-聚沉性能. 非金属矿, 39: 23-25.

熊佰炼, 2009. 甘蔗渣吸附废水中 Cd^{2+} 和 Cr^{3+} 的研究. 重庆: 西南大学.

易建龙, 罗琳, 肖圆, 等, 2015. 一种用于废水处理的赤泥复合材料及其制备方法与应用: 中国, CN104941572A. 2015-09-30.

曾虹燕, 冯震, 廖凯波, 等, 2008. Mg-Al 水滑石的制备及其催化合成丙二醇单甲醚的性能. 石油化工, 37: 788-792.

张道勇, 潘响亮, 宋颖霞, 等, 2009. 零价铁去除水中锑(Sb)的研究. 地球与环境, 37: 315-318.

张琪, 罗琳, 李雅贞, 等, 2014. LDHs 材料在环境污染治理中的应用. 广东化工, 41: 138-139.

张琪, 罗琳, 张嘉超, 等, 2015. 磁性水滑石快速吸附水体中 Cu(II)离子. 环境工程学报, 9: 4339-4344.

张树国, 吴志超, 张善发, 等, 2004. 上海市污水处理厂污泥处置对策研究. 环境工程, 22: 75-78.

张效宁, 王华, 胡建杭, 等, 2006. 金属基复合材料研究进展. 云南冶金, 50: 476-487.

张滢, 张景成, 崔自敏, 等, 2012. 铝基吸附剂去除饮用水中氟的研究进展. 环境科学与技术, 35: 93-98.

张志旭, 罗琳, 许振成, 2017. 磁性污泥炭在四环素降解中的应用研究. 农业环境科学学报, 36: 777-782.

赵维梅, 2010. 环境中砷的来源及影响. 科技资讯, 8: 146.

赵雅光, 万俊锋, 王杰, 等, 2015. 零价铁(ZVI)去除水中的 As (III). 化工学报, 66: 730-737.

钟琼, 李欢, 2014. Mg/Al 水滑石微波共沉淀法合成及其对 BrO_3^- 吸附性能的研究. 环境科学, 35: 1566-1575.

仲崇娜, 2007. 阴离子柱撑磁性二元水滑石的制备与表征. 哈尔滨: 哈尔滨工程大学.

周睿, 魏建宏, 罗琳, 等, 2017. 赤泥添加对石灰性土壤中 Pb、Cd 形态分布及小麦根系的影响. 环境工程学报, 11: 2560-2567.

AGRAFIOTI E, KALDERIS D, DIAMADOPOULOS E, 2014. Ca and Fe modified biochars as adsorbents of arsenic and chromium in aqueous solutions. Journal of Environmental Management, 146: 444-450.

AHMAD M, LEE S S, LIM J E, et al., 2014. Speciation and phytoavailability of lead and antimony in a small arms range soil amended with mussel shell, cow bone and biochar: EXAFS spectroscopy and chemical extractions. Chemosphere, 95(1): 433-441.

BARRINGER J L, SZABO Z, WILSON T P, et al., 2011. Distribution and seasonal dynamics of arsenic in a shallow lake in northwestern New Jersey, USA. Environmental Geochemistry and Health, 33(1): 1-22.

BASTI H, TAHAR L B, SMIRI L, et al., 2010. Catechol derivatives-coated Fe_3O_4 and γ-Fe_2O_3 nanoparticles as potential MRI contrast agents. Journal of Colloid and Interface Science, 341(2): 248-254.

BENAVENTE M, MORENO L, MARTINEZ J, 2011. Sorption of heavy metals from gold mining wastewater using chitosan. Journal of the Taiwan Institute of Chemical Engineers, 42(6): 976-988.

BUSS W, GRAHAM M C, SHEPHERD J G, et al., 2016. Suitability of marginal biomass-derived biochars for soil amendment. Science of the Total Environment, 547: 314-322.

CAI M, HU J, LIAN G, et al., 2018. Synergetic pretreatment of waste activated sludge by hydrodynamic cavitation combined with Fenton reaction for enhanced dewatering. Ultrasonics Sonochemistry, 42: 609-618.

CHAUHAN D, DWIVEDI J, SANKARARAMAKRISHNAN N, 2014. Novel chitosan/PVA/zerovalent iron biopolymeric nanofibers with enhanced arsenic removal applications. Environmental Science & Pollution Research, 21(15): 9430-9442.

DAVIS T A, VOLESKY B, MUCCI A, 2003. A review of the biochemistry of heavy metal biosorption by brown algae. Water Research, 37(18): 4311-4330.

DENG H, LI X, PENG Q, et al., 2005. Monodisperse magnetic single‐crystal ferrite microspheres. Angewandte Chemie, 117(18): 2842-2845.

DENG L, SHI Z, PENG X, 2015. Adsorption of Cr (VI) onto a magnetic $CoFe_2O_4$/MgAl-LDH composite and mechanism study. RSC Advances, 5(61): 49791-49801.

DEVI P, SAROHA A K, 2014. Synthesis of the magnetic biochar composites for use as an adsorbent for the removal of pentachlorophenol from the effluent. Bioresource Technology, 169(5): 525-531.

DING C, CHENG W, SUN Y, et al., 2015. Effects of Bacillus subtilis on the reduction of U(VI) by nano-Fe^0. Geochimica Et Cosmochimica Acta, 165: 86-107.

DING L, WU C, DENG H, et al., 2012. Adsorptive characteristics of phosphate from aqueous solutions by MIEX resin. Journal of Colloid and Interface Science, 376(1): 224-232.

DO X H, LEE B K, 2013. Removal of Pb^{2+} using a biochar-alginate capsule in aqueous solution and capsule regeneration. Journal of Environmental Management, 131: 375-382.

DORJEE P, AMARASIRIWARDENA D, XING B, 2014. Antimony adsorption by zero-valent iron nanoparticles (nZVI): ion chromatography-inductively coupled plasma mass spectrometry (IC-ICP-MS) study. Microchemical Journal, 116: 15-23.

FAN M, 2006. Synthesis, properties, and environmental applications of nanoscale iron-based materials: a review. Critical Reviews in Environmental Science & Technology, 36(5): 405-431.

FAN S, TANG J, WANG Y, et al., 2016. Biochar prepared from co-pyrolysis of municipal sewage sludge and tea waste for the adsorption of methylene blue from aqueous solutions: Kinetics, isotherm, thermodynamic and mechanism. Journal of Molecular Liquids, 220: 432-441.

FERNANDEZ J M, BARRIGA C, ULIBARRI M A, et al., 1994. Preparation and thermal stability of manganese-containing hydrotalcite,[$Mg_{0.75}Mn_{0.04}Mn_{0.21}(OH)_2](CO_3)_{0.11} \cdot nH_2O$. Journal of Materials Chemistry, 4(7): 1117-1121.

FIELD J L, KESKE C M H, BIRCH G L, et al., 2013. Distributed biochar and bioenergy coproduction: A regionally specific case study of environmental benefits and economic impacts. Global Change Biology Bioenergy, 5(2): 177-191.

FU F, CHENG Z, DIONYSIOU D D, et al., 2015. Fe/Al bimetallic particles for the fast and highly efficient removal of Cr (VI) over a wide pH range: Performance and mechanism. Journal of Hazardous Materials, 298: 261-269.

FU F, DIONYSIOU D D, HONG L, 2014. The use of zero-valent iron for groundwater remediation and wastewater treatment: A review. Journal of Hazardous Materials, 267(3): 194-205.

GOSWAMI R, SHIM J, DEKA S, et al., 2016. Characterization of cadmium removal from aqueous solution by biochar produced from Ipomoea fistulosa at different pyrolytic temperatures. Ecological Engineering, 97: 444-451.

GOTIĆ M, MUSIĆ S, 2007. Mössbauer, FT-IR and FE SEM investigation of iron oxides precipitated from $FeSO_4$ solutions. Journal of Molecular Structure, 834: 445-453.

HALTER W E, PFEIFER H R, 2001. Arsenic (V) adsorption onto α-Al_2O_3 between 25 and 70 ℃. Applied Geochemistry, 16(7-8): 793-802.

HAN X, WANG W, MA X, 2011. Adsorption characteristics of methylene blue onto low cost biomass material lotus leaf. Chemical Engineering Journal, 171(1): 1-8.

HE Q, ZENG X, 2008. Form transformation of arsenic in soil and corresponding analyzing methods. The Journal of Applied Ecology, 19(12): 2763-2768.

HERATH I, VITHANAGE M, BUNDSCHUH J, 2017. Antimony as a global dilemma: Geochemistry, mobility, fate and transport. Environmental Pollution, 223: 545-559.

HU X J, WANG J S, LIU Y G, et al., 2011. Adsorption of chromium (VI) by ethylenediamine-modified cross-linked magnetic chitosan resin: Isotherms, kinetics and thermodynamics. Journal of Hazardous Materials, 185(1): 306-314.

HUI L, YAN L, YAOYU Z, et al., 2018. Effects of red mud based passivator on the transformation of Cd fraction in acidic Cd-polluted paddy soil and Cd absorption in rice. Science of the Total Environment, 640-641: 736-745.

INYANG M, GAO B, YAO Y, et al., 2012. Removal of heavy metals from aqueous solution by biochars derived from anaerobically digested biomass. Bioresour Technology, 110(2): 50-56.

JABEEN H, CHANDRA V, JUNG S, et al., 2011. Enhanced Cr(VI) removal using iron nanoparticle decorated graphene. Nanoscale, 3(9): 3583-3585.

JAIN R, SIMHA R, 1979. On the equation of state of crystalline polyvinylidene fluoride. Journal of Materials Science, 14(11): 2645-2649.

JIANG T, MA X, TANG Q, et al., 2016. Combined use of nitrification inhibitor and struvite crystallization to reduce the NH_3 and N_2O emissions during composting. Bioresource Technology, 217: 210-218.

JIAYI T, LIHUA Z, JIACHAO Z, et al., 2020. Physicochemical features, metal availability and enzyme activity in heavy metal-polluted soil remediated by biochar and compost. Science of the Total Environment, 701: 134751.

JIN H, HANIF M U, CAPAREDA S, et al., 2016. Copper(II) removal potential from aqueous solution by pyrolysis biochar derived from anaerobically digested algae-dairy-manure and effect of KOH activation. Journal of Environmental Chemical Engineering, 4(1): 365-372.

JOHNSON B B, 1990. Effect of pH, temperature, and concentration on the adsorption of cadmium on goethite. Environmental Science & Technology, 24(1): 112-118.

JUBB A M, ALLEN H C, 2010. Vibrational spectroscopic characterization of hematite, maghemite, and magnetite thin films produced by vapor deposition. Acs Applied Materials & Interfaces, 2(10): 2804-2812.

KAMINSKY R, CONNER W, MAGLARA E, 1994. A direct assessment of mean-field methods of determining pore size distributions of microporous media from adsorption isotherm data. Langmuir, 10(5): 1556-1565.

KANG Y S, RISBUD S, RABOLT J F, et al., 1996. Synthesis and characterization of nanometer-size Fe_3O_4 and γ-Fe_2O_3 particles. Chemistry of Materials, 8(9): 2209-2211.

KHAMBHATY Y, MODY K, BASHA S, et al., 2009. Kinetics, equilibrium and thermodynamic studies on biosorption of hexavalent chromium by dead fungal biomass of marine Aspergillus niger. Chemical Engineering Journal, 145(3): 489-495.

KIRI A M, DAVE C A, MCQUILLAN A J, 2007. ATR-IR spectroscopic study of antimonate adsorption to iron oxide. Langmuir the Acs Journal of Surfaces & Colloids, 23(24): 12125-12130.

KRAMER R W, AND E B K, HATCHER P G, 2004. Identification of black carbon derived structures in a volcanic ash soil humic acid by fourier transform ion cyclotron resonance mass spectrometry. Environmental Science & Technology, 38(12): 3387-3395.

LAIRD D A, FLEMING P, DAVIS D D, et al., 2014. Impact of biochar amendments on the quality of a typical Midwestern agricultural soil. Geoderma, 158(3): 443-449.

LEE S M, LALDAWNGLIANA C, TIWARI D, 2012. Iron oxide nano-particles-immobilized-sand material in the treatment of Cu (II), Cd (II) and Pb (II) contaminated waste waters. Chemical Engineering Journal, 195: 103-111.

LEHMANN J, JOSEPH S, 2009. Biochar for environmental management: An introduction. Biochar for Environmental Management: Science and Technology(1): 1-12.

LEI S, WAN S, LUO W, 2013. Biochars prepared from anaerobic digestion residue, palm bark, and eucalyptus for adsorption of cationic methylene blue dye: Characterization, equilibrium, and kinetic studies.

Bioresource Technology, 140(2): 406-413.

LI W H, YUE Q Y, GAO B Y, et al., 2011. Preparation and utilization of sludge-based activated carbon for the adsorption of dyes from aqueous solutions. Chemical Engineering Journal, 171(1): 320-327.

LI X, LIU S, NA Z, et al., 2013. Adsorption, concentration, and recovery of aqueous heavy metal ions with the root powder of Eichhornia crassipes. Ecological Engineering, 60(6): 160-166.

LIN C H, SHIH Y H, MACFARLANE J, 2015. Amphiphilic compounds enhance the dechlorination of pentachlorophenol with Ni/Fe bimetallic nanoparticles. Chemical Engineering Journal, 262: 59-67.

LIU D, LEI J H, GUO L P, et al., 2012. One-pot aqueous route to synthesize highly ordered cubic and hexagonal mesoporous carbons from resorcinol and hexamine. Carbon, 50(2): 476-487.

LIU L, LIN Y, LIU Y, et al., 2013. Removal of methylene blue from aqueous solutions by sewage sludge based granular activated carbon: Adsorption equilibrium, kinetics, and thermodynamics. Journal of Chemical & Engineering Data, 58(8): 2248-2253.

MALL I D, SRIVASTAVA V C, AGARWAL N K, et al., 2005. Removal of congo red from aqueous solution by bagasse fly ash and activated carbon: kinetic study and equilibrium isotherm analyses. Chemosphere, 61(4): 492-501.

MALLAMPATI R, VALIYAVEETTIL S, 2013. Apple peels-A versatile biomass for water purification? Acs Applied Materials & Interfaces, 5(10): 4443-4449.

MAO Q, ZHOU Y, YANG Y, et al., 2019. Experimental and theoretical aspects of biochar-supported nanoscale zero-valent iron activating H_2O_2 for ciprofloxacin removal from aqueous solution. Journal of Hazardous Materials, 380: 120848.

MATSCHULLAT J, 2000. Arsenic in the geosphere: A review. Science of the Total Environment, 249(1-3): 297-312.

MENG Y, GU D, ZHANG F, et al., 2006. A family of highly ordered mesoporous polymer resin and carbon structures from organic-organic self-assembly. Chemistry of Materials, 18(18): 4447-4464.

MILLER F A, WILKINS C H, 1952. Infrared spectra and characteristic frequencies of inorganic ions. Analytical Chemistry, 24(8): 1253-1294.

MING Z, GAO B, YING Y, et al., 2012. Synthesis, characterization, and environmental implications of graphene-coated biochar. Science of the Total Environment, 435-436(7): 567-572.

MINGYUE L, LIHENG R, JIACHAO Z, et al., 2019. Population characteristics and influential factors of nitrogen cycling functional genes in heavy metal contaminated soil remediated by biochar and compost. Science of the Total Environment, 651: 2166-2174.

MISHRA S, DWIVEDI J, KUMAR A, et al., 2016a. Removal of antimonite (Sb(III)) and antimonate (Sb(V)) using zerovalent iron decorated functionalized carbon nanotubes. RSC Advances, 6(98): 95865-95878.

MISHRA S, DWIVEDI J, KUMAR A, et al., 2016b. The synthesis and characterization of tributyl phosphate grafted carbon nanotubes by the floating catalytic chemical vapor deposition method and their sorption behavior towards uranium. New Journal of Chemistry, 40(2): 1213-1221.

MITTAL V K, BERA S, NARASIMHAN S V, et al., 2013. Adsorption behavior of antimony(III) oxyanions on magnetite surface in aqueous organic acid environment. Applied Surface Science, 266(2): 272-279.

MOHAMED B A, ELLIS N, KIM C S, et al., 2016. Engineered biochar from microwave-assisted catalytic pyrolysis of switchgrass for increasing water-holding capacity and fertility of sandy soil. Science of the Total Environment, 566-567: 387-397.

MOHAN D, SARSWAT A, OK Y S, et al., 2014. Organic and inorganic contaminants removal from water with biochar, a renewable, low cost and sustainable adsorbent-a critical review. Bioresource Technology, 160(5): 191-202.

MOORE D M, REYNOLDS R C, 1989. X-ray diffraction and the identification and analysis of clay minerals. Oxford: Oxford university press.

MUELLER N C, BRAUN J, BRUNS J, et al., 2012. Application of nanoscale zero valent iron (NZVI) for groundwater remediation in Europe. Environmental Science & Pollution Research International, 19(2): 550-558.

NRIAGU J O, 1989. A global assessment of natural sources of atmospheric trace metals. Nature, 338(6210): 47.

NUHOGLU Y, MALKOC E, 2009. Thermodynamic and kinetic studies for environmentally friendly Ni(II) biosorption using waste pomace of olive oil factory. Bioresource Technology, 100(8): 2375-2380.

ÖZACAR M, ŞENGIL İ A, T RKMENLER H, 2008. Equilibrium and kinetic data, and adsorption mechanism for adsorption of lead onto valonia tannin resin. Chemical Engineering Journal, 143(1-3): 32-42.

PANOV G I, STAROKON E V, PIRUTKO L V, et al., 2008. New reaction of anion radicals O- with water on the surface of FeZSM-5. Journal of Catalysis, 254(1): 110-120.

PENG H, LIU G, DONG X, et al., 2011. Preparation and characteristics of $Fe_3O_4@$ YVO_4: Eu^{3+} bifunctional magnetic-luminescent nanocomposites. Journal of Alloys and Compounds, 509(24): 6930-6934.

QI P, PICHLER T, 2016. Sequential and simultaneous adsorption of Sb(III) and Sb(V) on ferrihydrite: implications for oxidation and competition. Chemosphere, 145: 55-60.

RAHMAN M A, HASEGAWA H, 2012. Arsenic in freshwater systems: Influence of eutrophication on occurrence, distribution, speciation, and bioaccumulation. Applied Geochemistry, 27(1): 304-314.

REICHLE W T, KANG S Y, EVERHARDT D S, 1986. ChemInform abstract: The nature of the thermal decomposition of a catalytically active anionic clay mineral. Cheminform, 101(2): 352-359.

ROBATI D, RAJABI M, MORADI O, et al., 2016. Kinetics and thermodynamics of malachite green dye adsorption from aqueous solutions on graphene oxide and reduced graphene oxide. Journal of Molecular Liquids, 214: 259-263.

SARKAR A, PAUL B, 2016. The global menace of arsenic and its conventional remediation: A critical review. Chemosphere, 158: 37-49.

SCHAPER H, BERG-SLOT J, STORK W, 1989. Stabilized magnesia: A novel catalyst (support) material. Applied Catalysis, 54(1): 79-90.

SCHUSTER J, HE G, MANDLMEIER B, et al., 2012. Spherical ordered mesoporous carbon nanoparticles with high porosity for lithium–sulfur batteries. Angewandte Chemie International Edition, 51(15): 3591-3595.

SEN G S, BHATTACHARYYA K G, 2011. Kinetics of adsorption of metal ions on inorganic materials: A review. Advances in Colloid and Interface Science, 162(1-2): 39-58.

SHAN C, MA Z, TONG M, 2014. Efficient removal of trace antimony(III) through adsorption by hematite modified magnetic nanoparticles. Journal of Hazardous Materials, 268(3): 229-236.

SHI L, ZHANG G, WEI D, et al., 2014. Preparation and utilization of anaerobic granular sludge-based biochar for the adsorption of methylene blue from aqueous solutions. Journal of Molecular Liquids, 198(1): 334-340.

SOHI S P, 2012. Carbon storage with benefits. Science, 338(6110): 1034-1035.

SOLEYMANZADEH M, ARSHADI M, SALVACION J W L, et al., 2015. A new and effective nanobiocomposite for sequestration of Cd(II) ions: Nanoscale zerovalent iron supported on sineguelas seed waste. Chemical Engineering Research & Design, 93(7): 696-709.

STEFANIUK M, OLESZCZUK P, YONG S O, 2016. Review on nano zerovalent iron (nZVI): From synthesis to environmental applications. Chemical Engineering Journal, 287: 618-632.

SUDARSAN V, MUTHE K P, VYAS J C, et al., 2002. PO_4^{3-} tetrahedra in $SbPO_4$ and $SbOPO_4$: a ^{31}P NMR and XPS study. Journal of Alloys & Compounds, 336(1-2): 119-123.

SUN Y, DING C, CHENG W, et al., 2014. Simultaneous adsorption and reduction of U(VI) on reduced graphene oxide-supported nanoscale zerovalent iron. Journal of Hazardous Materials, 280: 399-408.

TAN I A W, AHMAD A L, HAMEED B H, 2008. Adsorption of basic dye on high-surface-area activated carbon prepared from coconut husk: equilibrium, kinetic and thermodynamic studies. Journal of Hazardous Materials, 154(1-3): 337-346.

TICHIT D, BENNANI M N, FIGUERAS F, et al., 1998. Decomposition processes and characterization of the surface basicity of Cl^- and CO_3^{2-} hydrotalcites. Langmuir, 14(8): 2086-2091.

WANG J L, CHEN C, 2009. Biosorbents for heavy metals removal and their future. Biotechnology Advances, 27(2): 195-226.

WANG Y Y, LI F, SONG J, et al., 2018. Stabilization of Cd-, Pb-, Cu- and Zn-contaminated calcareous agricultural soil using red mud: A field experiment. Environmental Geochemistry and Health, 40(5): 2143-2153.

WASEEM M, MUSTAFA S, NAEEM A, et al., 2011. Cd^{2+} sorption characteristics of iron coated silica. Desalination, 277(1-3): 221-226.

WEI C, ZHANG N, YANG L, 2011. The fluctuation of arsenic levels in Lake Taihu. Biological Trace Element Research, 143(3): 1310-1318.

WEI D, LI B, HUANG H, et al., 2018. Biochar-based functional materials in the purification of agricultural wastewater: fabrication, application and future research needs. Chemosphere, 197: 165-180.

WEN Q, LI C, CAI Z, et al., 2011. Study on activated carbon derived from sewage sludge for adsorption of gaseous formaldehyde. Bioresource Technology, 102(2): 942-947.

WINDEATT J H, ROSS A B, WILLIAMS P T, et al., 2014. Characteristics of biochars from crop residues: potential for carbon sequestration and soil amendment. Journal of Environmental Management, 146: 189-197.

WONG K, LEE C, LOW K, et al., 2003. Removal of Cu and Pb from electroplating wastewater using tartaric acid modified rice husk. Process Biochemistry, 39(4): 437-445.

WOOLF D, AMONETTE J E, STREET-PERROTT F A, et al., 2010. Sustainable biochar to mitigate global climate change. Nature Communications, 1(5): 56-86.

WU B, CHENG G, KAI J, et al., 2016. Mycoextraction by Clitocybe maxima combined with metal immobilization by biochar and activated carbon in an aged soil. Science of the Total Environment, 562: 732-739.

WU F, SUN F, WU S, et al., 2012. Removal of antimony(III) from aqueous solution by freshwater cyanobacteria Microcystis biomass. Chemical Engineering Journal, 183(4): 172-179.

XIANG Y, XU Z, ZHOU Y, et al., 2019. A sustainable ferromanganese biochar adsorbent for effective levofloxacin removal from aqueous medium. Chemosphere, 237: 124464.

YAN J, LU H, GAO W, et al., 2015. Biochar supported nanoscale zerovalent iron composite used as persulfate activator for removing trichloroethylene. Bioresource Technology, 175: 269-274.

YANG W C, LIU W P, LIU H J, et al., 2003. Adsorption and correlation with their thermodynamic properties of triazine herbicides on soils. Journal of Environmental Sciences, 15(4): 443-448.

ZHANG J, LI F, SHAO L M, et al., 2014. The use of biochar-amended composting to improve the humification and degradation of sewage sludge. Bioresource Technology, 168(3): 252-258.

ZHANG W, ZHENG J, ZHENG P, et al., 2015. Sludge-derived biochar for Arsenic(III) immobilization: effects of solution chemistry on sorption behavior. Journal of Environmental Quality, 44(4): 1119-1126.

ZHAO X, LIU W, CAI Z, et al., 2016. An overview of preparation and applications of stabilized zero-valent iron nanoparticles for soil and groundwater remediation. Water Research, 100: 245-266.

ZHOU Y, HE Y, HE Y, et al., 2018. Analyses of tetracycline adsorption on alkali-acid modified magnetic biochar: site energy distribution consideration. Science of the Total Environment, 650: 2260-2266.

ZHOU Y, LIU X, XIANG Y, et al., 2017. Modification of biochar derived from sawdust and its application in removal of tetracycline and copper from aqueous solution: adsorption mechanism and modelling. Bioresource Technology, 245: 266-273.

ZHOU Y, GAO B, ZIMMERMAN A R, et al., 2013. Sorption of heavy metals on chitosan-modified biochars and its biological effects. Chemical Engineering Journal, 231(9): 512-518.

ZHOU Z, DAI C, ZHOU X, et al., 2015. The removal of antimony by novel NZVI-zeolite: The role of iron transformation. Water Air & Soil Pollution, 226(3): 76.

第 6 章　生物技术在矿山酸性废水治理中的应用

生物技术在矿山酸性废水治理中是一种新兴的处理技术，其中主要为微生物法、人工湿地等。近年来，利用微生物处理矿山酸性废水成为研究热点之一，具有费用低、适应性强、无二次污染等优点（张又弛 等，2013；彭艳平，2008；刘成，2001）。微生物群落结构是指在特定时间和空间内，微生物物种数量和物种之间相互关系的形成状况，表明不同生境之间微生物物种的种内和种间差异（李娜 等，2012；蒋艳梅，2007）。生活在污染矿区的微生物，经过长期的驯化和适应，部分微生物通过利用自身生理生态学机制、发生遗传变异等方式对重金属毒害产生抗性，减少摄入量或对进入体内的重金属进行降解、排除，从而适应重金属胁迫的生存环境。作者团队在生物技术应用于重金属污染治理方面开展了相关研究（Hou et al.，2020，2019；罗琳 等，2019a，2019b，2016；范美蓉 等，2014；黄红丽 等，2014；陈雨佳 等，2012；李慧 等，2009；杨海君 等，2009；向红霞 等，2008）。

本章将研究两个典型矿区的微生物群落结构与特征，然后从这两个矿区环境中筛选、富集具有重金属去除能力的功能性微生物，最后对筛选出的功能性微生物进行扩培与组配技术的研发。

6.1　砷氧化功能菌对矿山酸性废水中砷的去除

微生物在长期与砷共存的过程中通过其生命活动多方面地参与到环境中砷的迁移转化中，除了砷氧化和砷还原等作用，还进化出了许多其他不同的砷转化机制，比如砷的甲基化作用等（张旭 等，2008）。根据微生物对砷代谢机制的不同，可以将微生物分为化能自养型和异养型，分别有：化能自养型砷氧化微生物（chemolithoautotrophic arsenite oxidizers，CAOs）和异养型砷氧化微生物（heterotrophic arsenite oxidizers，HAOs），在还原条件下的异养型砷还原微生物（dissimilatoryarsenate-reducing prokaryotes，DARPs），还有砷甲基化微生物（arsenic methylating bacteria，AMBs）及砷抗性微生物（arsenic-resistant microbes，ARMs）（杨婧 等，2009；Lloyd et al.，2006；Oremland et al.，2003）。陆续有研究者在好氧条件下砷污染的土壤、水体和沉积物等环境中发现并分离出了化能自养型（CAOs）和异养型砷氧化微生物（HAOs），它们能够将 As(III)氧化为 As(V)以降低毒性（Valenzuela et al.，2009；Garcia-Dominguez et al.，2008）；Rhine 等（2006）从砷污染土壤中纯培养得到 2 株同类型 CAOs：*Azoarcus strain* DAO1 和 *Sinorhizobium strain* DAO10，填补了在厌氧条件下砷的生物氧化研究的空白。这些对环境中的砷有转化作用的微生物，由于长期生存在砷污染的环境中逐渐演化，异养型砷氧化微生物（HAOs）可以利用外周胞质上的砷氧化酶催化细胞外膜上的 As(III)氧化为毒性较低的 As(V)，从而降低细胞周围的砷毒性，这个过程中需要有机物质作为能量与细胞物质的来源（Lloyd et al.，2006）。在韩国砷污染矿土中分离的异养型砷氧化微生物（HAOs）*Alcaligenes* sp. RS-19 能够在 40 h 内将 1 mmol/L 的 As(III)全部氧化，并且对砷具有极高的耐受性（Valenzuela et al.，2009）。栖热水生菌 *Thermus aquaticus* 和嗜热菌 *T. Thermophilus* 对 As(III)的氧化速率是其在灭活对照状态下对 As(III)氧化速率的 100 倍之多（Lebrun et al.，2003）。大量研究结果表明，化能自养型砷氧化微生物（CAOs）和异养型砷氧化微生物（HAOs）等能够大大加速自然环境中 As(III) 氧化为生物毒性较低的 As(V)，并且 As(V)较其他形态砷更容易被吸附于矿物表面，从而达到去除污染水体中砷污染的目的。据目前的报道，对环境中的砷污染可进行生物修复的细菌种类主要有芽孢杆菌、假单胞菌、变形菌、硫单胞菌、根瘤菌等。

6.1.1 砷功能菌筛选

1. 矿山酸性废水中含砷功能菌鉴定

在湖南省娄底市双峰县坳头山某矿区尾矿及周边区域采集地表水与沉积物样品，筛选砷功能菌。该地区位于长沙市的东南方向，距长沙市 160 km 左右。

采集新鲜土样按用途分 3 份，通过自然风干、4 ℃冰箱和-20～-15 ℃冰箱中保存，分别用于土壤基本理化性质的测定、微生物的富集筛选与分离、微生物 DNA 提取。好氧条件下，富集培养基中包含两种：自养型培养基（不含酵母提取物）及异养型培养基（含酵母提取物）。酵母提取物（20 g/L）：取 2 g 酵母提取物溶解于 100 mL 去离子水中，并用 0.2 μm 滤膜过滤，保存于灭菌后的容器中备用。筛选和分离出砷氧化菌株的样品，共有 7 个样品，分别是矿区中心区域（1 号、2 号），尾矿治理的集水区（3 号、4 号），某铅锌矿新（5 号）、旧（6 号、7 号）两个尾矿区。

各采样点及相对应的土壤样品测定结果见表 6.1。废弃的矿区中心区域，各有毒重金属的污染状况已得到明显控制，但铜、铬、砷等依然具有较高的浓度，并且该区域的土壤包括集水渠收集的矿山废水仍呈强酸性，pH 为 3.0 左右；尾矿经植被及土壤覆盖等治理措施后的集水区，土壤中砷含量状况明显好转，但是土壤酸性依旧很强，4 号样品中的锌依旧有较高的含量。在梓门铅锌矿的新矿山区域，铜镉铅锌铬砷的含量均非常高，也是由于取样点正选于矿山开采的顶部，含大量原矿石等导致重金属总含量非常高，这也有利于限制条件下微生物的筛选，并且样品 pH 依旧非常低；在梓门铅锌矿的旧矿山区域，土壤 pH 略有升高，在 5.0～6.0，与新矿山不同的是，该区域的样品重金属含量仅铅锌砷较高，7 号样品中的砷含量达到 119 mg/kg。

表 6.1　土壤样品 pH 及重金属含量测定结果

采样点	pH	重金属质量分数/（mg／kg）					
		Cu	Cd	Pb	Zn	Cr	As
1	3.19	242.0	7.0	1.01	0.915	28.0	18.0
2	2.82	66.0	2.0	0.92	0.850	12.5	14.0
3	3.07	433.0	4.0	0.63	0.060	13.5	0.8
4	3.07	280.0	4.5	0.53	17.760	9.5	0.5
5	3.31	2 415.0	1 050.0	145.41	113.690	15.5	373.0
6	5.30	21.5	80.0	1.39	145.410	<0.005	7.0
7	6.00	9.0	3.0	31.75	1.190	92.0	119.0

在好氧条件下对砷氧化菌株的筛选和分离，采用 Thoma 细胞计数法计算细菌总数，并采用最大或然数（most probable number，MPN）法估算其中砷氧化细菌数，表 6.2 所示为最大或然数法实验为 5 组管数时对应的格雷迪表格（Julie et al.，2010；崔战利 等，2005）。根据 5 组实验组中的阳性管数可查阅出相应的功能菌最可能的数目。MPN 5 组管数实验，砷氧化菌株结果如图 6.1 所示，没有白色沉淀的为阳性结果。

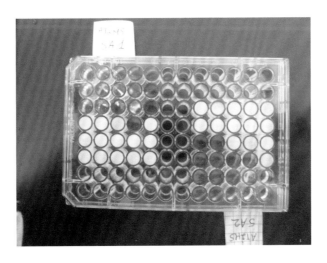

图 6.1　MPN 法估计砷氧化菌数法的 PDC 检测结果

由图 6.1 中的结果可以看出，在 5 号自养型（autotrophic）样品的 MPN 实验结果中，平行实验 5A-1 中从 $0\sim10^{-6}$ 不同的稀释度最大或然数的阳性后结果分别为 5、5、5、1、0 和 0，而平行实验 5A-2 中从 $0\sim10^{-6}$ 不同的稀释度最大或然数的阳性后结果分别为 5、5、4、2、0 和 0，将此结果分别对应表 6.2 找到相应的或然数结果即 5、5、1 和 5、4、2 代表的 MPN 值，便可估计相应的样品中可能存在的砷氧化菌株数。

表 6.2　MPN 法 5 组管数时对应的格雷迪表

阳性管数			阳性管数对应的 MPN 值	阳性管数			阳性管数对应的 MPN 值
初值	中间值	终值		初值	中间值	终值	
0	0	0	<0.01	4	3	0	0.27
0	0	1	0.02	4	3	1	0.33
0	1	0	0.02	4	4	0	0.34
0	2	0	0.04	5	0	0	0.23
1	0	0	0.02	5	0	1	0.31
1	0	1	0.04	5	0	2	0.43
1	1	0	0.04	5	1	0	0.33
1	1	1	0.06	5	1	1	0.46
1	2	0	0.06	5	1	2	0.63
2	0	0	0.05	5	2	0	0.49
2	0	1	0.07	5	2	1	0.7
2	1	0	0.07	5	2	2	0.94
2	1	1	0.09	5	3	0	0.79
2	2	0	0.09	5	3	1	1.1
2	3	0	0.12	5	3	2	1.4
3	0	0	0.08	5	3	3	1.8
3	0	1	0.11	5	4	0	1.3
3	1	0	0.11	5	4	1	1.7
3	1	1	0.14	5	4	2	2.2
3	2	0	0.14	5	4	3	2.8
3	2	1	0.17	5	4	4	3.5
4	0	0	0.13	5	5	0	2.4
4	0	1	0.17	5	5	1	3.5
4	1	0	0.17	5	5	2	5.4
4	1	1	0.21	5	5	3	9.2
4	1	2	0.26	5	5	4	16
4	2	0	0.22	5	5	5	>24
4	2	1	0.26				

富集培养后，细菌总数与砷氧化菌数的实验结果见表 6.3（由于 3 号和 4 号样品的 PDC 砷氧化检测呈阴性，所以微生物计数实验并未统计）。各样品所含的微生物浓度在 $4.4×10^6$～$1.8×10^8$ 个/mL 不等。pH 能影响细菌总数，1 号样品和 2 号样品的 pH 为 3 左右，所含的细菌总数相对最低。但是 5 号样品 pH 为 3.31，仍有较高细菌总数。在实验结果中，pH 相对较高（pH 3.0～6.0）时可获得相对较多的细菌总数。

表 6.3　样品富集培养后细菌总数及砷氧化菌与细菌总数的比率

样品编号	细菌总数/mL		砷氧化菌/细菌总数	
	自养型	异养型	自养型	异养型
1	$4.40×10^6$	$4.80×10^6$	0.000 9	0.000 2
2	$6.40×10^6$	$2.36×10^7$	未检出	0.000 0
5	$1.36×10^8$	$1.12×10^8$	0.092 4	0.019 4
6	$9.20×10^7$	$1.04×10^8$	未检出	0.052 8
7	$1.80×10^8$	$3.40×10^7$	0.012 1	0.129 0

由表 6.3 可知，在 pH 为 6.0 的 7 号样品中，得到最高浓度的砷氧化菌为自养型微生物。在 5 号样品的自养型和异养型，以及 6 号异养型培养基中获得了大量的砷氧化菌。1 号和 2 号异养型培养基中砷氧化菌浓度较低，而 2 号和 6 号自养型培养基中未检测到砷氧化菌株。通过最大或然数法估测的砷氧化菌总数与砷氧化检测结果存在一定差异，比如 5 号样品中自养型和异养型的砷氧化检测结果表明砷并没有完全氧化，但在其中仍发现了较高浓度的砷氧化菌；1 号样品中自养型与异养型的微生物数量接近，但砷氧化菌自养型的数量比异养型多。但这些结果能为砷氧化菌的筛选和分离提供相应的数据支持。砷氧化菌与细菌总数（Thoma 细胞计数法）比例最高为 5 号，砷氧化菌比率达到了 19.4%；2 号样品中砷氧化菌比率最低，但是这个比率会随着培养过冲逐渐提高，因为砷氧化菌培养液中逐渐形成优势菌种。

将 1 号、2 号、5 号、6 号和 7 号含砷氧化菌的样本分别进行自养型（未添加任何营养源）和异养型（添加了酵母提取物）富集培养，通过 PDC 检测观察培养过程中砷氧化菌的生长及 As(III) 氧化情况。7 个样品中均检测到大量的微生物，仅 2 号自养型和 6 号自养型中未检测到砷氧化菌的存在，其他样本中砷氧化菌株数量较大，5 号样品中砷氧化菌所占比例最高，超过了微生物总数的 10%。通过 PDC 砷氧化性检测及砷氧化菌株数估计实验鉴定了砷氧化菌株的营养型为：1 号自养型和异养型、2 号异养型、5 号自养型和异养型、6 号异养型及 7 号自养型和异养型。

2. 矿山酸性废水中含砷功能菌分离与纯化

在固体板富集和培养后形成了明显的单菌落，将单菌落转移至液体培养基中扩大培养 10～14 d，然后通过 PDC 检测将具有砷氧化功能的菌再从液体培养基转接至固体培养基中分离与纯化,对形成的单菌落进行培养和筛选,经过多次纯化后得到了相当数量的具有砷氧化功能的单菌株(图6.2),无色透明孔说明该菌株具有砷氧化功能,具有白色沉淀的微孔说明该菌株无砷氧化功能。

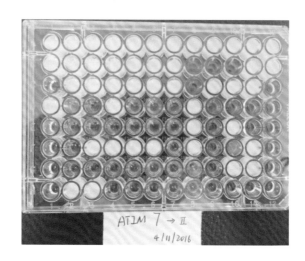

图 6.2　自养型样品的 PDC 检测结果

砷氧化菌株分离纯化流程如图 6.3 所示。

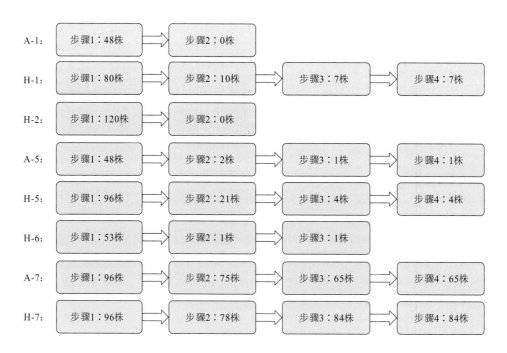

图 6.3　砷氧化菌株分离纯化流程

A 表示 autotrophic,即自养型;H 表示 heterotrophic,即异养型

分离纯化结果表明,在酸性条件(pH=3.0)下,从 1 号异养培养中得到 7 株砷氧化菌,5 号自养型和异养型共得到 5 株菌株;在 pH=5.30 的 6 号样品的异养型得到 1 株菌株;pH=6.0 的 7 号样品的自养型和异养型培养中分别得到 65 株、84 株砷氧化菌株(图 6.4)。在 5 个土壤样品里共得到了 162 株砷氧化菌株。

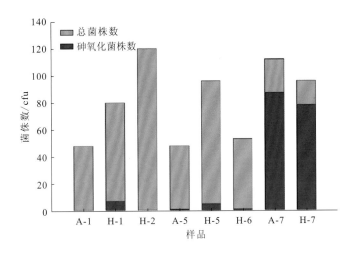

图 6.4　筛选出的砷氧化菌株数与总菌株数

对分离纯化后的砷氧化菌进行聚落 PCR 分析,由 w34FAM 和 w49 作为引物,28SSCP61 作为 PCR 反应条件,在凝胶成像系统所成的图片中,标记 DNA 所示的 200 bp 长度的位置,有明显阴影表示成功得到 PCR 产物,结果如图 6.5 所示。

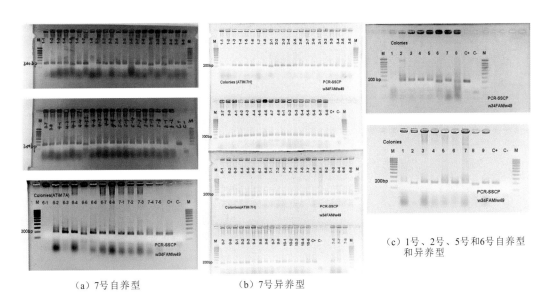

(a) 7 号自养型　　　　(b) 7 号异养型　　　　(c) 1 号、2 号、5 号和 6 号自养型和异养型

图 6.5　砷氧化菌 PCR 结果

对筛选分离出的砷氧化菌株通过 PCR-SSCP 技术进行基因分析,将 PCR 的扩增产物变性为单链然后进行聚丙烯酰胺凝胶电泳,在电泳胶体上的迁移率与 DNA 链的长短及其构象相关,不同碱基对及其碱基序列决定了 DNA 链的构象,不同构象的电泳迁移率不同,即可通过凝胶成像位置区分菌种的 DNA 单链构象的多态性差异,从而区分不同的 DNA,鉴别出不同的菌种(王岩 等,2009;Stach et al.,2001;Hayashi,1991)。

将所有自养型、异养型培养条件下的结果分别进行对比分析。在所有样品的 PCR 产物中,5 号样品自养型菌株中共有 6 种不同的 DNA 单链构象,说明存在至少 6 种不同的砷氧化菌株;异养型菌株中共有 2 种不同的砷氧化菌株。不同样品对比中,1 号、2 号、3 号和 4 号样品分别有 1 株不同的砷氧化菌株。即在酸性 pH=3.0 条件下,分离纯化后得到了 3 种不同的砷氧化菌株;在 pH=5.0 条件下,获得至少 1 株不同砷氧化菌株;在 pH=6.0 条件下,获得了 8 种不同的砷氧化菌株。在所有自养型及异养型的样品中共获得 12 种不同的砷氧化菌株,适应不同酸性环境下的矿山酸性废水。

3. 矿山酸性废水中含砷功能菌形态特征

不同样品在自养/异养条件下分离出的砷氧化菌株的显微镜形态结果见图 6.6。在高倍显微镜下,不同来源的砷氧化菌株形态存在明显不同,1 号自养型菌株个体呈圆形,个体较大;2 号异养型菌株呈短棒状,个体较小;5 号自养型个体非常大,可能是单细胞真核微生物;6 号异养型菌株呈明显的长杆状,为杆状细菌;7 号自养和异养型个体较小,菌株数大,生长速率较快,菌液密度高。上述结果说明碳源不是砷氧化菌株的生长及砷氧化的决定因素,砷氧化菌株可以利用其中无机盐及砷离子等进行电子的转移和生命的新陈代谢等活动。不同菌株能够适应不同的酸性环境,pH 为 3.0 左右 1 号、5 号样品中的砷氧化菌株生长速率快,pH 为 5.30 左右的 6 号异养型砷氧化菌株生长速率慢,表明不同砷氧化菌在砷胁迫下的适应性及氧化能力有明显差异。自然环境中存在不同适应性的砷氧化菌,对矿山环境修复有潜在的利用价值。

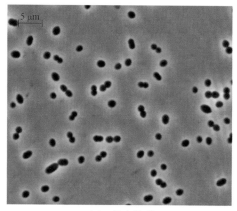

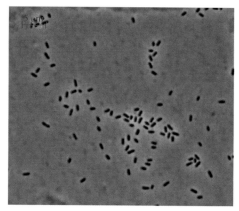

(a) 1号自养型　　　　　　　　　　　　　　　(b) 2号异养型

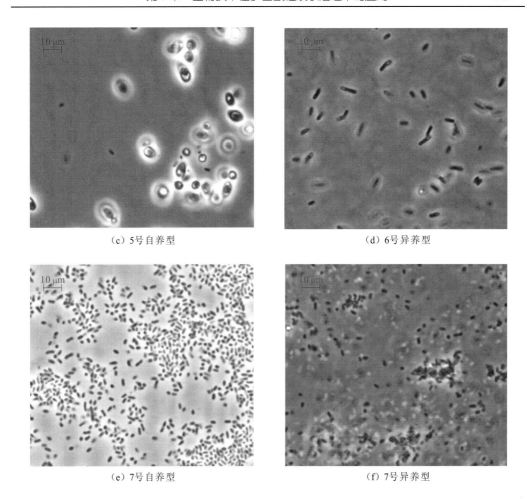

（c）5号自养型　　　　　　　　　　　（d）6号异养型

（e）7号自养型　　　　　　　　　　　（f）7号异养型

图 6.6　高倍显微镜下不同形态的砷氧化菌株

6.1.2　砷氧化真菌与功能材料组配

将产黄青霉菌的孢子接种在 PDA 液体培养基中，35～37 ℃下振荡培养 24 h 得到含大量菌丝的真菌悬液，真菌悬液浓度 0.432 g/mL（称重法）。取 45 g 硝酸铁溶于 500 mL去离子水中，再加入 l mol/L KOH 调节 pH 至 7～8，大力搅拌后用 KOH 调节 pH 至中性。静置并去除上清液，沉淀用 pH 稳定后用生理盐水洗涤，3 000 r/min 离心 5 min 后取沉淀于烧杯中室温下风干得到水铁矿粉末。取 0.3 g 的水铁矿投加到 15 mL 的产黄青霉菌菌悬液中，在室温下以 165 r/min 振荡培养 24 h，然后静置过滤，得到产黄青霉菌-水铁矿聚集体。

不同水铁矿含量和不同真菌悬液含量对处理含砷废水的影响如图 6.7 所示。由图可以看出，砷离子的去除率随着水铁矿及真菌悬液的投加量的增加而提高，并且呈先快后慢的趋势。水铁矿的投加量在任意比例下均能获得良好的吸附效果。为了获得成本更低、效果更好的砷去除效果，200 mL 的含砷废水的水铁矿投加量可以是 0.3～0.5 g，真菌的投加量在 10%～15%。

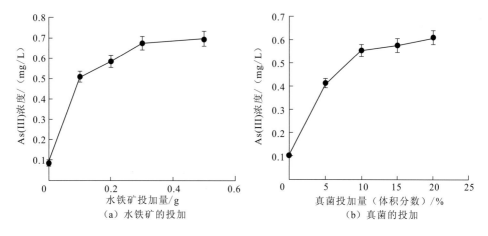

（a）水铁矿的投加　　　　　　　　（b）真菌的投加

图 6.7　不同投加量对 As(III) 去除率的影响

图 6.8 是处理含砷废水前后的产黄青霉菌菌丝体的扫描电镜图。从图 6.8 中可知产黄青霉菌菌体外具有大量菌丝，孔径分布均匀，吸附包裹性能好。通过两者对比可知：真菌在处理含砷废水前，菌丝分明；在处理之后，菌丝粘连，孔隙率也减小，说明砷离子吸附在其表面或发生了化学反应。

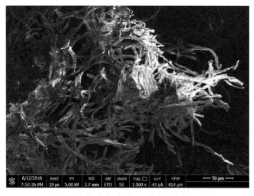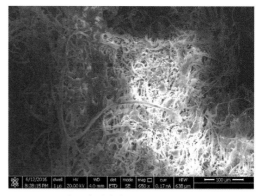

（a）处理含砷废水前（比例尺为50 μm）　　　　（b）处理含砷废水后（比例尺为100 μm）

图 6.8　处理含砷废水前后产黄青霉真菌菌丝体扫描电镜图

由图 6.9 可以看出，在吸附初期即 12～36 h 中，R^2 值较低，吻合效果不好，但是在 48 h 以后 R^2 值达到 0.96 以上，说明该吸附过程在 48 h 以后达到平衡，并且该吸附过程符合 Langmuir 吸附模型。

因此，本小节将砷氧化细菌与水铁矿相组配，确定了组配的最佳方案为砷氧化细菌 15 mL、水铁矿 0.3 g，并验证了该吸附过程符合 Langmuir 吸附模型。

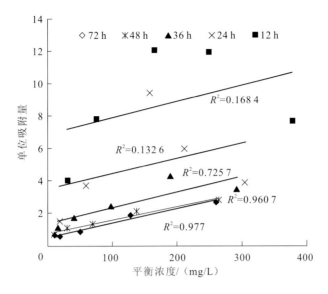

图 6.9　Langmuir 吸附模型

6.1.3　砷功能菌砷耐受性及其氧化效率

1. 砷功能菌耐砷性驯化梯度实验设计

在 pH 6 条件下，选取自养型和异养型菌株各一株，将砷氧化菌株扩培 24 h 后接种到 250 mL 新的液体培养基中，研究砷氧化菌株在不同 As(III)浓度梯度下随时间变化的生长情况（表 6.4）。

表 6.4　砷氧化菌的耐砷性梯度实验

菌株类型	As(III)浓度/（mg/L）				
	100	200	300	400	500
自养型	0.5 mL As(III)	1 mL As(III)	1.5 mL As(III)	2 mL As(III)	2.5 mL As(III)
异养型	0.5 mL As(III)＋0.5 mL YE	1 mL As(III)＋0.5 mL YE	1.5 mL As(III)＋0.5 mL YE	2 mL As(III)＋0.5 mL YE	2.5 mL As(III)＋0.5 mL YE

注：YE 为酵母提取物

As(III)的氧化：通过测定反应前后 As(III)和 As(V)含量变化来衡量实验中砷氧化菌株对 As(III)的氧化效果。As(III)和 As(V)的分离流程见图 6.10，利用近中性 pH 条件下 As(III)和 As(V)的细微差别来分离不同价态的砷（Itard，2006）。在过滤柱中加入 2.5 g 的树脂（Bio-RaD、AG 1-X8）用于样品分离，经过 0.45 μm 滤膜，取 5 mL 滤液加入收

集管，然后加入 5 mL 超纯水洗脱，此滤液即为含 As(III)的溶液，加入 1 滴 37%的 HCI
以便保存；在分离柱中用 5 mL HCI 溶液洗脱两次，收集到滤液即为 As(V)溶液。

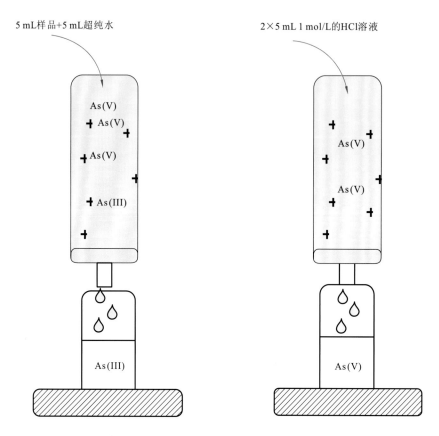

5 mL样品+5 mL超纯水   2×5 mL 1 mol/L的HCl溶液

图 6.10 As(III)与 As(V)的分离流程示意图

用无菌水冲洗用于收集菌体的 0.22 μm 聚碳酸酯滤膜，真空抽滤 50～1 000 μL 的菌
液后，在滤膜上加入 10 μL 4′,6-二脒基-2-苯基吲哚（4′,6-diamidino-2-phenylindde，DAPI）
染色剂（1 mg/mL，SIGMA 公司）置于黑暗中反应 15 min 后，用无菌水洗脱滤膜 3 次后
置于载玻片上显微镜紫外光下观察砷氧化菌株生长情况。

2. 砷功能菌砷氧化特征

本小节实验分别从 1 号自养型（pH＝3.19）、6 号异养型（pH＝5.30）、7 号自养和异
养型（pH＝6.0）中各选取一株菌株，5 号自养型（pH＝3.31）中选取两株转接至液体培
养基中培养，来测定其生长曲线。通过测定培养基中 OD 值来衡量砷氧化菌株的生长速
度。其生长曲线见图 6.11。

由图 6.11 所示，在 7 号自养和异养型（pH＝6.0）菌株的生长速率较快，在 100 h 左
右即达到稳定期，菌液浓度稳定时 OD 值高达 0.8 左右；其次是 5 号自养型（pH＝3.0）两
菌株，在 125 h 左右生长速率到达稳定期，最高 OD 值达 0.7 左右；6 号异养型（pH＝5.0）

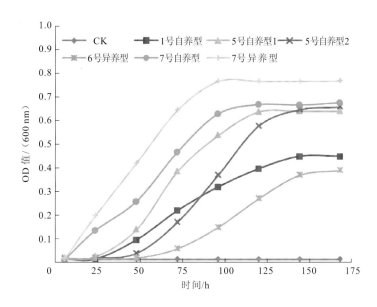

图 6.11　砷氧化菌株的生长曲线

生长速率最慢，该样品仅在异养条件下筛选出了砷氧化菌株。同时，通过生长曲线可看出异养型菌株的生长速率普遍快于自养型。不同砷氧化菌株能够适应不同的 pH 环境，同时砷对微生物的生长来说是非必需元素，即使作为砷耐受的菌株，过量的砷也会对微生物的生长起到抑制作用。本小节实验分别对 7 号样品异养型（pH 6.0）菌株进行砷耐受实验（砷浓度 100~500 mg/L），同时测定对 As(III) 的氧化效率。

通过 DAPI 染色情况观察砷氧化菌株在高浓度胁迫下的状态。DAPI 是一种能够与 DNA 强力结合的荧光染料，可穿过完整的细胞膜，与 DNA 结合，在紫外灯下呈绿色，常用于活细胞和固定细胞的荧光显微镜观测（陈琛等，2010）。DAPI 显色呈绿色的细胞为活菌，未能染色的在紫外灯下呈红色，即死亡的菌落。

由图 6.12 所示，在 100 mg/L 的砷浓度条件下，仅少数菌在 DAPI 显色后呈红色，说明砷氧化菌在 100 mg/L 浓度下有很好的适应性，生长状况良好；而在 500 mg/L 的砷浓度条件下，DAPI 显色后呈红色菌株增多，说明部分砷氧化菌在高浓度砷胁迫下死亡率升高，仍有大部分菌株呈绿色，表明该菌株对 500 mg/L 高浓度砷有良好耐受和适应性。

在 pH 为 6.0 的条件下，砷浓度在 100 mg/L 和 200 mg/L 时，自养和异养型菌株对 As(III) 的氧化效率均高达 100%；随着砷浓度的升高，自养型和异养型菌株对 As(III) 的氧化效率逐渐降低，砷浓度为 300 mg/L 时，对 As(III) 的氧化效率仍超过 80%，当砷浓度为 500 mg/L 时，自养和异养型菌株的氧化效率分别为 44.62% 和 58.79%，总体上异养型菌株的氧化效率高于自养型菌株（图 6.13）。结果表明该系列砷氧化菌株对高浓度 As(III) 具有较好的氧化效率。

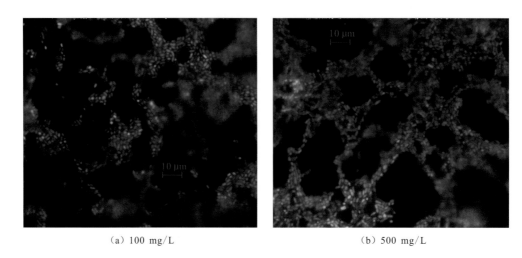

(a) 100 mg/L　　　　　　　　　　　　　(b) 500 mg/L

图6.12　高浓度砷胁迫下砷氧化菌株形态

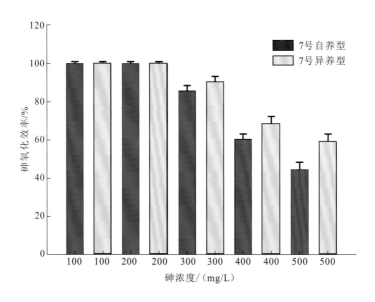

图6.13　不同砷浓度条件下的砷氧化效率

6.2　铁锰氧化菌对矿山酸性废水中铁锰的去除

　　矿山酸性废水中含有大量的铁、锰离子，尤其在南方一些高铁锰矿区，废水中高浓度的铁和锰的去除一直是困扰研究人员的难题（Aguinaga et al., 2018; Kefeni et al., 2017）。矿山酸性废水中铁和锰的处理方法主要包括石灰中和沉淀法和曝气氧化过滤法等。中和沉淀法需将废水的pH调至8.0以上才能实现亚铁的沉淀去除，渣量大且脱水困难；曝气氧化过滤法可实现铁离子的高效去除，但锰离子去除效率不高，处理构筑物结构复杂、建设成本高、动力消耗大、维护成本较高（Huang et al.，2016）。被动式生物处理工艺中的连续产碱装置能有效去除铁锰，但其中关键功能菌群为硫酸盐还原菌，部分工艺需严格控制厌氧环境，操作条件严苛且锰的去除率较低（Aguinaga et al.，2018；Gibert et al.，2002）。

自然界中广泛存在的铁锰氧化菌，可将 Fe^{2+} 和 Mn^{2+} 氧化成 Fe^{3+} 和 Mn^{4+}，同时生成强吸附能力的生物铁锰氧化物。生物铁锰氧化物结晶性较差，通常为无定形和弱结晶型，因而其吸附、氧化和光还原溶解特性均优于化学合成的铁锰氧化物。生物锰氧化物能吸附和氧化多种重金属离子，如 Co(II)、As(II) 和 Cr(III) 等，同时亦能氧化降解乙炔基雌二醇等有机污染物，应用前景广阔（Tang et al.，2011）。近些年来，某些铁锰氧化菌已被应用于地下水环境污染治理领域（Bai et al.，2016；Li et al.，2016），与常规的化学方法相比，具有无二次污染、投入成本小等优势，已成为微生物在环境污染治理应用中的研究热点（Bohu et al.，2015；Francis et al.，2001）。

从湖南某处铅锌矿区沉积物和矿山酸性废水的土著菌群中筛选出铁锰氧化菌，通过改良 PYCM 培养基驯化和富集铁锰氧化菌落，获得单一的功能性菌群，通过 LBB 指示剂法检测富集后的锰氧化菌株作用下样品中含有的 Mn^{4+}，研究铁锰氧化菌用于矿山酸性废水中铁锰的去除过程。

6.2.1 铁锰氧化菌筛选与鉴定

选取铁锰含量严重超标的七宝山矿区的底泥为富集材料，以 PYCM 培养基和改良的 PYCM 培养基为富集培养基，采取多级富集，重复筛选的步骤从土著微生物中富集、筛选、驯化具有铁锰氧化能力的细菌，并对筛选出的菌种进行系统的生理生化及分子生物学鉴定。

通过不同的培养基筛到了 13 株与锰氧化有关的细菌。通过 PYCM 培养基筛选到 5 株细菌，分别为 P1、P2、P3、P4、P5；通过 PYCM-G 培养基筛选到 8 株细菌，分别为 G1、G2、G3、G4、G5、G6、G7、G8。采用 LBB 法测定筛选出的 13 株锰氧化菌的锰氧化能力，图 6.14 为 LBB 显色反应结果。根据 LBB 检测 P4、G2、G3、G4、P5、G6 均显蓝色，说明所分离的菌株 P4、G2、G3、G4、P5、G6 均表现出一定的锰氧化能力。

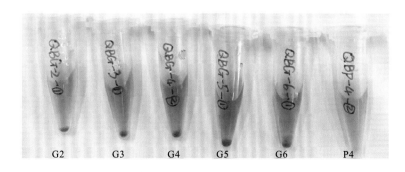

图 6.14 菌株的锰氧化活性的 LBB 检测反应结果

对具有较强锰氧化能力的菌株 P4、G2、G3、G4、P5、G6 进行了革兰氏染色、芽孢染色和荚膜染色，6 株菌染色结果分别如图 6.15 至图 6.17 所示。

图 6.15 为 P4、G2、G3、G4、P5、G6 锰氧化细菌的革兰氏染色结果，可知这 6 株菌在革兰氏染色后菌体均呈现蓝紫色，即为阳性结果（＋），说明 6 株菌的细胞壁厚及类脂质含量低，属于革兰氏阳性菌。

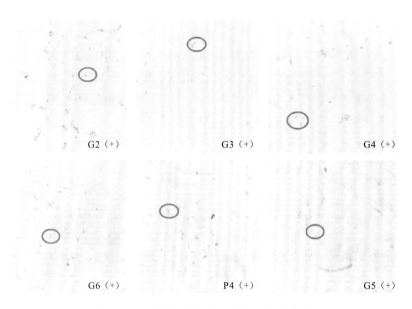

图 6.15　6 株锰氧化细菌的革兰氏染色结果

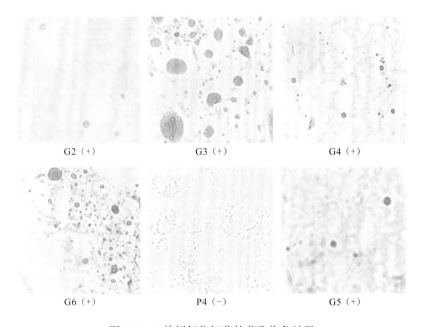

图 6.16　6 株锰氧化细菌的芽孢染色结果

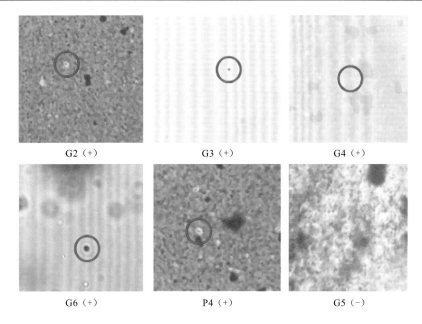

图 6.17　6 株锰氧化细菌的荚膜染色结果

图 6.16 为 P4、G2、G3、G4、P5、G6 锰氧化细菌的芽孢染色结果，可知筛选的 G2、G3、G4、P5、G6 锰氧化细菌经染色后呈现绿色，说明这 5 株菌均有芽孢；而 P4 锰氧化细菌经染色后无此现象，表明此株菌无芽孢。

图 6.17 为 P4、G2、G3、G4、P5、G6 6 株锰氧化细菌的荚膜染色结果，可知 G2、G3、G4、G6、P4 锰氧化菌的单个菌周围都有一圈透明的圈，说明这 5 株菌有荚膜，而 G5 菌株无荚膜。

根据所观察的菌落特征，进行了 P4、G2、G3、G4、P5、G6 的生理生化特征鉴定，结果见表 6.5。通过 P4、G2、G3、G4、P5、G6 的生理生化实验，可得出它们属于不同的属，进一步通过对不同菌株的 16S rRNA 测序，经 NCBI 数据库比对后可知：G2、G3、G5、G6、P4 为 *Cupriavidus* sp.（贪铜噬菌体），G4 属于 *Bacillus* sp.*VPS56*（芽孢杆菌属）。

表 6.5　6 株锰氧化细菌生理生化特征的比较

实验	P4	G2	G3	G4	P5	G6
H_2O_2 实验	+	−	+	−	−	−
柠檬酸盐	−	−	+	−	−	+
淀粉水解	−	−	−	−	−	−
甲基红实验	−	−	−	−	−	−
V.P	−	+	+	+	−	+
吲哚	−	−	−	−	−	−
明胶液化	−	−	−	−	−	−

6.2.2　铁锰氧化菌群耐受性

混合菌群对铁离子和锰离子的最大耐受能力如图 6.18 所示。培养 12 d 后，混合菌群在 Fe^{2+} 浓度为 200～1 000 mg/L 时生长良好，菌体浓度在 OD660 nm 处的吸光度为 3.6～5.2。当 Fe^{2+} 浓度大于 1 000 mg/L 时，培养 6 d 后菌体浓度出现明显下降，表明高浓度 Fe^{2+}（>1 000 mg/L）对混合菌群的生长有明显抑制。同样，混合菌群对 Mn^{2+} 的最大耐受浓度为 500 mg/L，当培养基中 Mn^{2+} 浓度大于 500 mg/L 时，混合菌群的生长受到明显抑制。本节实验中所获得的铁锰氧化菌对 Fe^{2+} 与 Mn^{2+} 的最大耐受分别为 1 000 mg/L、500 mg/L。

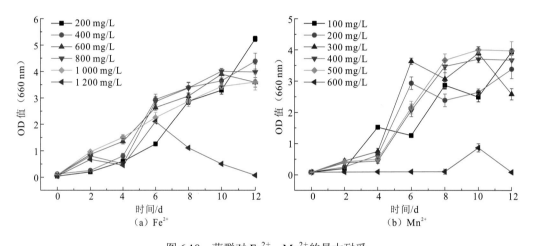

图 6.18　菌群对 Fe^{2+}、Mn^{2+}的最大耐受

6.2.3　铁锰功能微生物扩培

通过对矿区微生物群落的深入研究，本小节依据不同矿区的微生物特征及功能，有针对性地筛选出 3 种潜在的功能性微生物——锰氧化细菌、砷氧化细菌、铁锰氧化菌。为了将功能微生物更好地应用于实际的工业生产，本小节在探究铁锰氧化混合菌群的最适生长条件（最适 pH、最佳接种量、最适培养温度及最佳转速）的基础上，优化、确定铁锰氧化混菌的扩大培养体系，实现功能菌的扩大培养以对接工业应用的需求。

1. 培养条件优化

铁锰氧化细菌在 PYCM-G 液体培养基中的生长曲线如图 6.19 所示。细菌在接种后的 6 h 进入对数期，在 5 d 进入稳定期，在 11 d 进入衰亡期。pH 是影响细菌生长的一个重要因素之一，与细菌氧化活性的表达有着密切的联系。铁锰氧化细菌在 pH 分别为 3～7 的 PYCM-G 液体培养基中的生长情况如图 6.20 所示。由图 6.20 可知，铁锰氧化细菌在培养基初始 pH 为 3～7 的条件下均能生长，在 pH 为 3 的强酸性环境中，菌体调整期时间较长，且生长受到抑制。菌体在 pH 为 3 的条件下具有氧化锰能力的相关酶的分子结构可能发生了不可逆的变化，影响菌体的理化性质，导致菌体不能正常摄取营养物质。进入对数生长期前所需调整期时间比相同条件下其他 pH 下生长所需调整时间更长，菌体在 pH 为 5 的培养基中度过调整期后，菌体对数生长期较短，能够迅速生长并达到一定生物量。在 pH 为 4~5 时，菌体在此范围内可以生长得很好，从图 6.20 中可以看出，当 pH 为 5 时菌体生长状态最好，培养基中生物量最大，说明在此条件下菌体能够很快适应环境快速进入对数生长期，对数期时间较其他 pH 条件下菌体对数期时间更长。之后随着培养基碱性增强，生物量又逐渐减小，直至 pH 为 7 时铁锰氧化细菌的生长被抑制，碱性环境中铁锰氧化菌体的生理活动会受到影响。

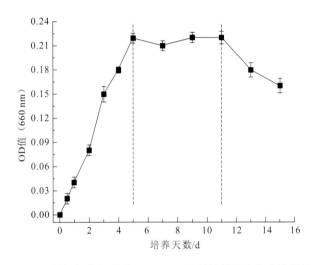

图 6.19　铁锰氧化细菌在 PYCM-G 液体培养基中的生长曲线

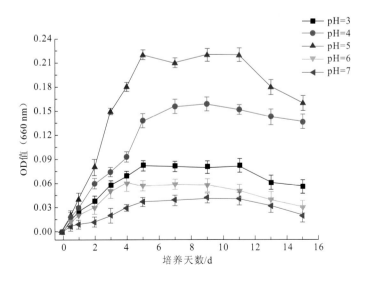

图 6.20　铁锰氧化细菌在不同初始 pH 条件下的生长曲线

　　铁锰氧化细菌不同接种量的生长曲线，如图 6.21 所示。当铁锰氧化细菌的生长阶段处于延迟期及对数生长期时，接种量对菌体的生长影响不大。但当该菌度过延迟期，在对数生长期以后，可以看出菌量发生了变化，在接种量为 10%时菌体生长最好，在接种量 20%时菌体较快地进入了衰退期。以 10%为接种量和以 20%为接种量的菌体生长状况体现了很大的差别，以 10%的接种量接种时，在培养后不仅生物量更多，而且菌株生长速率明显高于接种量为 20%时的生长速率，接种的菌体进入对数生长期所需时间很短，说明了 10%为铁锰氧化细菌的最适接种量。

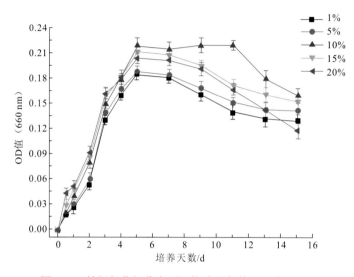

图 6.21　铁锰氧化细菌在不同接种量条件下的生长曲线

　　铁锰氧化细菌在不同培养转速条件下的生长曲线，如图 6.22 所示。当铁锰氧化细菌的生长阶段处于延迟期及对数生长期时，培养转速对菌体的生长影响不太明显。但当该菌度过延迟期，在对数生长期以后，可以看出菌量发生了变化，培养转速为 120 r/min

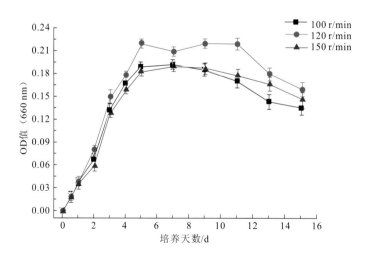

图 6.22　铁锰氧化细菌在不同培养转速条件下的生长曲线

时菌体生长最好，在培养转速为 100 r/min 或者 150 r/min 时菌体较快地进入衰退期，说明 120 r/min 为铁锰氧化细菌的最佳培养转速。

铁锰氧化细菌在不同培养温度下的生长曲线，如图 6.23 所示。培养温度对菌体的生长影响是非常明显的，在对数生长期时 30 ℃下培养的菌体生物量最大，而且进入对数期的时间相比 20 ℃和 40 ℃更短。在 20 ℃和 40 ℃下培养的细菌很快就进入了衰退期，说明 30 ℃是铁锰氧化细菌的最佳培养温度。

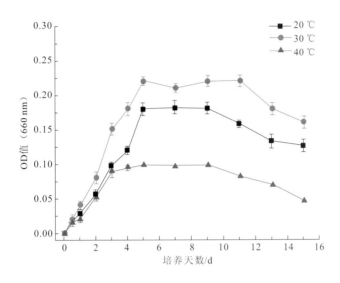

图 6.23　铁锰氧化细菌在不同培养温度下的生长曲线

本小节确定功能菌群培养的最佳条件：最适 pH 为 5，最佳接种量为 10%，最适温度为 30 ℃，最佳转速为 120 r/min。

2. 扩培体系的确定

1）菌种活化（250 mL 锥形瓶）

将原始菌液从 4 ℃冰箱取出后，以 1%（体积分数）的接种量接入新鲜培养基。25～30 ℃，80～120 r/min，恒温培养，培养基进行灭菌处理。培养期间检测细菌生长浓度，待菌体浓度达到 $10^8 \sim 10^9$ cells/mL 时（约 5～7 d），转接入一级扩大装置。

2）一级扩培（3 L 锥形瓶）

将活化的菌种以 1%（体积分数）的接种量接入新鲜培养基，曝气装置进行曝气，使水体溶解氧达到 4 左右，25～30 ℃，恒温培养。培养期间检测细菌生长浓度，待菌体浓度达到 $10^8 \sim 10^9$ cells/mL 时（约 5～7 d），转接入二级扩大装置。

3）二级扩培（12 L 桶）

（1）称料：蛋白胨 2.5 g、葡萄糖 1.5 g、酵母浸膏 1 g、$MnSO_4 \cdot H_2O$ 1 g、K_2HPO_4 0.5 g、$MgSO_4 \cdot 7H_2O$ 1 g、$NaNO_3$ 1 g、$CaCl_2$ 0.5 g、$(NH_4)_2CO_3$ 0.5 g、柠檬酸铁铵 4 g，

放入 12 L 桶中。

（2）配制：取烧开的水大约 2 L 倒入桶中用于升温消毒，边加开水边搅拌，搅拌均匀后加自来水至 10 L 的刻度线处，同样是边加凉水边搅拌，此时液体温度迅速下降。

（3）接菌：待大桶中温度降至 20～30 ℃时，取一级扩培后的菌液以 10%（体积分数）的接种量接入 12 L 的大桶中，接通搅拌器电源，使水体溶解氧达到 4 左右。培养期间检测细菌生长浓度，待菌体浓度达到 10^8～10^9 cells/mL 时（约 5～7 d），转接入三级扩大装置。

4）三级扩培（60 L 桶）

（1）称料：蛋白胨 12.5 g、葡萄糖 7.5 g、酵母浸膏 5 g、$MnSO_4 \cdot H_2O$ 5 g、K_2HPO_4 2.5 g、$MgSO_4 \cdot 7H_2O$ 5 g、$NaNO_3$ 5 g、$CaCl_2$ 2.5 g、$(NH_4)_2CO_3$ 2.5 g。柠檬酸铁铵 20 g，放入 60 L 桶中。

（2）配制：取烧开的水大约 10 L 倒入桶中用于升温消毒，边加开水边搅拌，搅拌均匀后加自来水至 50 L 的刻度线处，同样是边加凉水边搅拌，此时液体温度迅速下降。

（3）接菌：待大桶中温度降至 20～30 ℃时，取二级扩培后的菌液以 10%（体积分数）的接种量接入 60 L 的大桶中，接通搅拌器电源，使水体溶解氧达到 4 左右。培养期间检测细菌生长浓度，待菌体浓度达到 10^8～10^9 cells/mL 时（约 3～5 d），转接入四级扩大装置。

5）四级扩培（1 t 的发酵罐）

（1）称料：蛋白胨 250 g、葡萄糖 150 g、酵母浸膏 100 g、$MnSO_4 \cdot H_2O$ 100 g、K_2HPO_4 50 g、$MgSO_4 \cdot 7H_2O$ 100 g、$NaNO_3$ 100 g、$CaCl_2$ 50 g、$(NH_4)_2CO_3$ 50 g、柠檬酸铁铵 400 g，放入 60 L 桶中。

（2）配制：取烧开的水大约 10 L 倒入桶中用于升温消毒，边加开水边搅拌，搅拌均匀后加自来水至 50 L 的刻度线处，同样是边加凉水边搅拌，此时液体温度迅速下降。将配制好的母液倒入 1 t 的发酵罐，而后加水至 900 L 刻度处。

（3）接菌：取三级扩培后的菌液以 10%（体积分数）的接种量接入 1 t 的发酵罐中，接通曝气装置供氧，使水体溶解氧达到 4 左右。

培养期间检测细菌生长浓度，待菌体浓度达到 10^8～10^9 cells/mL 时（约 7～9 d），用 LBB 法检测培养液的锰氧化能力，若 LBB 验证阳性，即扩培完成。

本小节确定了功能微生物菌群的扩培体系，扩培方案（图 6.24）。铁锰氧化菌群采用四级扩培体系，逐级扩培，以培养期间的细胞浓度和氧化能力作为监测手段，确定各级扩培的顺利进行。

6.2.4 铁锰微生物与功能材料组配

将功能微生物成功应用于实际工程案例是本节研究的一个重要环节，研究过程中发现铁锰氧化微生物在生长过程中会向菌体外分泌胞外分泌物，这种胞外分泌物具备一定的吸附能力，可以与功能性材料很好地结合在一起，而前期筛选出的一株砷氧化真菌所分泌的菌丝体也可以很好地与功能性材料结合，故基于前期的研究基础，本小节主要探

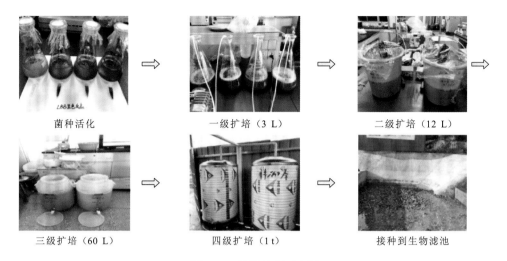

菌种活化　　　　　　　　　一级扩培（3 L）　　　　　　二级扩培（12 L）

三级扩培（60 L）　　　　　　四级扩培（1 t）　　　　　　接种到生物滤池

图 6.24　扩培流程示意图

究功能性微生物与各种功能性材料的组配效果，并确定最佳的组配方案。

　　试验中所用实际废水中 Fe、Mn、Zn、Cu 的浓度分别为 10.03 mg/L、9.85 mg/L、4.62 mg/L、6.48 mg/L。分别研究铁锰氧化细菌与改性赤泥/陶粒/火山岩组成三种不同的材料的组配效果，并将这三种组配材料分别加入实际废水中，培养 15 d 后对废水中重金属的去除效果如图 6.25 所示：铁锰氧化细菌与改性赤泥组配的材料在第 9 d 以后对 Fe、Mn、Zn、Cu 的去除率分别达到了 99.9%、85.56%、56.65%、35.25%。而铁锰氧化细菌与火山岩或者陶粒组配的材料对 Fe 的去除率都在 90% 以下，不如改性赤泥的组配效果好。

　　铁锰氧化细菌＋改性赤泥组配材料对于 Fe 的去除效果最好。对于 Mn，铁锰氧化细菌＋火山岩的组配材料与铁锰氧化细菌＋改性赤泥组配材料的处理效果差别甚微。另外，从图 6.25 中可以看出，这三种组配材料对重金属 Cu 的去除率都在 30%～40%，远不及对 Fe 和 Mn 去除效果好。对于 Zn，铁锰氧化细菌＋改性赤泥组配材料对其去除效

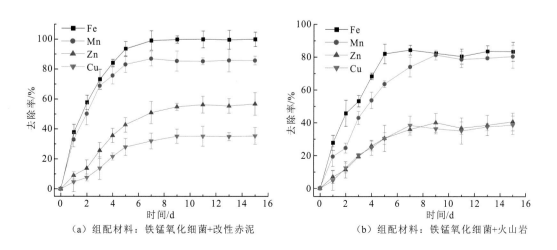

（a）组配材料：铁锰氧化细菌＋改性赤泥　　　　　　（b）组配材料：铁锰氧化细菌＋火山岩

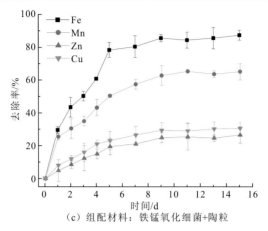

（c）组配材料：铁锰氧化细菌+陶粒

图 6.25　三种组配材料对实际废水中重金属的去除效果

果最佳，达到了 56.65%，而铁锰氧化细菌＋火山岩和铁锰氧化细菌＋陶粒中对 Zn 的去除率都在 40% 以下。综上所述，铁锰氧化细菌＋改性赤泥组配的材料对 Fe、Mn、Zn、Cu 的去除效果最佳，所以后续研究中都采用铁锰氧化细菌与改性赤泥的组配方案，铁锰氧化细菌与改性赤泥的组配前后图见图 6.26。

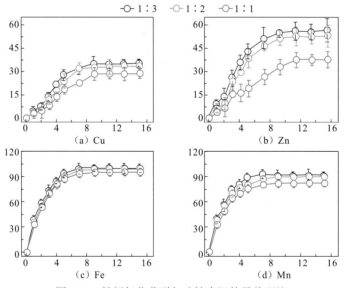

图 6.26　铁锰氧化菌群与改性赤泥的最佳配比

横坐标为时间（d），纵坐标为去除率（%）

　　确定了最佳组配材料后，进一步探究了功能微生物与材料的最佳组配比例，结果如图 6.26 所示：当铁锰氧化细菌与改性赤泥以 1∶1 的比例加入实际废水中时，菌群对 Zn 和 Cu 的处理效果并不明显，只有 20.4% 和 31.2%。但随着改性泥比例增加，废水中金属离子的去除效果有所增加，当铁锰氧化细菌与改性赤泥以 1∶2 的比例加入时，Zn 和 Cu 的处理效果增加到 58.7% 和 69.4%；虽然 1∶3 的比例可以提高一点处理效果，但是提高的幅度并不是很大，出于成本考虑，本小节用改性赤泥与铁锰氧化细菌 1∶2（S/L）的投加比例。

6.2.5　铁锰氧化菌群去除矿山酸性废水中铁锰离子

将筛选的铁锰氧化菌用于实际矿山酸性废水中铁锰离子的去除。矿区酸性废水取自湖南某典型矿区，水样的基本理化性质如下：水温 10 ℃、pH 4.2、139 mg/L 锰离子和 1 089 mg/L 铁离子。将对数期生长的铁锰氧化细菌混合菌液按 20%的比例接种于矿山酸性废水中，培养 15 d 后，检测矿山酸性废水中铁锰离子的含量，结果如图 6.27 所示。培养 15 d 后铁离子和锰离子的去除率分别达到 99.8%和 87.1%。

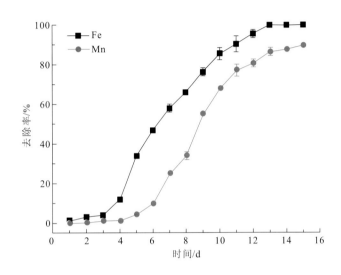

图 6.27　混合菌群对铁锰离子的去除效果

6.2.6　生物铁锰氧化物表征

采用扫描电子显微镜（SEM）对获取生物铁锰氧化物的形貌特征和晶体结构分析。从形貌上看，生物铁锰氧化物粒径较小、表面蓬松、呈絮状，表明生成的生物铁锰氧化物有很大的比表面积，表面性质良好（图 6.28）。生物铁锰氧化物的元素面扫描及能谱分析结果如图 6.29 所示，其中的主要元素为 C（22.71%）、O（27.00%）、N（3.27%）、P（2.07%）、K（0.21%）、Ca（0.33%）、Mn（10.69%）和 Fe（33.73%）。

采用多点 BET 法计算得生物铁锰氧化物的比表面积为 38.57 m^2/g，生物铁锰氧化物的孔体积为 0.019 cm^3/g，孔径为 1.96 nm（图 6.30）。生物铁锰氧化物属于 IV 型等温线，说明 N_2 吸附−脱附中间段出现了吸附回滞环。从图 6.30 中可以看出，生物铁锰氧化物的孔径分布在 1.68～2.25 nm。生成的介孔可能为锰氧化物内的孔，也可能为生物锰氧化物与微生物菌体之间的空隙，该介孔能为铁锰离子的去除提供大量的吸附位点，促进铁锰离子的去除。

图 6.28　生物铁锰氧化物的 SEM 图像

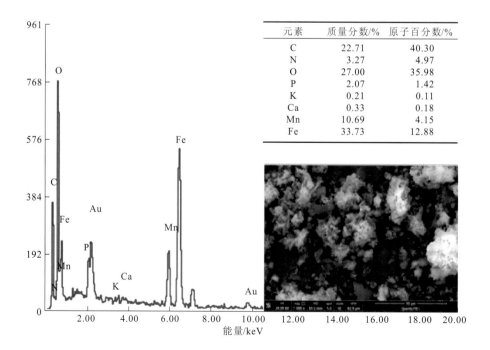

元素	质量分数/%	原子百分数/%
C	22.71	40.30
N	3.27	4.97
O	27.00	35.98
P	2.07	1.42
K	0.21	0.11
Ca	0.33	0.18
Mn	10.69	4.15
Fe	33.73	12.88

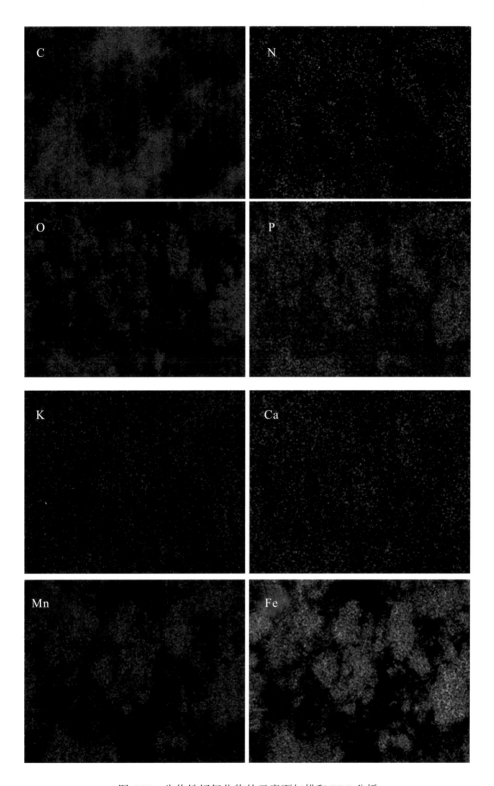

图 6.29　生物铁锰氧化物的元素面扫描和 EDS 分析

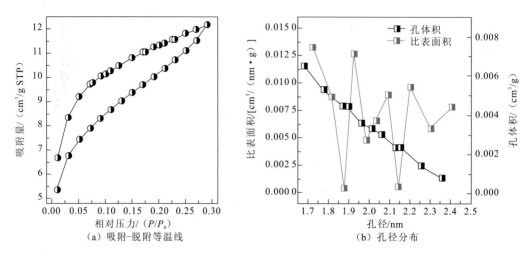

图 6.30　生物铁锰氧化物的 N_2 吸附-脱附等温线和孔径分布

图 6.31 和图 6.32 分别为生物铁锰氧化物 XPS 扫描的全谱及 Fe 2p 和 Mn 2p 的拟合谱图。生物铁锰氧化物主要含有 C、O、P、Mn 和 Fe 元素，其含量分别为 48.09%、40.91%、1.30%、3.00% 和 6.70%。C 1s 和 O 1s 的峰极其明显且峰能很高，说明生物铁锰氧化物中含有大量的微生物细胞物质（图 6.32）；Fe 2p 窄区谱图[图 6.32（a）]和 Mn 2p 窄区谱图[图 6.32（a）]中 Fe 2p 和 Mn 2p 的峰强度很强，说明生物铁锰氧化物中 Fe 和 Mn 的含量较高，与 SEM-EDS 的结果一致。

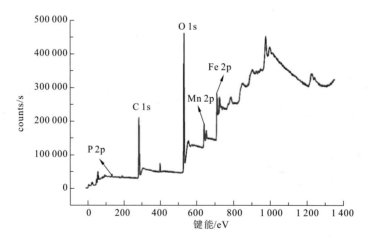

图 6.31　生物铁锰氧化物的 XPS 图谱

通过对 Fe 2p 谱图进行分峰解析，Fe 2p 在结合能 724.3 eV 和 713.0 eV 处有明显的特征峰，表明体系中仍有部分未被完全氧化的 Fe^{2+}，可能为无定型的水铁矿（Chen et al.，2018；Xiang et al.，2016；Mittal et al.，2013；Fan，2006）。同理，Mn 2p 在结合能 642.4 eV 和 653.8 eV 处有明显的特征峰，表明部分 Mn^{2+} 被氧化成 Mn^{4+}。上述数据一致表明，铁

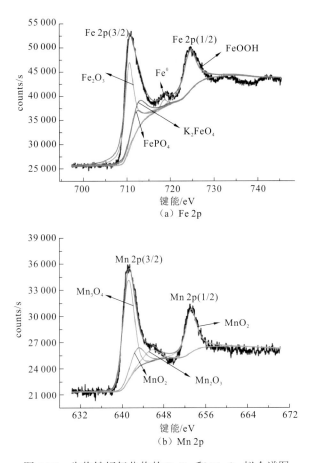

图 6.32　生物铁锰氧化物的 Fe 2p 和 Mn 2p 拟合谱图

锰氧化菌能实现铁锰的氧化，同时生成的铁锰氧化物的表面性质良好，能吸附去除溶液中的部分铁锰离子。

6.2.7　铁锰氧化菌群的群落演替规律

通过 16S rRNA 的基因测序来研究铁锰氧化菌群在铁锰去除中的微生物群落变化，混合菌群的微生物群落结构在 Mn^{2+} 和 Fe^{2+} 胁迫下会发生明显变化。随着处理时间的延长，变形杆菌门（Proteobacteria）在门水平的比例逐渐增加，但 Proteobacteria 在不同处理时期都是优势物种，而丰度次之的 Actionbacteria 随处理时间延长，Actionbacteria 在群落中比例逐渐降低（图 6.33），与相关文献结论一致。本小节中所分离的锰氧化细菌中主导微生物属于 Proteobacteria、Actionbacteria、Firmicutes 三个门水平。

在属的水平上，不同时期微生物群落结构在属水平有差异较大，但潘多拉菌属（*Pandoraea*）在群落结构中的比例始终保持稳定（图 6.34）。马赛菌属（*Massilia*）随培养天数的增加，丰度明显下降，由 41.6%降至 10.7%；寡养单胞菌属（*Stenotrophomonas*）

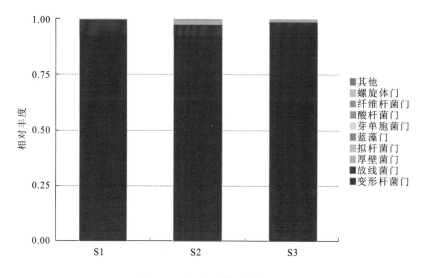

图 6.33　门水平物种丰度图

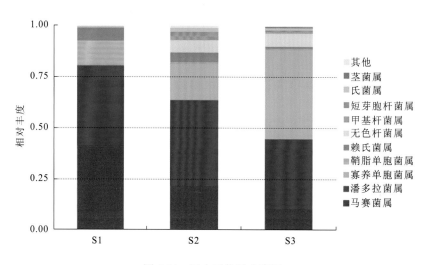

图 6.34　属水平物种丰度图

的比例明显上升，由0.2%增至43.6%（图6.34）。上述证据表明，*Pandoraea*与*Stenotrophomonas*是铁锰氧化菌群抵抗铁锰重金属离子胁迫及氧化去除铁锰离子的主要菌属。

6.3　硫酸盐还原菌在矿山酸性废水处理工艺的应用

硫酸盐还原菌（sulfate reducing bacteria，SRB）特征是厌氧呼吸，能以硫酸盐为末端电子受体，以有机源为电子供体，广泛存在于湖泊、沼泽、稻田、石油沉积物、地下管线和部分工业废水等多种缺氧环境中。底物（电子供体）氧化与硫酸盐（终端电子受体）还原耦合产生的能量被 SRB 所利用。目前已知的 SRB 的种类超过 40 种，包括 *Desulfovibrio*、*Desulfomicrobium*、*Desulfobacter* 和 *Desulfotomaculum* 等。SRB 嗜酸性革兰氏阴性菌，包括 *Desulfovibrio*、*Desulfomicrobium*、*Desulfobulbus*、*Desulfobacter*、*Desulfobacterium*、*Desulfococcus*、*Desulfosarcina*、*Desulfomonile*、*Desulfonema*、*Desulfobotulus* 和 *Desulfoarculus*。这些细菌的最佳生长温度在 20～40 ℃。这个群体有各种各样的形状和生理特征。SRB 革兰氏阳性菌，主要是 *Desulfotomaculum*，可以形成耐高温的内生孢子。大多数最佳生长温度在 20～40 ℃。SRB 嗜热菌，包括 *Thermodesulfobacterium* 和 *Thermodesulfovibrio*，这些细菌在 65～70 ℃ 条件下生长最优，且生活在高温环境中。SRB 嗜热古菌，在 80 ℃ 以上的温度下生长旺盛，现仅在海洋地区发现，所有这类菌都属于 *Archaeoglobus*。

自然环境中，SRB 可以利用硫化物（亚硫酸盐、硫酸盐和硫代硫酸盐）作为有机化合物氧化的末端电子受体。同时，SRB 是生态系统中生物炭循环中的重要的微生物组成部分，是生物碳循环的主要贡献者，能在厌氧环境中完全矿化有机碳，尤其是在海洋沉积物中。据估计，硫酸盐还原作用可占海洋沉积物有机碳矿化的 50%以上。除这些生态功能外，SRB 在生物修复中亦发挥着重要作用。SRB 可以将硫酸盐还原为硫化氢，这种生物源硫化氢可以与溶解的重金属离子发生反应，并将其转化为高化学稳定性的金属硫化物，如 Cd(II)、Cu(II)、Ni(II)、Pb(II)、U(IV) 和 Sb(V)。这种工艺与传统的化学工艺相比，大多数金属硫化物沉淀比化学处理产生的羟基化合物更稳定。利用硫酸菌处理矿山酸性废水已成为酸性矿山废水研究的前沿课题。硫酸还原菌（SRB）在矿山酸性废水处理中主要是利用异化硫酸盐生物还原反应的生理特性达到去除重金属和硫酸盐的目的，将硫酸盐还原为 H_2S，进而转化为硫单质，S^{2-} 与重金属离子形成金属硫化物沉淀并且消耗水中的 H^+，提高 pH。这种方法处理费用低、适用性强、无二次污染、可回收原料硫单质。但目前仍存在一些难以克服和推广的问题，利用硫酸菌处理矿山酸性废水已成为酸性矿山废水研究的前沿课题。

矿山酸性废水酸度较低且含有高浓度的硫酸盐和重金属离子，采用 SRB 法处理此类废水具有以下优势：①SRB 还原硫酸盐的过程中会消耗质子，提升废水的 pH；②生成的 H_2S 能与重金属离子反应，生成金属硫化物，去除废水中的重金属离子；③SRB 还原硫酸盐能实现废水的脱毒，如亚硫酸盐可以转化为无毒的硫化物与重金属离子沉淀。

6.3.1　硫酸盐还原菌的重金属去除机制

SRB 是表层湿地中重金属去除的主要机制。SRB 能促进硫酸盐转化为硫化物，硫化物与金属反应生成稳定的金属硫化物，SRB 介导的硫转化过程也是生态系统中硫循环的一部分（图 6.35）。自养/异养厌氧型微生物 SRB 在提供合适的有机碳源时，能够通过生物能量代谢将硫酸盐还原为硫化物。

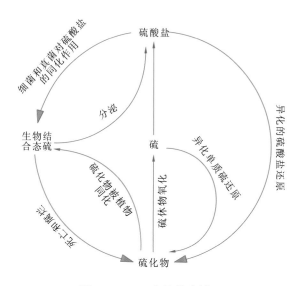

图 6.35 SRB 介导的硫循环

底物（电子供体）氧化与硫酸盐（终端电子受体）还原耦合产生的能量被 SRB 所利用，反应一般表示为

$$2CH_2O + SO_4^{2-} \longrightarrow S^{2-} + 2CO_2 + 2H_2O \tag{6.1}$$

$$S^{2-} + 2CO_2 + 2H_2O \longrightarrow 2HCO_3^- + H_2S \tag{6.2}$$

其中 CH_2O 代表一个简单的有机碳源。溶解的无机碳中和了 pH，有利于金属碳酸盐矿物的沉淀。可溶性硫化物（H_2S、HS^-、S^{2-}）与金属反应形成金属硫化物沉淀；

$$H_2S + M^{2+} \longrightarrow MS \downarrow + 2H^+ \tag{6.3}$$

$$H_2S + M^{2+} + 2H_2O \longrightarrow M(OH)_2(s) \downarrow + 2H^+ \tag{6.4}$$

其中 M^{2+} 是阳离子金属，如 Cd、Fe、Ni、Cu 或 Zn 的二价形式，具有较低的金属硫化物溶解度。

在矿山酸性废水中，SRB 生成的还原性硫（H_2S）常与羟基铁反应生成硫化铁矿物，然后转化为黄铁矿：

$$CH_2O + 4FeOOH(s) + 8H^+(aq) \longrightarrow CO_2(g) + 4Fe^{2+} + 7H_2O \tag{6.5}$$

$$2FeOOH(s) + 3H_2S(g) \longrightarrow 2FeS(s) + S^0(s) + 4H_2O \tag{6.6}$$

总反应为

$$30(CH_2O) + 12FeOOH(s) + 14SO_4^{2-} + 28H^+ \longrightarrow 30CO_2 + 12FeS + 2S^0 + 50H_2O \tag{6.7}$$

所产生的硫化氢与羟基铁反应生成硫化铁矿物，然后转化为黄铁矿。Thomas 等（1999）报道了铝在硫酸盐还原生物反应器中的地球化学行为。在硫酸盐还原生物反应器中发现的还原环境中形成了不溶性硫酸铝，这可能与以下反应有关，而以下反应是许多可能的反应之一：

$$3Al^{3+} + K^+ + 6H_2O + 2SO_4^{2-} \longrightarrow KAl_3(OH)_6(SO_4)_2 + 6H^+ \tag{6.8}$$

维持 SRB 正常运行适宜的 pH 为 5.0 左右，这可由 SRBs 自身通过氧化基质中的有机物（CH_2O）产生碳酸氢盐维持，也可以采用碱性材料中和。SRB 使用大量挥发性脂肪酸和氢（H_2）作为电子供体。SRB 消耗 1 mol 硫酸盐（SO_2^{4-}）大约需要 1 mol 质子（H^+），并产生大约 2 mol HCO_3^-。消耗的 H^+ 和产生的 HCO_3^- 因电子供体而异，如乙酸盐（CH_3COO^-）、乳酸盐（$CH_3CHOHCOO^-$）和丙酸盐（$CH_3CH_2COO^-$）。

$$CH_3COO^- + SO_4^{2-} + H^+ \longrightarrow 2H_2S + 2HCO_3^- \qquad (6.9)$$

$$CH_3CHOHCOO^- + 3/2SO_4^{2-} + H^+ \longrightarrow 3/2H_2S + 3HCO_3^- \qquad (6.10)$$

$$4CH_3CH_2COO^- + 7SO_4^{2-} + 6H^+ \longrightarrow 7H_2S + 12HCO_3^- \qquad (6.11)$$

$$4H_2 + SO_4^{2-} + 2H^+ \longrightarrow 4H_2S + 4H_2O \qquad (6.12)$$

反应式（6.9）~式（6.12）在 pH 为 6.3~7.0 时，消耗 1 mol 硫酸盐（SO_2^{4-}）大约需要 1~2 mol 质子（H^+）。如果 pH 较低，就会产生二氧化碳而不是碳酸氢盐。对于这样的 pH 反应可以改写为

$$CH_3COO^- + SO_4^{2-} + 3H^+ \longrightarrow H_2S + 2CO_2 + 2H_2O \qquad (6.13)$$

在 SRBR 系统中，在 pH 为中性或弱碱性的厌氧条件下，金属可以与 H_2S 反应形成硫化物沉淀。

6.3.2　硫酸盐还原生物反应器原理

硫酸盐还原生物反应器（sulfate reducing bacteria reactor, SRBR）是一种减少环境污染的新方法，它由一个设计合理的浅层盆地和地下水流组成（图 6.36）。水从顶部或底部引入，流经过滤层，从另一端通过安装在底部或顶部的排水管排出，排水管控制着水的深度。为提高硫酸盐还原速率及重金属去除率，近年来开发的改进 SRBR 工艺，包括上流式厌氧污泥床反应器、搅拌槽式反应器、填充床反应器和膜反应器等（图 6.37）。硫酸盐的还原可通过自由悬浮的细菌或固定的细菌来实现。采用自由悬浮细菌的连续生物反应器在低流速、长停留时间的运行条件下才能发挥出最佳性能；固定化生物反应器中的生物膜对低 pH、高重金属浓度等极端条件具有更强的耐受性，并可在高流速条件下运行。

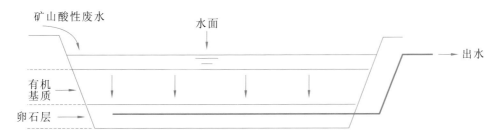

图 6.36　硫酸盐还原生物反应器示意图

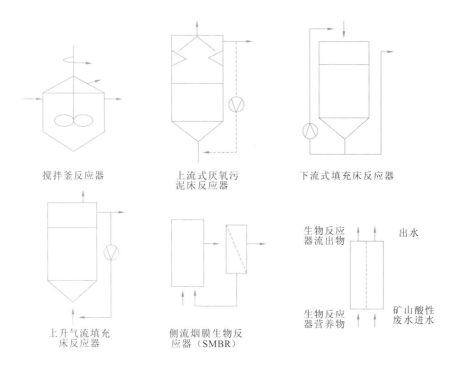

搅拌釜反应器　　　　　上流式厌氧污　　　　　下流式填充床反应器
　　　　　　　　　　　泥床反应器

上升气流填充　　　　侧流烟膜生物反
床反应器　　　　　　应器（SMBR）

图 6.37　各类硫酸盐还原生物反应器示意图

6.3.3　硫酸盐还原生物反应器影响因素

1. pH

硫酸盐还原菌对酸性条件极为敏感（Hard et al.，1997）。硫酸盐还原菌最开始是从 pH 为 3.4 的池塘中（Tuttle et al.，1969）和露天废弃矿井的酸性废水中分离出来的（Fortin et al.，1996），但在实验室培养时的 pH 均高于 5.5。这说明环境中分离的 SRB 将硫酸盐还原为硫化物时，同时消耗了体系中的 H^+ 为其代谢过程提供适宜的碱性环境，从而使环境变得有利（Fortin et al.，1996）。*Desulfotomaculum* 菌属可以在 pH 为 2.9 的环境中生长，为耐酸细菌（Johnson et al.，1993）。Kolmert 等（2001）报道能在 pH＝3.0 培养基中生长的混合型嗜酸 SRB，比单一的 SRB 更能耐受极端条件。除影响 SBR 的生长外，体系中 pH 能影响 SBR 还原硫酸盐的性能，Elliott 等研究说明了流式厌氧生物反应器中 pH 从 3.0 增至 3.3 时，SRB 的硫酸盐的去除率从 14.4%增至 38.3%（Elliott et al.，1998），说明还原性能对 pH 环境较为敏感。因而，为保障 SRB 的生长需求及硫酸盐的去除效果，一般将反应器的 pH 控制在 5～8（Willow et al.，2003）。pH 超出适宜范围将导致硫酸盐还原速率和金属去除率的下降，体系中 pH 小于 5 时会抑制硫酸盐还原，同时造成金属硫化物的溶解，体系中 pH 大于 8 将导致微生物生长受抑制（Dvorak et al.，1992）。但嗜酸性的 SRB 能在 pH<3 的环境中生长（Koschorreck，2007），在修复酸性废水方面比嗜

中性 SRB 更有优势（Kolmert et al.，2001），同时可降低中和酸性水所需碱试剂的成本；另外，嗜酸性 SRB 在低 pH 条件下产酸和产甲烷等过程被抑制，硫酸盐还原过程会得到一定程度的提升。

2. 氧化还原电位

SRB 可以降低环境中氧化还原电位（Eh），产生硫化氢，形成黑色硫化物沉淀，因此负氧化还原电位环境更适合 SRB 生长（Garcia et al.，2001）。为了获得最佳性能，SRB 通常需要在厌氧、Eh<100 的还原环境中生长，然而在正 Eh 的 SRB 生物反应器中，也存在硫酸盐的还原过程（Neculita et al.，2007），因此在生物反应器出口处收集的水样中 Eh 并不能反映 SRB 所处真实环境值。批次和柱式实验室生物反应器在 Eh 为-200～-100 mV 或更低的情况下，在 23 d（Cocos et al.，2002）、30 d（Beaulieu et al.，2000）或 150 d（Gibert et al.，2004）的保留期内成功处理了矿山酸性废水。在被动式生物反应器中，Eh 低至-200 mV 的维持时间为 2 个月至 2 年以上。

3. 温度

温度是影响 SRB 生长和硫酸盐还原的重要因素，温度影响着细菌生长、有机底物水解及硫化氢的溶解度，一般来说，SRB 可以适应-5～75 ℃的温度环境。当反应温度从 20 ℃升高到 35 ℃左右时，硫酸盐还原效率明显提升（Van Houten et al.，1997），而当温度进一步升高到 40 ℃会抑制还原效率，随着温度进一步升高还原速率开始下降（Moosa et al.，2002）。在低温条件下（<10 ℃），SRB 还原硫酸盐的速率较其在 20 ℃时降低 50% 以上（Neculita et al.，2007）；但是当 SRB 适应了低温环境后，低温对其生长代谢影响较小，SRB 便不再受限于低温的影响（Tsukamoto et al.，2004）。Zaluski 等（2003）研究结果表明在冬季启动的野外生物反应器中，虽然 SRB 生长相对春夏时滞后了 4 个月，但对已驯化良好的 SRB 种群而言，低温对它们的生长代谢活动无显著影响。

4. 营养物来源

在 SRB 生物反应器中，常选用易获得的有机基质作为 SRB 培养的营养物质，如畜禽粪便、农林废弃物等（Gilbert et al.，1999）。Figueroa 等（2004）根据底物的化学特性及其在厌氧生物反应器中的溶解度，将底物分为不同适应类型。Gibert 等（2004）对比市政污泥堆肥产品、绵羊粪便、家禽粪便和橡树叶对 SRB 生长性能的影响，表明有机基质中木质素的含量越低，SRB 的细菌活性和生物降解性能越强。有机基质中水分含量、有机组分和营养成分的含量对 SRB 的生长及性能有显著影响。蛋白质含量高、木质素含量低的碳源是最易被 SRB 利用的碳源；碳源的碳水化合物和粗脂肪含量越高，驱动硫酸盐还原的能力就越强；碳源粗纤维含量越高，驱动硫酸盐还原的能力越低（Coetser et al.，2006）。同时有机基质的另一个特性是对重金属的吸附能力，底物的吸附能力在微生物种群的启动阶段非常重要，是微生物附着的重要基础，也可能是某些重金属（如锰）去除的主要机制。基质的生物降解速率与其中木质素的含量可以下式估算（Chandler et al.，1980）：

$$B = 0.028X + 0.830$$

式中：B 为生物可降解组分，以挥发性固体（VS）表示；X 为其中木质素含量，以干重的百分比表示。

5. 其他

SRB 在适宜的基质上生长，借助其在基质表面形成的微环境以抵抗低 pH 或高氧浓度等不利环境的胁迫。生长在多孔材料中的 SRB 较其悬浮生长时的硫酸盐还原活性更高，材料的比表面积越大，重金属的去除率越高。同时在实际操作中，为减少多孔介质材料对生物反应器的堵塞，一般首选孔隙度大、比表面积低和空隙体积大的介质。因此，在选择 SRB 生长基质材料时，要平衡生长活性、处理效率和运行稳定的关系。

水力停留时间是影响 SRB 生长和还原效率的另一因素。停留时间不足会导致酸中和沉淀金属的时间不足，或导致大量 SRB 被水流冲走，造成菌液浓度不足。一般而言，水力停留时间为 3~5 d 时金属硫化物的去除率较高。

6.3.4 硫酸盐还原生物反应器设计

被动式矿山酸性废水处理的基本流程见图 6.38，该技术适用于含重金属的矿山酸性废水的处理，同时也可有效用于含重金属碱性废水的处理（Sheoran et al.，2010）。但在有条件的实验室仍建议采用分阶段的设计方案，从实验室的静态实验逐步过渡到实际矿山酸性废水现场执行的最终测试阶段（工作台和试点）。小试实验将决定处理技术是否为矿山酸性废水处置的可行解决方案，并将缩小现场试验的初始设计变量。一项设计适当的小试实验会缩短现场试验的持续时间及成本，一旦选择了相应的技术和应用方法，就可将特定站点和源的信息与一般设计指南相结合。设计工艺前，应对水质、水量及目标污染物的变化规律进行全面的调查和分析，确定矿山酸性废水处理的工艺流程，综合实验室静态实验、小试实验和中试实验调整生物反应器的系统大小和配置情况。影响硫酸盐生物反应器效率的因素包括设计流量、pH、硫酸盐负荷、重金属浓度和水力停留时间等。

1. 设计流量

设计流量须与实际水流量相匹配。若 SRBR 的尺寸大于实际最大流量，当流量显著下降时，已经沉淀的还原性底物会被空气氧化并释放重金属。重金属在 SRBP 中的释放，会导致细菌群落数量的减少，系统处理效率显著下降。

2. pH

SRB 是专性厌氧菌，在 pH 近中性范围内硫酸盐还原效率最高。优化和增强反应器可以通过将矿山酸性废水的 pH 调节至接近中性来实现，在废水进入 SRBP 之前使用缺氧石灰岩排水沟提高废水的 pH。

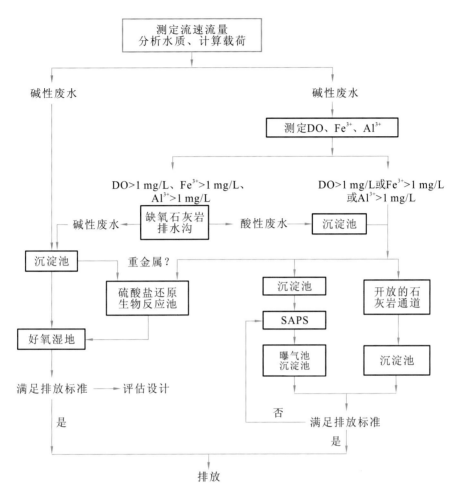

图 6.38 矿山酸性废水被动式处理系统选择方案（Sheoran et al.，2010）

3. 硫酸盐负荷

硫酸盐负荷是 SRBR 处理重金属的一个重要因素。矿山酸性废水中硫酸盐的浓度一般高于 500 mg/L。Moosa 等（2002）研究了 SRB 的反应动力学，发现 SRB 的反应动力学与硫酸盐的初始浓度相关。初始硫酸盐浓度从 1.0 g/L 增至 5.0 g/L，最大体积还原速率可以从 0.007 g/（L·h）提高到 0.075 g/（L·h）。

4. 重金属浓度

铁、铜、锌和镉等重金属的去除率通常小于硫酸盐还原速率，通常为 0.15～0.30 mol/（m^3·d）。针对重金属浓度较低的水可用较小的系统处理，也可以用较高的流速处理。一般将 SRBR 空床的水力停留时间设置为 20～40 h，当给水 pH 小于 5.0 时设置水力停留时间为 40 h，如果给水 pH 接近中性时，则设置为 20 h（Cohen，2006）。

5. 水力停留时间

硫化锌及其他一些金属硫化物需要 3 d 以上的水力停留时间才能实现有效沉淀。因此，当废水需要除锌时，SRBR 的设计停留时间应至少为 3 d。当用 SRBR 处理矿井水时，4 d 左右的停留时间能保证金属去除率稳定超过 98%（Cohen，1992）。

6.4　人工湿地在矿山酸性废水处理工艺的应用

人工湿地自 20 世纪 70 年代就被用于废水处理，经过几十年的改良和发展，目前已形成多种类型、多种工艺组合和多种运行方式的人工湿地（许吟波，2014）。根据人工湿地的内部结构和污水流动状态，可将人工湿地分为自由表面流人工湿地、水平潜流人工湿地、垂直潜流人工湿地、波式潜流人工湿地和潮汐潜流人工湿地等。人工湿地具有建造及运行费用低、维护简单、出水水质好和对负荷变化适应能力强等优点，但人工湿地处理也具有占地面积大、寒冷地区冬季的处理效果差等缺点（阮红权 等，2004）。其基建投资和运行费用相当于二级常规处理工艺的 1/5～1/2。近年来人工湿地也被用来处理含重金属的矿山酸性废水。人工湿地对 H^+、Fe^{2+}、Fe^{3+} 和悬浮物的去除率可达 90%以上，应用前景广阔（曹婷婷 等，2017）。人工湿地用来处理矿山重金属废水是一种较为新兴的方式。纳米材料耦合人工湿地极大提升了含重金属污水的处理效率。钛酸钠纳米纤维对于重金属的吸附具有吸附容量大、不可逆等特点，以钛酸钠纳米纤维为原料制作人工湿地填料，可以减少人工湿地的占地面积、降低因重金属的脱附而造成的二次污染（秦培瑞，2018）。将电化学处理与生态工程技术进行优势互补，可提升传统人工湿地的处理能力（张弦 等，2018）。随着人工湿地去除污染物机理、湿地植物强化培育和基质优化配制等相关研究的不断深入，会极大地提高人工湿地的净化性能和应用范围，拓展人工湿地在水处理领域的应用（曾毅夫 等，2018）。

6.4.1　人工湿地处理矿山酸性废水的作用机理

人工湿地由基质、水体、水生植物、好氧或厌氧微生物种群、水生动物 5 部分组成，各组成成分承担相应的功能。人工湿地中，溶解态重金属通常是依靠吸附、沉淀、植物吸收、微生物的代谢活动及其他生物降解作用得以去除。重金属的去除主要包括三个方面的机理：①湿地组成成分与重金属反应生成难溶物沉降在床体内部；②植物和微生物的吸收；③湿地组成成分、沉淀物等的吸附作用（周海兰，2007）。

6.4.2　人工湿地植物去除矿山废水中重金属的机理

人工湿地系统中植物去除重金属的机制主要包括：①植物根系通过分泌某些代谢产

物改变根际微环境，活化、钝化废水中的重金属或改变重金属的离子价态，从而降低重金属的毒性；②植物根系吸收并向地上部分转运离子态的重金属，通过收获植物地上部分来去除重金属（周桑扬 等，2016；孙黎 等，2009）。植物根系是一个动态的微环境，水和营养物质在根系被植物摄取，同时植物的根不断地分泌氧、糖、氨基酸、有机酸、内源激素、酶和一些次生代谢产物。这些植物根际分泌物能与重金属离子发生物理和化学反应将其去除，同时其中的有机酸能与重金属离子发生反应，降低其毒性。$10 \sim 50$ μmol/L Al 能增进植物根尖柠檬酸合成酶的活性，促进柠檬酸的分泌，柠檬酸与 Al 反应生成柠檬酸-Al 的螯合物，降低 Al 的毒性（李庆华，2014）。

湿地植物的根系泌氧使得根际微环境处于相对氧化状态，低价铁锰被氧化，在根系表面形成红棕色的铁锰氧化物胶膜（朱加宾 等，2018）。根系表面锰氧化物胶膜对重金属阳离子 Cd^{2+}、Pb^{2+}、Hg^{2+} 和 Zn^{2+} 有强烈的吸附作用，能改变上述离子在固液两相中的分配比例，从而影响其在土壤中的迁移性和生物有效性（朱加宾 等，2018）。

植物根系分泌物还可改变植物根际周围微生物群落的组成和结构，对土壤生态系统产生重要影响，并对其他作物生长产生促进作用。同时，某些微生物在生长过程中能改变重金属形态与价态，活化重金属，增强植物对重金属的吸收。

6.4.3　湿地基质去除矿山废水中重金属的机理

湿地基质即填料、滤料，通常是由土壤、细沙、砾石、碎碗片或灰渣等构成，它们是植物生长、微生物附着的床体，具有过滤、沉淀、吸附和絮凝重金属等作用（高志勇 等，2017）。人工湿地基质因去除污染物的不同而存在一定差异，处理重金属的人工湿地考虑经济因素和吸附效果，一般会选择廉价的天然矿物作为填料。填料的选择在人工湿地处理重金属废水工艺中占非常重要的地位，填料层能通过离子交换吸附无机盐，促进重金属离子的去除而减少占地面积，还能缓冲气候对植物系统的影响；同时由于湿地中植物对重金属的耐受浓度有限，浓度稍大时会造成植物生长受到抑制甚至死亡，而填料可以为其提供一个缓冲作用，为植物生长提供良好的环境，促进重金属的吸收去除。一般将填料的吸附容量作为填料选择的重要依据（关正义，2017；张晓斌 等，2016）。

6.4.4　微生物处理矿山酸性废水的机理

植物根区好氧微生物的活动加强了湿地对重金属的吸附和富集（曹婷婷，2015）。人工湿地系统中，部分微生物会吸附或吸收所需的重金属离子到细胞内；同时，某些细菌在生长过程中会释放蛋白质将溶液中可溶性重金属转化为沉淀。厌氧条件下，硫酸盐还原菌能将硫酸盐还原成硫化氢，硫化氢与重金属离子反应生成金属硫化物而被沉淀去除（靳振江 等，2011）。

参 考 文 献

曹婷婷, 2015. 人工湿地不同工艺对重金属的去除研究. 西安: 长安大学.

曹婷婷, 王欢元, 孙婴婴, 2017. 复合人工湿地系统对重金属的去除研究. 环境科学与技术, 40: 230-236.

陈琛, 黄珊, 吴群河, 等, 2010. DAPI 荧光染色计数法的感潮河段沉积物细菌数量测量影响因素研究. 环境科学, 31: 1918-1925.

陈雨佳, 罗琳, 毛石花, 等, 2012. 微生物诱导微细粒硫化矿的絮凝浮选工艺研究. 环境科学与管理, 37: 56-60.

崔战利, 王萍萍, 王秋菊, 2005. 最大或然数法在光合细菌计数中的应用及效果研究. 应用生态学报, 16: 1577-1580.

范美蓉, 罗琳, 廖育林, 等, 2014. 赤泥与猪粪配施对水稻抗氧化酶系统及镉吸收效果的影响. 水土保持学报, 28: 281-288.

高志勇, 谢恒星, 王志平, 等, 2017. 人工湿地处理废水中的植物和基质选择. 渭南师范学院学报, 32: 62-67.

关正义, 2017. 人工湿地基质配制对废水中重金属 Pb 的钝化吸附效果研究. 兰州: 兰州交通大学.

黄红丽, 罗琳, 王寒, 等, 2014. 猪粪堆肥中铜锌与腐殖质组分的结合竞争. 环境工程学报, 8: 3978-3982.

蒋艳梅, 2007. 重金属 Cu、Zn、Cd、Pb 复合污染对稻田土壤微生物群落结构与功能的影响. 杭州: 浙江大学.

靳振江, 刘杰, 肖瑜, 等, 2011. 处理重金属废水人工湿地中微生物群落结构和酶活性变化. 环境科学, 32: 1202-1209.

李慧, 蔡信德, 罗琳, 等, 2009. 一株可同时降解多种高环 PAHs 的丝状真菌: 宛氏拟青霉(Paecilomyces variotii). 生态学杂志, 28: 1842-1846.

李娜, 张利敏, 张雪萍, 2012. 土壤微生物群落结构影响因素的探讨. 哈尔滨师范大学自然科学学报, 28: 70-74.

李庆华, 2014. 人工湿地植物重金属分布规律及富集性研究. 西安: 长安大学.

刘成, 2001. 生物法处理矿山酸性废水技术的应用. 有色金属(矿山部分), 4: 35, 39-44.

罗琳, 侯冬梅, 张攀, 2019a. 利用铁锰氧化菌群去除酸性废水中铁锰离子的方法: 中国, CN110093294A. 2019-08-06.

罗琳, 毛启明, 杨远, 等, 2019b. 矿山酸性废水生态处理系统及处理方法: 中国, CN109607971A. 2019-04-12.

罗琳, 张凤凤, 周耀渝, 等, 2016. 产黄青霉菌#水铁矿聚集体及其制备方法和应用: 中国, CN106242074A. 2016-12-21.

彭艳平, 2008. 矿山酸性含铜废水的生物处理技术研究. 赣州: 江西理工大学.

秦培瑞, 2018. 钛酸钠纳米填料处理含重金属污水的实验研究. 青岛: 青岛大学.

阮红权, 杨海真, 2004. 构造人工湿地技术及其应用. 江苏环境科技, 17(3): 35-37.

孙黎, 余李新, 王思麒, 等, 2009. 湿地植物对去除重金属污染的研究. 北方园艺, 12: 125-129.

王岩, 沈锡权, 吴祖芳, 等,2009. PCR-SSCP 技术在微生物群落多态性分析中的应用进展. 生物技术, 19: 84-87.

向红霞, 罗琳, 敖晓奎, 等, 2008. 改性硅藻土与细菌复合体对 Mn(II)的吸附特性及动力学研究. 非金属矿(1): 15-18.

许吟波, 2014. 人工湿地用于重金属污染废水处理的研究. 天津: 天津大学.

杨海君, 颜丙花, 范美蓉, 等, 2009. 土壤环境中 2 株典型非离子表面活性剂降解菌的应用效果. 环境科学研究, 22: 617-621.

杨婧, 朱永官, 2009. 微生物砷代谢机制的研究进展. 生态毒理学报, 4: 761-769.

张弦, 王宇晖, 赵晓祥, 等, 2018. 微电场人工湿地系统对水中重金属 Cd、Zn 和 Cu 去除效果的研究. 农业环境科学学报, 37: 1211-1218.

张晓斌, 刘鹏, 李星, 2016. 不同基质人工湿地去除电镀重金属(Cr, Zn)的研究. 工业安全与环保, 42: 83-85.

张旭, 于秀敏, 谢亲建, 等, 2008. 砷的微生物转化及其在环境与医学应用中的研究进展. 微生物学报, 48: 408-412.

张又弛, 罗文邃, 2013. pH 调控、生物还原作用及植株生长对红壤人工湿地治理含铜酸性矿山废水效率的影响. 2013 中国环境科学学会学术年会论文集: 237-242.

周海兰, 2007. 人工湿地在重金属废水处理中的应用. 环境科学与管理(9): 89-91, 114.

周桑扬, 杨凯, 吴晓芙, 等, 2016. 人工湿地植物去除废水中重金属的作用机制研究进展. 湿地科学, 14: 717-724.

曾毅夫, 邱敬贤, 刘君, 等, 2018. 人工湿地水处理技术研究进展. 湿地科学与管理, 14: 62-65.

朱加宾, 李冰, 侯诒然, 等, 2018. 人工湿地不同植物根系及基质重金属富集特征及其与环境因子相关性. 上海海洋大学学报, 27: 531-542.

AGUINAGA O E, MCMAHON A, WHITE K N, et al., 2018. Microbial community shifts in response to acid mine drainage pollution within a natural wetland ecosystem. Frontiers in Microbiology, 9: 1445.

BAI Y, CHANG Y, LIANG J, et al., 2016. Treatment of groundwater containing Mn(II), Fe(II), As(III) and Sb(III) by bioaugmented quartz-sand filters. Water Research, 106: 126-134.

BEAULIEU S, ZAGURY G, DESCH NES L, et al., 2000. Bioactivation and bioaugmentation of a passive reactor for acid mine drainage treatment//SINGHAL R K, MEHROTRA A K. Environmental Issues and Management of Waste in Energy and Mineral Production: 533-537.

BOHU T, SANTELLI C M, AKOB D M, et al., 2015. Characterization of pH dependent Mn(II) oxidation strategies and formation of a bixbyite-like phase by Mesorhizobium australicum T-G1. Frontiers in Microbiology, 6: 734.

CHANDLER J A J, GOSSETTJ M, VAN SOESTP J, et al., 1980. Predicting methane fermentation biodegradability. Biotechnology and Bioengineering Symposium, United States.

CHEN C, YAN X, YOZA B A, et al., 2018. Efficiencies and mechanisms of ZSM5 zeolites loaded with cerium, iron, or manganese oxides for catalytic ozonation of nitrobenzene in water. Science of the Total Environment, 612: 1424-1432.

COCOS I A, ZAGURY G J, CL MENT B, et al., 2002. Multiple factor design for reactive mixture selection for use in reactive walls in mine drainage treatment. Water Research, 36(1): 167-177.

COETSER S, PULLES W, HEATH R, et al., 2006. Chemical characterisation of organic electron donors for sulfate reduction for potential use in acid mine drainage treatment. Biodegradation, 17(2): 67-77.

COHEN R R, 1992. Technical manual for the design and operation of a passive mine drainage treatment system. Golden: Colorado School of Mines.

COHEN R R, 2006. Use of microbes for cost reduction of metal removal from metals and mining industry waste streams. Journal of Cleaner Production, 14(12-13): 1146-1157.

DVORAK D H, HEDIN R S, EDENBORN H M, et al., 1992. Treatment of metal-contaminated water using bacterial sulfate reduction: Results from pilot-scale reactors. Biotechnology and Bioengineering, 40(5): 609-616.

ELLIOTT P, RAGUSA S, CATCHESIDE D, 1998. Growth of sulfate-reducing bacteria under acidic conditions in an upflow anaerobic bioreactor as a treatment system for acid mine drainage. Water Research, 32(12): 3724-3730.

FAN M, 2006. Synthesis, properties, and environmental applications of nanoscale iron-based materials: A review. Critical Reviews in Environmental Science & Technology, 36(5): 405-431.

FIGUEROA L, SEYLER J, WILDEMAN T, 2004. Characterization of organic substrates used for anaerobic bioremediation of mining impacted waters. Proceedings of the International Mine Water Association Conference, Newcastle. Citeseer: 43-52.

FORTIN D, DAVIS B, BEVERIDGE T, 1996. Role of Thiobacillus and sulfate-reducing bacteria in iron biocycling in oxic and acidic mine tailings. FEMS Microbiology Ecology, 21(1): 11-24.

FRANCIS C A, CO E M, TEBO B M, 2001. Enzymatic manganese(II) oxidation by a marine α-proteobacterium. Applied & Environmental Microbiology, 67(9): 4024-4029.

GARCIA-DOMINGUEZ E, MUMFORD A, RHINE E D, et al., 2008. Novel autotrophic arsenite-oxidizing bacteria isolated from soil and sediments. FEMS Microbiology Ecology, 66(2): 401.

GARCIA C, MORENO D, BALLESTER A, et al., 2001. Bioremediation of an industrial acid mine water by metal-tolerant sulphate-reducing bacteria. Minerals Engineering, 14(9): 997-1008.

GIBERT O, DE PABLO J, CORTINA J L, et al., 2004. Chemical characterisation of natural organic substrates for biological mitigation of acid mine drainage. Water Research, 38(19): 4186-4196.

GIBERT O, PABLO J D, CORTINA J L, et al., 2002. Treatment of acid mine drainage by sulphate-reducing bacteria using permeable reactive barriers: A review from laboratory to full-scale experiments. Reviews in Environmental Science & Biotechnology, 1(4): 327-333.

GILBERT J, WILDEMAN T, FORD K, 1999. Laboratory experiments designed to test the remediation properties of materials. Proceedings of the 15th Annual Meeting of the American Society of Surface Mining and Reclamation, Scottsdale, AZ: 582-589.

HARD B C, FRIEDRICH S, BABEL W, 1997. Bioremediation of acid mine water using facultatively methylotrophic metal-tolerant sulfate-reducing bacteria. Microbiological Research, 152(1): 65-73.

HAYASHI K, 1991. PCR-SSCP: A simple and sensitive method for detection of mutations in the genomic DNA. PCR Methods and Applications, 1(1): 34-38.

HOU D, ZHANG P, WEI D, et al., 2020. Simultaneous removal of iron and manganese from acid mine drainage by acclimated bacteria. Journal of Hazardous Materials, 396: 122631.

HOU D, ZHANG P, ZHANG J, et al., 2019. Spatial variation of sediment bacterial community in an acid mine drainage contaminated area and surrounding river basin. Journal of Environmental Management, 251: 109542.

HUANG L N, KUANG J L, SHU W S, 2016. Microbial ecology and evolution in the acid mine drainage model system. Trends in Microbiology, 24(7): 581-593.

ITARD Y, 2006. A simple biogeochemical process removing arsenic from a mine drainage water. Geomicrobiology Journal, 23(3-4): 201-211.

JOHNSON D B, GHAURI M, MCGINNESS S, 1993. Biogeochemical cycling of iron and sulphur in leaching environments. FEMS Microbiology Reviews, 11(1-3): 63-70.

JULIE, LOZACH, SOLEN, et al., 2010. Chlorophyll a might structure a community of potentially pathogenic culturable Vibrionaceae. Insights from a one-year study of water and mussels surveyed on the French Atlantic coast. Glasgow: University of Glasgow.

KEFENI K K, MSAGATI T A M, MAMBA B B, 2017. Acid mine drainage: prevention, treatment options, and resource recovery: A review. Journal of Cleaner Production, 151: 475-493.

KOLMERT Å, JOHNSON D B, 2001. Remediation of acidic waste waters using immobilised, acidophilic sulfate-reducing bacteria. Journal of Chemical Technology & Biotechnology: International Research in Process, Environmental & Clean Technology, 76(8): 836-843.

KOSCHORRECK M, 2007. Natural alkalinity generation in neutral lakes affected by acid mine drainage. Journal of Environmental Quality, 36(4): 1163-1171.

LEBRUN E, BRUGNA M, BAYMANN F, et al., 2003. Arsenite oxidase, an ancient bioenergetic enzyme. Molecular Biology & Evolution, 20(5): 686.

LI C, WANG S, DU X, et al., 2016. Immobilization of iron- and manganese-oxidizing bacteria with a biofilm-forming bacterium for the effective removal of iron and manganese from groundwater. Bioresource Technology, 220: 76-84.

LLOYD J R, OREMLAND R S, 2006. Microbial transformations of arsenic in the environment: From soda lakes to aquifers. Elements, 2(2): 85-90.

MITTAL V K, BERA S, NARASIMHAN S V, et al., 2013. Adsorption behavior of antimony(III) oxyanions on magnetite surface in aqueous organic acid environment. Applied Surface Science, 266(2): 272-279.

MOOSA S, NEMATI M, HARRISON S, 2002. A kinetic study on anaerobic reduction of sulphate, Part I: Effect of sulphate concentration. Chemical Engineering Science, 57(14): 2773-2780.

NECULITA C M, ZAGURY G J, BUSSI RE B, 2007. Passive treatment of acid mine drainage in bioreactors using sulfate-reducing bacteria. Journal of Environmental Quality, 36(1): 1-16.

OREMLAND R S, STOLZ J F, 2003. The ecology of arsenic. Science, 300(5621): 939-944.

RHINE E D, PHELPS C D, YOUNG L Y, 2006. Anaerobic arsenite oxidation by novel denitrifying isolates. Environmental Microbiology, 8(5): 899-908.

SHEORAN A S, SHEORAN V, CHOUDHARY R P, 2010. Bioremediation of acid-rock drainage by sulphate-reducing prokaryotes: A review. Minerals Engineering, 23(14): 1073-1100.

STACH J E M, BATHE S, CLAPP J P, et al., 2001. PCR-SSCP comparison of 16S rDNA sequence diversity in soil DNA obtained using different isolation and purification methods. FEMS Microbiology Ecology, 36(2-3): 139-151.

TANG Y, JUANJUAN H E, WEIBIN W U, et al., 2011. Simultaneous removal of iron,manganese and ammonia in biological aerated filter. Ciesc Journal, 62(3): 792-796.

THOMAS R C, ROMANEK C, PAUL K, et al., 1999. Metal removal processes in anaerobic constructed treatment wetlands over time. Wetlands & Remediation: An International Conference. 407-414.

TSUKAMOTO T, KILLION H, MILLER G, 2004. Column experiments for microbiological treatment of acid mine drainage: Low-temperature, low-pH and matrix investigations. Water Research, 38(6): 1405-1418.

TUTTLE J H, DUGAN P R, RANDLES C I, 1969. Microbial sulfate reduction and its potential utility as an acid mine water pollution abatement procedure. Applied and Environmental Microbiology, 17(2): 297-302.

VALENZUELA C, CAMPOS V L, YA EZ J, et al., 2009. Isolation of arsenite-oxidizing bacteria from arsenic-enriched sediments from Camarones River, Northern Chile. Bulletin of Environmental Contamination and Toxicology, 82(5): 593.

VAN HOUTEN R T, YUN S Y, LETTINGA G, 1997. Thermophilic sulphate and sulphite reduction in lab-scale gas-lift reactors using H_2 and CO_2 as energy and carbon source. Biotechnology and Bioengineering, 55(5): 807-814.

WILLOW M A, COHEN R R, 2003. pH, dissolved oxygen, and adsorption effects on metal removal in anaerobic bioreactors. Journal of Environmental Quality, 32(4): 1212-1221.

XIANG Y, ZHOU, HONG C, et al., 2016. Biomass-derived activated carbon materials with plentiful heteroatoms for high-performance electrochemical capacitor electrodes. Journal of Energy Chemistry, 25(1): 35.

ZALUSKI M, TRUDNOWSKI J, HARRINGTON-BAKER M, et al., 2003. Post-mortem findings on the performance of engineered SRB field-bioreactors for acid mine drainage control. Proceedings of the 6th International Conference on Acid Rock Drainage, Cairns, QLD: 12-18.

第7章 尾矿渗滤液及地表径流废水处理工程案例

7.1 工程概况及环境背景

7.1.1 工程概况

针对七宝山某矿区中的遗留采矿坑及废石场和尾矿坝，在废石场和尾矿坝下方修建了挡石墙，还设置了废水收集系统，废石场淋滤水经收集后通过管道泵至矿山废水处理站处理后再外排，废水处理站工程运行期间的主要污染废水为井下废水，经矿山废水处理站处理后，部分回用于采矿和选矿生产，部分外排。

现场内原硫铁矿遗留露天采矿面 6 hm^2，该矿始建于 20 世纪 70 年代，2013 年停止开采，该露天采矿面地表径流废水直接排放。2017 年，该露天采矿面地表径流雨水经收集后通过管道泵至矿山废水处理站处理后再外排。现场内尾矿坝一个，堆高 1~8 m，已堆积量 10 万 m^3，如图 7.1 和图 7.2 所示。废水处理站位于矿山主井口西面约 300 m 处，占地面积约 0.8 hm^2，采用化学中和＋沉淀＋混凝沉淀的处理工艺，设计废水处理能力为 20 000 m^3/d，目前实际废水处理量为 6 000 m^3/d。工程的直接纳污水体为山冲小溪，废水经小溪进入七宝山河，然后进入浏阳河，最终流入湘江。

为解决尾渣库渗滤液及遗留露天采矿面地表径流雨水的污染问题，保护尾矿库及露天采矿面附近受纳水体生态环境，减少现有矿山废水处理站的负荷，拟新建废水处理站一座，预处理尾渣库渗滤、生物滤池两座，深度处理废石场淋滤水和露天矿地表径流雨水，确保流域与农产品安全。为降低矿山酸性废水的处理成本，拟开发预处理＋被动式

图 7.1 废石堆现场

图 7.2 露天采矿面现场

生物处理工艺，针对废石场淋滤水及露天采矿面地表径流雨水的特点，以典型重金属矿山及附近流域为研究对象，深入研究污染场地及流域的重金属污染特征，识别重金属与土著微生物的交互作用。以此为基础，开展吸附特征重金属的先进功能材料研发、高耐受重金属微生物的筛选、扩培和组配的实验研究。此外，以实验室理论研究为基础，构建物化预处理—铁锰氧化菌中间处理—硫酸盐还原菌生物滤池被动式低能耗深度处理矿山酸性废水的工程示范（100 m³/d），如能达到良好的处理效果即可在企业推广应用。

7.1.2 环境背景

基于前期资料收集及现场踏勘情况，尾矿库渗滤液检测结果如表 7.1 所示。

表 7.1 尾矿库渗滤液检测结果汇总表 （单位：mg/L，pH 除外）

检测项目	检测结果	《污水综合排放标准》（GB 8978—1996）	《铅、锌工业污染物排放标准》（GB 25466—2010）
pH	2.46	6～9	6～9
SS	202	70	50
COD$_{Cr}$	<10	100	60
总铬	0.09	1.5	1.5
总铁	1 320	/	/
总锰	140.3	2.0	/
汞	/	0.05	0.03
砷	0.73	0.5	0.3
镉	1.17	0.1	0.05
锌	139.2	2.0	1.5
铜	1.26	0.5	0.5
铅	1.2	1.0	0.5

注：/ 为未检出，SS 为悬浮物（suspended solids）

由表 7.1 可知，尾矿库渗滤液 pH 远远低于排放水的要求，Fe、Mn、Zn 和 Cu 含量高，故可判断废石场淋滤水均为含 Fe、Mn 等金属离子的酸性废水，且废水中悬浮物含量较高。

由表 7.2 可知，露天采矿面地表径流的雨水 pH 远远低于排放要求，其重金属离子 Fe、Mn、Cu 和 Zn 浓度高于排放标准浓度，属于含重金属离子的酸性废水，且悬浮物含量较高。

表 7.2　露天采矿面地表径流雨水　　　　　　（单位：mg/L，pH 除外）

检测项目	检测结果 （mg/L，pH 为无量纲）	《污水综合排放标准》 （GB 8978—1996）	《铅锌工业污染排放标准》 （GB 25466—2010）
pH	3.39	6～9	6～9
SS	503	70	50
COD_{Cr}	<10	100	60
总铬	1.23	1.5	1.5
总铁	21.79	/	/
总锰	4.76	2.0	/
汞	/	0.05	0.03
砷	/	0.5	0.3
镉	/	0.1	0.05
锌	2.58	2.0	1.5
铜	5.77	0.5	0.5
铅	/	1.0	0.5

注：/ 为未检出，SS 为悬浮物（suspended solids）

分析检测数据可知，七宝山硫铁矿及原磺矿上游地表水为 1 号水样，下游地表水为 4 号水样，2 号为纳污水体小溪采集水样，3 号为露天采矿面地表径流雨水排放水渠水样。表 7.3 的检测结果显示，七宝山矿区的废水汇入七宝河后对水质影响很大，水质超过了《地表水环境质量标准》（GB 3838—2002）III 类标准，主要超标物质为铁、锰。

表 7.3　地表水检测结果

编号	pH	重金属质量浓度/（mg/L）						
		Fe	Mn	Pb	Zn	As	Cu	Cr
1	7.6	17.44	0.19	0.17	1.24	/	0.15	1.16
2	8.5	15.50	0.47	0.12	1.55	/	0.17	1.16
3	6.4	15	19.51	0.55	19.27	/	6.73	1.11

续表

编号	pH	重金属质量浓度/（mg/L）						
		Fe	Mn	Pb	Zn	As	Cu	Cr
4	7.2	15.29	0.45	0.17	1.375	/	0.17	1.13
《地表水环境质量标准》III 类	6～9	0.3	0.1	0.05	1.0	0.05	1.0	0.05

注：/为未检出，铁、锰执行集中式生活饮用水地表水源地补充项目标准限值

7.2　尾矿渗滤液废水处理工程设计

7.2.1　重金属废水处理技术比选

目前重金属废水的处理方法主要有三类：第一类是废水中重金属离子通过发生化学反应除去的方法，包括石灰中和沉淀法、硫化物沉淀法、铁盐石灰共沉法、化学还原法、电解法等；第二类是使废水中的重金属在不改变其化学形态的条件下进行吸附、浓缩、分离的方法，包括吸附法、离子交换法、溶剂萃取法、膜分离、电渗析法、光催化氧化法等；第三类是借助微生物或植物的絮凝、吸收、积累、富集等作用去除废水中重金属的方法，包括生物吸附、生物沉淀、植物生态修复等。下面仅针对石灰中和法、生物制剂法、生物滤池三种方法进行对比。

1. 石灰中和法

石灰中和法是以投加石灰或石灰石为主的处理重金属废水的方法（刘志刚，2003；谢红斌，2000；陆智谋，1990；杜军，1987）。

适用范围：可用于去除污水中的铁、铜、锌、铅、镉、钴、砷等，以及能与 OH^- 生成金属氢氧化物沉淀的其他重金属离子。

工艺原理：石灰投加到污水中产生 OH^- 和 Ca^{2+}，多数重金属离子能与 OH^- 结合生成溶度积很小的氢氧化物而与水分离。以除锰为例，一般适用于含锰量较高的酸性废水，主要是利用 OH^- 与废水中的锰离子发生反应，生成难溶的氢氧化锰[$Mn(OH)_2$]沉淀，达到去除锰的目的（彭映林，2010）。

石灰法工艺主要反应过程如下：

$$Me^{n+} + nOH^- \longrightarrow Me(OH)_n \downarrow$$

该方法的主要优点：处理剂来源广泛、价格便宜，工艺设备较为简单，处理工艺经济性较强，工艺对污水的适应性较强（汪佳良，2017；李笛 等，2012）。

该方法的主要缺点：反应速度较慢，泥渣沉淀缓慢，反应不完全，对于某些重金属离子的去除效果不足，很难一次处理即达到《污水综合排放标准》（GB 8978—1996）的

标准要求，需要其他方法辅助处理。

2. 生物制剂法

中南大学在成功研究细菌解毒铬渣及其选择性回收铬技术的基础上，进一步利用细菌代谢产物、开发了深度净化多金属离子的复合配位体水处理剂（生物制剂），解决了化学药剂难以同时深度净化多金属离子的缺陷（Ai et al.，2019a，2019b；Yang et al.，2018；Wang et al.，2017；Yan et al.，2017a，2017b；Yang et al.，2016；柴立元 等，2013；王庆伟，2011；王庆伟 等，2009；罗胜联，2006）。生物制剂是以硫杆菌为主的复合功能菌群代谢产物与其他化合物进行组分设计，通过基团嫁接技术制备了含有大量羟基、巯基、羧基、氨基等功能基团组的生物制剂（Ai et al.，2019a；裴斐 等，2010；常皓，2007），并成功实现了产业化，目前建成了 10 万 t/a 重金属废水处理剂生产线（袁林，2007）。

针对现有水处理剂存在基团单一、对重金属去除的选择性及协同作用不强、难以实现深度净化的不足，而细菌代谢产物所含基团的种类和数量毕竟有限（Chen et al.，2018），通过引入有利于去除重金属的各种基团，实现废水中多种重金属离子的同时深度脱除。多基团协同作用对各重金属离子的去除率明显高于单一基团，基于分子设计得到了各重金属离子分别与羟基、羧基、酰胺基、巯基等基团形成单配位体配合物分子的稳定构型（Shi et al.，2017；Yan et al.，2017a；Yang et al.，2016；Chai et al.，2016）；提出了各基团与重金属配合能力强弱的相关判据，即配合物分子的稳定化能越高，其配位体基团与重金属配合的能力越强，基于此，确定了不同金属离子的最适配位体基团（Wang et al.，2019；Luo et al.，2018）。

多基团的协同作用在深度净化多金属废水的过程中发挥了重要作用。酯基、巯基与重金属离子（以 Cu^{2+} 为例）协同配合时，形成了更加稳定的环状化合物，其稳定化能为 6.96 eV，比酯基、巯基单独与其配合的稳定化能（0.27 eV 和 0.90 eV）高 6～24 倍，由此揭示了多基团的协同配合优于单一基团的配合作用机制。生物制剂中含有大量的 —OH、—COOH、—HS 等基团，可与废水中的砷、铅、锌、镉、铜、汞等离子发生配合反应，生成配合物（Zhang et al.，2019；Ding et al.，2018；Chai et al.，2016）。

同时开发了"生物制剂配合—水解—絮凝分离"一体化新工艺和相应设备，重金属废水通过生物制剂多基团的协同配合，形成稳定的重金属配合物，用碱调节 pH 发生水解反应，由于生物制剂同时兼有高效絮凝作用，当重金属配合物水解形成颗粒后很快絮凝形成胶团，实现多种重金属离子（砷、镉、铬、铅、汞、铜、锌等）同时高效净化，净化水中各重金属离子浓度远低于相关标准要求（Ai et al.，2019a；Liu et al.，2019；Si et al.，2018；Yan et al.，2017b）。该技术净化重金属高效、投资及运行成本低、操作简便、抗冲击负荷强、效果稳定、无二次污染，可适用于处理各种重金属废水（Li et al.，2019；Tang et al.，2018；常皓，2007；袁林，2007）。

技术优点：①抗重金属冲击负荷强，净化高效，运行稳定，对于浓度波动很大且无规律的废水，经新工艺处理后净化水中重金属低于或接近《生活饮用水水源水质标准》（CJ 3020—1993），其中出水砷浓度低于 0.1 mg/L，镉浓度低于 0.02 mg/L，锌浓度低于 0.5 mg/L，铅浓度低于 0.1 mg/L，出水重金属离子浓度不仅能稳定达到排放标准要求，也能满足国家日益严格的环保要求；②渣水分离效果好，出水清澈，水质稳定；③净化水 SS 达到一级排放标准；④水解渣量比中和法少，重金属含量高，利于资源化；⑤处理设施均为常规设施，占地面积小，投资建设成本低，工艺成熟（Chai et al.，2019，2018；Yang et al.，2017）。

适用范围：可用于有色重金属冶炼废水、有色金属压延加工废水、矿山酸性重金属废水、电镀、化工等行业的重金属废水处理，已成功推广于一百多家大型国有企业。该技术具有抗冲击负荷强、操作简便的特点，对环境和规模无特殊要求。

3. 生物滤池

通过成功驯化和扩培的铁锰氧化细菌，该菌能在酸性条件下对铁锰重金属离子进行氧化，形成生物锰氧化物。微生物锰氧化物较化学合成氧化锰矿物结晶弱、粒径小、Mn价态高，结构中八面体空穴多，具有较大的比表面积，能够吸附其他重金属离子（Hou et al.，2020；Chen et al.，2019；Li et al.，2016；郑洁 等，2016）。一般微生物氧化锰对金属离子的吸附大于化学合成氧化锰，其主要原因在于：被吸附的金属离子易于进入生物的锰氧化物晶格中，如 U(VI)可以进入微生物氧化锰的结构中，形成与钙锰矿类似的最终产物；氧化锰结构中 Mn(III)少，吸附作用更多地发生在 MnO_6 八面体层空穴处（Webb et al.，2006）。氧化锰有很高的氧化还原电位[Mn(IV)/Mn(II)的标准电极电位为 1.22 V，Mn(III)/Mn(II)的标准电极电位是 1.54 V]，微生物锰氧化物具有很强的氧化能力。He 等（2010）的研究表明微生物氧化锰氧化 Cr(III)能力是化学合成氧化锰的 3 倍，达到 0.24 mmol/g。Kwon 等（2009）采用自旋极化的密度泛函理论（DFT）对有空位的水钠锰矿和无空位的二氧化锰进行了研究，结果证明，空位的存在减少了水钠锰矿的带隙能，有利于光生电子和空穴的分离，延缓其复合，导致其易于光还原溶解。因而，微生物锰氧化物因其结构中八面体空穴多于化学合成锰氧化物使其具有更强光还原溶解活性。

目前，作者团队通过在当地采集土著铁锰氧化菌，应用生物固锰除锰理论，实现了在酸性条件下对废水中的铁锰离子的有效去除（Hou et al.，2020，2019；罗琳 等，2019a，2019b）。根据生物矿化结晶学原理，生物矿化最主要的形式是溶液结晶过程，界面能最小化是结晶也就是生物矿化的最初驱动力。在过饱和的亚稳相中，新相一旦成核就能自发长大，这是因为新相的长大是系统吉布斯自由能降低的过程。但制造一个过饱和溶液是不足以诱导溶液中自发均相成核发生。只有当溶液的过饱和度超过了一个临界值，结晶或沉淀才能观测到。因此，在实践中人为地加入固相杂质（如赤泥、水滑石等）和晶种（如施氏矿物、黄钾铁矾等），可以不同程度地降低乃至消除临界现象的产生，促进矿物的快速形成。

4. 技术比选

三种废水治理方案比较如表 7.4 所示。

表 7.4　废水治理方案比较

比较内容	石灰中和法	生物制剂法	生物制剂-生物滤池
出水水质	难以稳定达到《污水综合排放标准》(GB 8978—1996)要求	重金属能达到《污水综合排放标准》(GB 8978—1996)要求	能稳定达到《污水综合排放标准》(GB 8978—1996)
处理效果	无法实现废水中多金属的同时深度净化,出水重金属离子难以稳定达标、易产生二次污染	对砷、镉、铅、锌、汞、铜等重金属离子均有很好的处理效果。处理后各重金属离子浓度远低于排放标准	对砷、镉、铅、锌、汞、铜等重金属离子均有很好的处理效果。处理后各重金属离子浓度远低于排放标准
药剂消耗量	主要消耗碱等	主要消耗生物制剂及碱等	主要消耗生物制剂及碱等
处理成本	较低	中等	较低
资源化程度	金属回收率低	渣中金属含量较高,有价金属回收率高	渣中金属含量较高,有价金属回收率高
成熟度	工业规模	工业规模	工业规模
比选结果	备选	较推荐	推荐

综上所述,三种废水处理方法相比,生物制剂-铁锰细菌氧化-人工湿地处理工艺具有净化砷等多种重金属离子高效、抗冲击负荷强、无二次污染,投资及运行成本低,操作简便、运行稳定等优势。具有明显的环境效益、社会效益和一定的经济效益,应用前景十分广阔,该工艺为国内外领先,其生物滤池在重金属废水处理中的应用技术居国际领先地位。

7.2.2　工艺设计

拟建尾矿库渗滤液预处理废水处理站一座,预处理废石场淋滤水,建设规模 100 m³/d。生物滤池一座,深度处理废石场淋滤水与露天采矿面地表径流雨水,根据露天采矿面坡面面积,设计进水流量为 100 m³/d。

矿区水处理按《污水综合排放标准》(GB 8978—1996)排放。

1. 总体工艺设计

根据废石场淋滤水和露天采矿面地表径流的雨水进水水质指标,表明废水中主要含有酸、Mn、Cu、Fe 及 Zn 等污染因子,针对企业对废水处理后出水指标的要求及现场情况,结合以往的重金属废水处理工程经验,拟采用生物制剂-生物滤池深度处理工艺,设计的工艺流程如图 7.3 所示。

工艺流程说明:废石场淋滤水首先自流入收集池,然后由提升泵打入生物制剂处理系统,在生物制剂处理系统中加入生物制剂和石灰乳进行处理,对废水中的较大悬浮颗粒和酸、Mn、Cu、Fe 及 Zn 等污染因子进行处理,处理后液体进入沉淀压滤系统,底泥收集,上清液进入铁锰细菌氧化系统。在铁锰氧化生物滤池中,细菌通过胞外酶对 Mn^{2+}

进行吸附-氧化成 MnO_x，将大部分的 Mn^{2+} 抵御在细胞之外。同时 Mn^{2+} 通过主动运输进入细胞内，并在细胞内转化成 MnO_x 固体化合物，并共同沉淀，上清液流入后续深度处理系统。

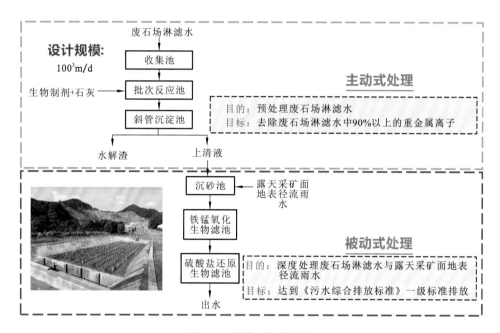

图 7.3　总体工艺流程图

2. 铁锰氧化菌滤池

1）菌种来源

滤池所接种的铁锰氧化菌群采集于当地矿区废水中的土著菌，是经过富集、驯化后获得的功能性菌群。

2）填料的选择

经过前期的预实验，铁锰氧化菌滤池中的填料选择赤泥砖。赤泥砖为实验室自制。

3）菌群的接种

铁锰滤池的接种培养采用高浓度菌液一次性接入滤池的接种方法，由于所获得菌群是寡营养菌，在培养前期需要加入少量的营养物质，具体为蛋白胨 0.25 g/L、葡萄糖 0.15 g/L、酵母粉 0.1 g/L。由于所处理的酸性废水中本身就含有高浓度的铁锰离子，无须加入外源性的铁、锰。

滤池接种前，首先向铁锰滤池内引入 1/2 体积的经过前期处理的矿山酸性废水，此时废水的 pH 在 5～7，废水中 Fe 质量浓度为 4.40 mg/L，Mn 质量浓度为 6.38 mg/L，Cu 质量浓度为 4.05 mg/L，Zn 质量浓度为 2.12 mg/L，并未达到国家工业废水排放标准。然后按照 10%的接种量向滤池中添加扩培好的混合菌液及一定量的外源营养物质。

4）菌群的成熟

细菌接种后，在滤层中会有一个以铁锰氧化菌为核心的菌群增值、固定于填料表面形成稳定生物膜系统的过程，即生物滤池的培养成熟阶段。其成熟的过程基本上可以分为 4 个时期：适应期（5～10 d），滤池中菌种浓度没有明显变化，甚至有所降低；增长期（10～20 d），在适应微生物繁殖代谢的条件下，滤层内的微生物快速增长，菌浓度显著增加；稳定期（20～30 d），滤池内的微生物代谢稳定，菌体产生大量的胞外分泌物，并附着在填料上，形成明显的菌膜；成熟期（30～45 d），滤池的微生物继续分泌胞外分泌物，铁锰氧化物的沉淀不断增加，滤层趋于成熟和稳定。

5）培养过程的调控

培养初期，滤池中的铁锰氧化菌数量有限，并且由于生存环境的变化，菌群的活性明显降低，此时需要添加一定比例的营养物质，如蛋白胨 0.25 g/L、葡萄糖 0.15 g/L、酵母粉 0.1 g/L，促进微生物的繁殖。前期的小试实验表明，随着铁锰氧化菌的繁殖、代谢，溶液中的 pH 会出现一定程度的上升，但都基本稳定在 7.0～7.5，铁锰氧化菌群最佳的工作 pH 为 7 左右，pH 低于 5、高于 8 时铁锰氧化菌群的代谢效率明显下降，故培养期间需随时检测与控制池内的 pH，使其稳定在 5～8。

3. 硫酸盐还原池

典型的硫酸盐还原生物滤池是一个充满基质的浅层盆地。水从顶部或底部引入，流经滤层，从另一端通过安装在底部或顶部的排水管排出，排水管控制着水的深度。硫酸盐还原菌在自然界中分布广泛，是具有较强生命力的一种厌氧异养细菌，其形态各异，革兰氏染色成阴性（图 7.4）。它广泛分布在自然环境中，目前已知硫酸盐还原菌种类达

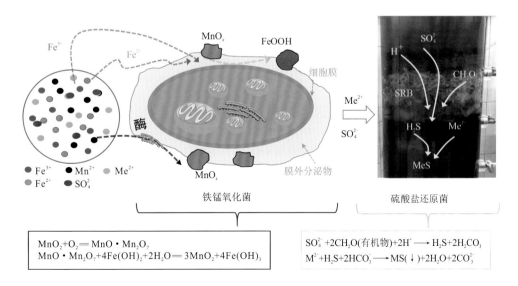

图 7.4　生物氧化−还原生物滤池处理 AMD 示意图

到四十多种。硫酸盐可以促进 SRB 生长，它以有机物作为生化代谢的能量来源和电子供体，通过异化 SO_4^{2-} 为电子受体将其还原，SRB 不易受外界环境影响，而且营养多样，所以它的生存能力很强，利用这些特性，它能把硫酸盐、亚硫酸盐、硫代硫酸盐、单硫还原为硫化物，它在处理富含硫酸盐和金属离子的废水具有较强的能力，利用 SRB 可以同时去除废水中硫酸根和金属离子，从而达到以废治废的目的。硫酸盐还原菌（SRB）是表层湿地金属去除的主要机制。这些微生物促进硫酸盐转化为硫化物，硫化物与金属反应沉淀为金属硫化物，其中许多硫化物在厌氧处理系统中是稳定的。

该生物滤池的工艺特点在于，利用前端滤池生物氧化后，进入硫酸盐还原的厌氧环境对硫酸盐进行还原，以去除其他重金属离子。通过与生物氧化和生物矿化相耦联，氧化-还原耦合，再辅助以材料媒介的介入，则能实现高效重金属去除的目的。由于前端铁锰生物氧化过程消减了影响硫酸盐还原生物滤池系统的溶解性铁和难去除的溶解性锰，该新方法可有望解决传统中和系统效率低、寿命短、渣量大、水质难达标的弊端。

4. 主要构筑物设计

示范工程主要构筑物包括：预处理反应系统平台（主要功能是进行预反应及沉淀，预脱除废水中的悬浮物及重金属离子）、药剂投加系统（用于将石灰、生物制剂等药剂输送至反应系统）、沉砂池（地表径流雨水中泥沙沉淀）、铁锰氧化菌培养操作间（用于铁锰氧化菌的扩大培养及接种）、铁锰氧化生物滤池（固定铁锰氧化菌，对废水中铁锰离子进行生物去除）、硫酸盐还原生物滤池（固定硫酸盐还原菌，去除重金属离子）。

7.3　示范工程运行情况

7.3.1　预处理反应系统运行状况

2019 年 6 月，预处理设备开始调试运行，生物制剂用量以实验室的最佳投加量为准，其主要实验结果如表 7.5、表 7.6 所示。实验室实验采用不同生物制剂投加量 0.05 mL/L、0.10 mL/L、0.20 mL/L，同时采用石灰调节不同反应的 pH 为 7～8、8～9、9～10。图 7.5 为生物制剂深度处理絮凝沉降后效果图。

表 7.5　不同生物制剂用量处理前水中重金属含量

样品名称	pH	重金属质量浓度/（mg/L）					
		Cd	Pb	Cu	Zn	Mn	Fe
废石场淋滤水（原水）	2.56	2.31	1.22	67	329	197	1547

表 7.6　不同生物制剂用量处理前水中重金属含量

生物制剂用量/（mL/L）	反应 pH	重金属质量浓度/（mg/L）					
		Cd	Pb	Cu	Zn	Mn	Fe
0.05	7～8	0.32	0.18	2.31	3.82	8.86	5.56
	8～9	0.28	0.17	1.45	1.64	6.64	3.74
	9～10	0.15	0.15	0.98	1.04	6.32	1.65
0.10	7～8	0.30	0.18	2.28	1.85	7.01	4.87
	8～9	0.27	0.13	1.37	1.32	5.23	2.94
	9～10	0.11	0.09	0.93	0.56	2.98	1.33
0.20	7～8	0.29	0.16	1.79	1.66	6.32	3.36
	8～9	0.25	0.12	0.87	1.07	5.04	2.14
	9～10	0.08	0.07	0.46	0.60	2.35	0.78

图 7.5　生物制剂深度处理絮凝沉降后效果图

从表 7.7 可以看出，生物制剂处理对废水中的重金属有较好的脱除效果，废石场淋滤水在生物制剂加入量为 0.1 mL/L，反应 pH 为 8～9 时，水质能满足进入生物滤池深度处理的要求。

表 7.7　调试废水中重金属含量　　　　　　　（单位：mg/L）

样品名称	重金属质量浓度					
	Cd	Pb	Cu	Zn	Mn	Fe
废石场淋滤水（原水）	1.17	1.2	86	139	140	1 320

根据不同重金属的沉淀规律，调试阶段，采取不同梯度 pH 进行调试，确定经过预处理设备处理后的上清液进入生物滤池，能保证生物滤池的正常运行及最佳处理效率。

各 pH 条件下的重金属去除如表 7.8 所示。最后运行阶段采用 0.1 mL/L 生物制剂投加量，采用时调节 pH 为 8～9。

表 7.8 调节废水至不同 pH 出水中重金属含量 （单位：mg/L）

出水 pH	重金属质量浓度					
	Cd	Pb	Cu	Zn	Mn	Fe
7.0	/	/	0.035	0.052	13.31	0.076
8.2	/	/	0.019	0.035	1.501	0.002
9.4	/	/	0.003	0.004	0.013	0.002

注：/为未检出

7.3.2 生物滤池调试情况

1. 重金属指标

2019 年 3 月底对生物滤池开始正式接种，单池接种种泥为 4 L。接种后滤池采取低滤速运行，期间进水主要来源于露天采矿面的边坡径流雨水。通过适当的参数控制，使大量铁锰氧化菌进入滤池内部，进行滤层的人工培养。接种一个月后进入 45 d 调试阶段，生物滤池的进出水质进行跟踪检测，检测生物滤池中重金属和 pH 变化，来评估生物滤池对边坡径流雨水的处理效率。滤池培养期进水水质的跟踪检测结果如图 7.6 所示。由图 7.6 中曲线可见，进水水质变化幅度较大，进水锰质量浓度最低为 0.38 mg/L。进水铁质量浓度最低为 0.27 mg/L，最高为 12.54 mg/L，滤池运行初期铁离子浓度进水和出水浓度较高，进入调试期 30 d 左右铁离子浓度开始下降。进水锌质量浓度最低为 0.54 mg/L，最高为 3.23 mg/L。进水铜质量浓度最低为 0.05 mg/L，最高为 7.65 mg/L。

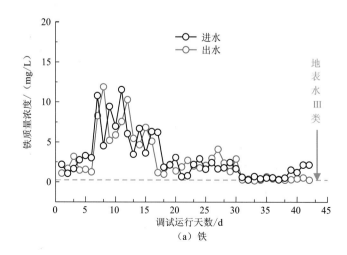

(a) 铁

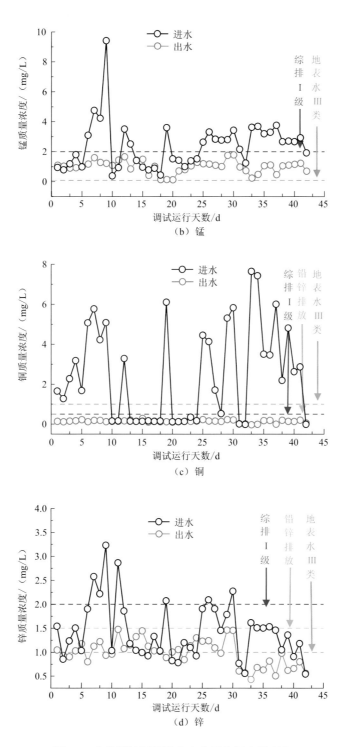

图 7.6　生物滤池逐日进出水中重金属含量变化

在调试运行 30 d 后，生物滤池中出水水质稳定，pH 能维持在 6～8（图 7.7），满足排放要求，其中重金属离子铁、锰、铜、锌浓度均能达到《污水综合排放标准》（GB 8978—1996），其中铁、锰、锌可满足《地表水环境质量标准》（GB 3838—2002）中 III 类标准。虽然进水中重金属浓度的波动大，与降雨量的大小有关，但是整体上出水的重金属浓度比较稳定，说明该生物滤池抗负荷能力较强，在最大水量 1 000 m³/d 时仍能保持优异的处理性能。

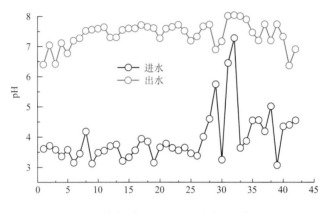

图 7.7　生物滤池逐日进出水中 pH 变化

由图 7.8 可知，在调试阶段 20 d 左右，其中的铁锰氧化滤池中铁和锰的去除率可稳定达到 90%左右，锌的去除率达 50%左右，铜的去除率为 30%左右，达到了预期目标。从铁锰氧化生物滤池中出水进入硫酸盐还原池。

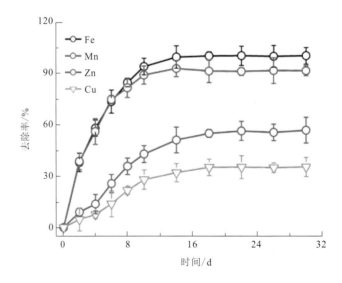

图 7.8　铁锰氧化生物滤池调试阶段重金属去除率

2. 铁锰生物滤池中沉积物形态表征

由图 7.9 可知,处理前期(2 d)沉积物中 Fe 与 Mn 的质量分数分别为 8.04%和 3.84%,而在处理后期（15 d）Fe 与 Mn 的质量分数分别上升至为 56.58%和 11.58%。由形貌表征分析可知, 处理前期沉积物表面的大多为一些小颗粒结构, 在处理后期, 小颗粒逐渐明显变成了大颗粒物质甚至可以看到明显的片层结构, 这说明处理后期有物质吸附到了沉积物的表面, 这才导致了沉积物表面的相貌由小颗粒变成了片层。进一步的元素 Mapping 分析图可以看出, 相对于处理前, 处理后沉积物表面吸附了大量的 Fe 与 Mn。这说明混合菌群所产生的细菌分泌物确实对废水中的铁锰离子具有明显的吸附作用。

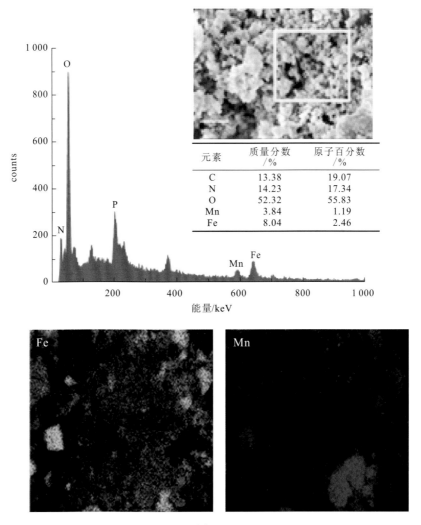

元素	质量分数/%	原子百分数/%
C	13.38	19.07
N	14.23	17.34
O	52.32	55.83
Mn	3.84	1.19
Fe	8.04	2.46

（a）2 d

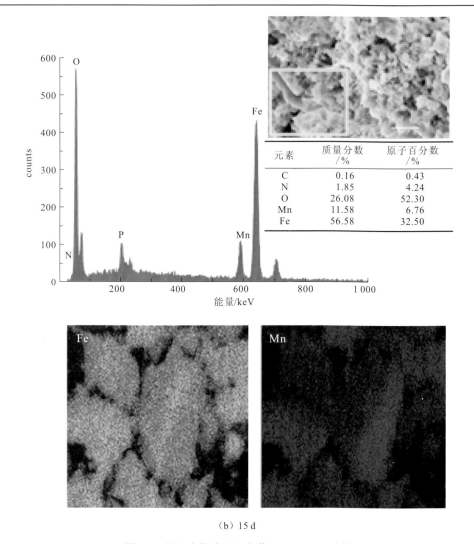

元素	质量分数/%	原子百分数/%
C	0.16	0.43
N	1.85	4.24
O	26.08	52.30
Mn	11.58	6.76
Fe	56.58	32.50

（b）15 d

图 7.9　铁锰生物滤池沉积物 SEM-EDX 分析

与此同时对铁锰氧化池中的沉积物进行了 FITR 和 XPS 分析，结果如图 7.10 和图 7.11 所示。从图 7.12 可看出，铁锰氧化生物滤池中新生成了铁和锰的氧化物。铁锰生物滤池沉积物 XRD 分析表明沉积物为无定型结构，具体结构还需进一步分析。图 7.11（a）～（c）分别为处理前后沉积物表面 Fe 2p、Mn 2p 和 O 1s 元素的窄区扫描。从图 7.11（a）可知：处理 2 d 时，Fe 2p 光谱分别在 709.9 eV、711.5 eV、715.3 eV 及 724 eV 处有结合能，其中 709.9 eV 和 715.3 eV 在沉积物表面以 Fe^{2+} 的形式存在，而 711.5 eV 和 724 eV 是以 Fe^{3+} 的形式存在。图 7.11（b）所显示的是 Mn 2p 在沉积物表面的变化，处理 15 d 后，Mn^{2+} 处的结合能消失，只在 641.2 eV（Mn^{3+}）、645 eV（Mn^{4+}）、653 eV（Mn^{4+}）处有明显峰值。与 2 d 时的沉积物表面相比，处理 15 d 后的 O 1s 出现了明显的变化，具体体现为代表 M—O（Fe—O 和 Mn—O）的相对比例明显升高，而 H—O 键的相对比例明显下降。

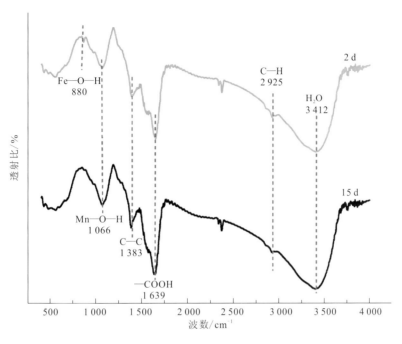

图 7.10　铁锰生物滤池沉积物 FTIR 分析

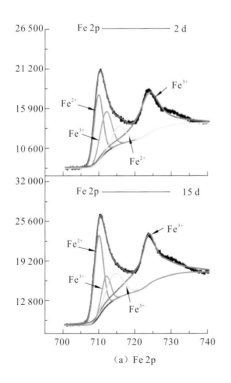

（a）Fe 2p

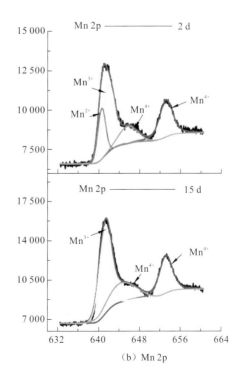

（b）Mn 2p

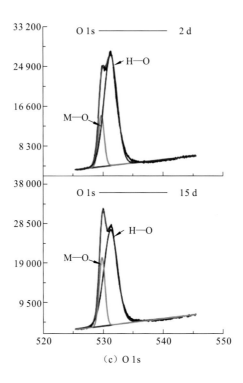

图 7.11　铁锰生物滤池沉积物 XPS 分析

横坐标为键能（eV），纵坐标为透射比（%）

对各元素存在形式的含量分析表明，随着处理时间的延长，当处理天数达到 15 d 时，Fe 在沉积物表面主要以 Fe^{3+} 的形式存在，且质量分数由 2 d 时的 67.94%增加到 75.76%，Mn 主要以 Mn^{3+} 和 Mn^{4+} 的形式存在，Mn^{2+} 随着处理天数的增加已检测不到（表 7.9）。结合 SEM-EDS 的结果可知：废水中的 Mn^{2+} 经过细菌的氧化作用主要生成了 Mn^{3+} 和 Mn^{4+} 的锰氧化物，而 Fe^{2+} 经过菌群的氧化作用生成了 Fe^{3+} 的铁氧化物，在此过程中伴随着 H—O 键的消耗、M—O 键的增加。铁锰生物滤池沉积物 XRD 分析见图 7.12。

表 7.9　2 d 后和 15 d 后底泥 XPS 结果

处理天数/d	Fe^{2+}	Fe^{3+}	Mn^{2+}	Mn^{3+}	Mn^{4+}	H—O	M—O
2	32.06	67.94	18.89	38.27	42.84	83.14	16.86
15	24.24	75.76	—	47.54	52.46	77.74	22.26

3. 微生物系统演替规律

收集处理前期、处理中期、处理后期滤池内的沉积物，并对其中的微生物群落结构进行 16S rRNA 基因的群落组成与结构分析，S1 代表接种前期，S2 代表处理中期，S3

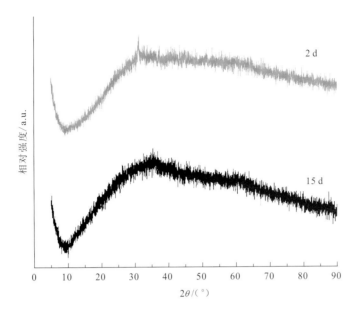

图 7.12　铁锰生物滤池沉积物 XRD 分析

代表接种后期。

　　由图 7.13 可知，滤池稳定运行后，赤泥表面被铁锰氧化菌群所分泌的生物铁锰氧化物所覆盖，说明铁锰氧化菌群已成功接入滤池。对滤池内的微生物成分进行高通量测序分析。

　　（a）接种前　　　　　　　　　　　　　　（b）接种后

图 7.13　赤泥表面负载生物铁锰氧化物

　　由图 7.14 可知，微生物群落结构在不同处理时期微生物群落结构有明显不同。主要体现在：接种前期，滤池内的微生物群落主要以矿山酸性废水中的土著微生物为主，Proteobacteria（91.0%）为丰度最高的微生物类群，其次是 Actinobacteria（8.37%）。而处理中、后期的微生物群落结构明显不同于前期，主要表现在：Proteobacteria 的相对丰度显著下降，分别下降至 S2（77.37%）和 S3（77.41%），Bacteroidetes 的相对丰度显著上升，分别提高到 S2（20.89%）和 S3（20.08%）。除此之外，Actinobacteria，unidentified_Bacteria 和 Cyanobacteria 的相对丰度也出现了明显的下调。这可能是由于接种前期滤池内微生物群落的结构主要是以 AMD 所带来的土著微生物为主，新接入的铁锰氧化菌群还处于一个适应环境的过程，相对丰度较低，滤池内的微生物生态系统并不稳定，处于一个动态变化中。而从接种中后期的微生物群落结构可以明显看出，无论是从关键物种的组成还是相对丰度，中期与后期的微生物群落结构基本保持一致，说明经过一段时间的适应，滤池内的微生物群落结构已趋于稳定，形成了以 Proteobacteria 和 Bacteroidetes 为主的微生物生态系统。

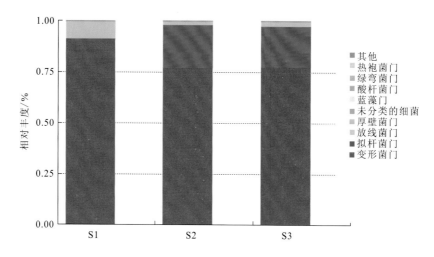

图 7.14　处理过程中微生物群落结构（门水平）

　　属水平的变化规律与门水平一致，前期的微生物群落结构明显不同于后期（图 7.15）。在处理前期（S1），丰度最高的属是潘多拉菌属（*Pandoraea*），其次是固氮螺菌属（*Azospirillum*），然而这两个属的细菌丰度到了处理中后期都出现了明显的下降，潘多拉菌属由最初的 34.8%分别下降至 3.3%（S2）和 3.4%（S3），而固氮螺菌属则由 18.4%分别下降至 1.2%（S2）和 1.6%（S3）。与处理前期相比，处理的中后期，黄杆菌属（*Flavobacterium*）、未鉴定的根瘤菌属（*unidentified_Rhizobiaceae*）、短波单胞菌（*Brevundimonas*）及寡养单胞菌属（*Stenotrophomonas*）的丰度显著增加。虽然中后期微生物群落的组成发生了明显的变化，但是由图 7.14 和图 7.15 可知：中后期滤池内的微生物群落组成中主要物种的相对丰度比较接近，说明中后期滤池内的微生物群落已趋于稳定。

　　此外，通过 LefSe 分析（图 7.16）所获得处理各个阶段的生物标记物种中，根瘤菌科（Rhizobiaceae）和柄杆菌科（Caulobacteraceae）的细菌是处理中期的标志性生物，意味着这些物种在铁锰氧化滤池中起到了关键的作用。

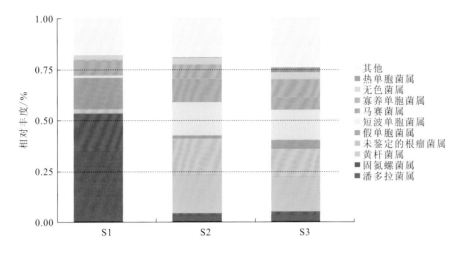

图 7.15　处理过程中微生物群落组成

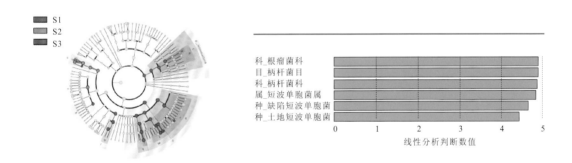

图 7.16　处理过程中核心菌群变化

7.3.3　整体工程运行效果

表 7.10 为 2019 年 6 月 3 日～6 月 26 日示范工程中预处理池进水和出水、生物滤池进水和总排水水质结果，由结果可知出水水质稳定，pH 能维持在 6～8，满足排放要求，其中重金属离子铁、锰、铜、锌浓度均能达到《污水综合排放标准》（GB 8978—1996）要求。

表 7.10　示范工程运行期间水质检测

取样日期 （年-月-日）	样品名称	pH	重金属质量浓度/（mg/L）					
			Cd	Pb	Cu	Zn	Mn	Fe
2019-06-03	预处理池进水	2.4	2.32	1.50	162	295	152	1 246
	预处理池出水	9.1	0.12	0.16	0.58	0.75	2.32	1.24

续表

取样日期 （年-月-日）	样品名称	pH	重金属质量浓度/（mg/L）					
			Cd	Pb	Cu	Zn	Mn	Fe
2019-06-03	生物滤池进水	8.2	0.08	0.18	6.11	2.05	3.60	2.13
	总排水	7.6	/	/	0.14	0.89	0.14	2.24
2019-06-05	预处理池进水	2.6	2.54	1.70	142	203	142	1 341
	预处理池出水	8.9	0.13	0.07	1.52	1.06	3.34	1.65
	生物滤池进水	8.5	0.10	0.10	0.12	0.78	1.43	0.66
	总排水	7.9	/	0.08	0.12	1.00	0.71	1.95
2019-06-07	预处理池进水	2.5	1.33	0.87	83	149	124	1 138
	预处理池出水	9.1	0.05	0.15	0.54	0.85	3.22	1.25
	生物滤池进水	8.4	0.21	/	0.13	1.13	1.05	2.06
	总排水	8.0	/	/	0.13	1.13	1.05	2.06
2019-06-10	预处理池进水	2.3	1.25	0.88	125	172	168	1 245
	预处理池出水	9.0	0.13	0.14	0.58	0.96	3.84	1.36
	生物滤池进水	7.7	0.07	0.09	4.13	2.09	3.31	2.45
	总排水	7.5	0.09	0.09	0.15	1.24	1.17	3.02
2019-06-12	预处理池进水	2.6	0.89	1.22	145	185	145	1 356
	预处理池出水	8.9	0.17	0.15	1.32	0.81	3.85	1.47
	生物滤池进水	7.5	0.18	/	4.13	0.52	2.77	1.77
	总排水	7.6	/	0.14	0.13	0.98	1.00	2.43
2019-06-14	预处理池进水	2.4	2.22	0.23	154	288	163	1 302
	预处理池出水	9.3	0.09	0.17	0.98	0.87	1.20	1.70
	生物滤池进水	8.7	0.12	0.18	5.83	2.25	3.42	1.66
	总排水	7.9	0.08	/	0.01	0.57	0.73	0.42
2019-06-17	预处理池进水	2.5	1.32	0.89	155	256	145	1 345
	预处理池出水	8.9	0.15	0.45	1.80	2.40	1.32	1.70
	生物滤池进水	8.4	0.12	0.36	7.65	1.61	3.62	0.68
	总排水	8.2	/	/	0.24	0.43	0.24	0.23
2019-06-19	预处理池进水	2.6	1.65	1.32	145	204	150	1 204
	预处理池出水	8.9	0.45	0.48	0.68	2.40	5.60	1.50
	生物滤池进水	8.6	0.42	0.42	3.5	1.50	3.19	0.52
	总排水	8.3	0.09	0.08	0.17	0.63	1.06	0.74

取样日期 （年-月-日）	样品名称	pH	重金属质量浓度/（mg/L）					
			Cd	Pb	Cu	Zn	Mn	Fe
2019-06-21	预处理池进水	3.1	1.99	1.24	109	192	149	1 282
	预处理池出水	8.6	0.45	0.08	2.50	2.26	6.17	2.10
	生物滤池进水	8.1	/	0.07	6.01	1.46	3.76	0.29
	总排水	8.0	/	0.05	/	0.50	0.46	0.41
2019-06-24	预处理池进水	2.7	1.78	1.24	152	186	167	1 284
	预处理池出水	8.9	0.75	0.41	0.15	0.56	1.23	1.80
	生物滤池进水	8.5	0.08	0.50	5.14	2.14	5.20	1.20
	总排水	8.3	/	/	0.26	0.80	1.20	0.50
2019-06-26	预处理池进水	3.1	1.31	0.88	169	245	168	1 355
	预处理池出水	9.2	0.40	0.12	1.20	2.45	1.22	1.58
	生物滤池进水	8.6	0.40	0.30	1.50	3.32	2.54	2.14
	总排水	8.4	0.05	0.08	0.31	0.75	1.24	2.41

注：/ 为未检出

7.4 工艺成本分析

7.4.1 工程费用总投资

总投资估算由工程建设费、设备购置费、安装工程费、工程建设其他费、滤料费、微生物扩培费 6 部分组成。七宝山的矿山酸性废水处理工程费用总投资如表 7.11 所示。

表 7.11 工程费用总投资估算表

序号	项目	价格/万元	备注
1	工程建设费	54.1	
2	设备购置费	40.2	
3	安装工程费	5.4	
4	工程建设其他费	5.6	含技术服务费、勘察设计费、联合试运转费
5	滤料费	12.0	
6	微生物扩培费	0.5	
	总价	117.8	

7.4.2 药剂成本分析

七宝山的矿山酸性废水处理消耗的药剂主要有生物制剂和石灰，药剂成本的高低与进水中酸浓度有很大的正相关性。根据进出水水质情况，药剂处理成本如表7.12所示。

表 7.12 药剂成本

药剂	消耗定额 /（kg/m³水）	单价/（元/t）	单项成本 /（元/m³水）	备注
生物制剂	0.1	2 000	0.2	药剂价格均为出厂价
石灰	5	500	2.3	
总计			2.5	

7.4.3 设备维护成本

设备维护成本包括预处理设备检修及维护、滤料更换，维护成本估算如表7.13所示。

表 7.13 维护成本估算

序号	项目	价格	备注
1	预处理设备检修及维护	0.8 万元/年	
2	滤料更换（两年一次）	7.5 万元/次	滤料以当时厂价为准

该示范工程建设工程费用投资 117.8 万元，主要用于预处理反应平台建设和生物滤池的构建，药剂成本约 2.5 元/m³水，主要是用于处理含重金属浓度较高的废石堆淋滤液的废水，设备维护成本主要是包括生物滤池的滤料更换，基本实现了露天采矿面地表径流雨水处理零成本运行。

7.5 示范工程总结

（1）现有系统升级改造投资少，建设周期短，见效快，运行费用低。

（2）新建深度处理系统净化高效、运行稳定，通过生物制剂-生物滤池深度处理工艺处理后，出水水质能稳定达到《污水综合排放标准》（GB 8978—1996）要求。

（3）项目的实施不仅能应对企业水量不断扩增的需求，保障企业的正常生产，同时能满足国家日益严格的环保水质要求。

（4）工业参数控制方便、操作简便，劳动强度低，无二次污染，生物制剂法处理重金属废水技术已经在相关企业得到了广泛应用，处理系统运行稳定，出水水质可实现稳定达标。

（5）本系统采用的预处理工艺和设备已经得到大规模的使用，其运行稳定性高、设备返修率低，并且关键设备采用的是国内外技术领先厂家的设备，其精确度和运行控制具有国际领先技术水平。

（6）生物滤池法首次采用氧化-还原耦合体系，经过实践，表现出良好的稳定性能，出水水质稳定，无须人工值守，运行费用低，易于维护，技术含量低，可应用于露天采矿面边坡径流雨水、遗留矿区的矿山酸性废水处理。

裸露金属矿山的地表径流中含有大量的重金属离子，其总量大、涉及面广、拦截难度高，长期以来缺乏经济高效的处理技术。研发的物化预处理—铁锰氧化菌中间处理—硫酸盐还原菌生物滤池被动式处理新工艺，应用于重金属矿山酸性废水的治理，为重金属矿山酸性废水的处理开辟了新的思路，能降低基建的一次投入成本，还可以实现低能耗、低成本、长期的、稳定的运行，尤其能克服偏远矿区及历史遗留矿区重金属酸性废水的处理难、处置成本高的短板，具有解决有色行业水污染及其流域水资源安全问题的潜力。同时，深入开展耐受多金属功能微生物的筛选、驯化和扩培技术的研究，推进该技术在多菌种开发方面的研究和工程标准化方面的改进，还能拓展其在有色冶炼、尾矿堆场、煤矿、各类矿涌水治理等方面的应用，亦能用于解决其他涉重行业（如有色选冶和煤矿开采等行业）重金属废水治理难、成本高的瓶颈，形成供全涉重行业共享的技术，为我国面源重金属污染防治工作提供新的解决办法和成套技术。开发的技术和理论体系为重金属的污染防治工作提供了新的解决思路，是实现涉重行业绿色健康发展的有力支撑。综上所述，开发的被动式处理工艺在偏远矿区和小型矿区的重金属废水处理中具有独到的优势，在经济和社会效益方面的优势显著。

参 考 文 献

柴立元, 李青竹, 李密, 等, 2013. 锌冶炼污染物减排与治理技术及理论基础研究进展. 有色金属科学与工程, 4: 1-10.

常皓, 2007. 生物制剂深度净化高浓度重金属废水的研究. 长沙: 中南大学.

杜军, 1987. 石灰中和法处理含重金属离子废水. 工业水处理(4): 23-24.

李笛, 张发根, 曾振祥, 2012. 矿山酸性废水中微量有害重金属元素的中和沉淀去除. 湘潭大学自然科学学报, 34: 79-84.

刘志刚, 2003. 石灰中和法处理含重金属离子酸性废水. 江西冶金, 23(6): 109-110.

陆智谋, 1990. 重金属离子废水的石灰中和沉淀处理. 化工给排水设计, 1: 15-24.

罗琳, 侯冬梅, 张攀, 2019a. 利用铁锰氧化菌群去除酸性废水中铁锰离子的方法: 中国, CN110093294A. 2019-08-06.

罗琳, 毛启明, 杨远, 等, 2019b. 矿山酸性废水生态处理系统及处理方法: 中国, CN109607971A. 2019-04-12.

罗胜联, 2006. 有色重金属废水处理与循环利用研究. 长沙: 中南大学.

裴斐, 王云燕, 柴立元, 等, 2010. 生物制剂配合-水解法直接深度处理含锰废水. 中南大学学报(自然科学版), 41: 2072-2078.

彭映林, 2010. 酸性矿山废水中 Zn^{2+}、Fe^{2+}、Mn^{2+} 的分离及处理新工艺研究. 长沙: 中南大学.

汪佳良, 2017. 铅锌冶炼重金属废水处理技术及设施研究. 中国设备工程, 11: 88-89.

王庆伟, 2011. 铅锌冶炼烟气洗涤含汞污酸生物制剂法处理新工艺研究. 长沙: 中南大学.

王庆伟, 柴立元, 王云燕, 等, 2009. 含汞污酸生物制剂处理的工业试验研究. 中国有色冶金, 4: 59-64.

谢红斌, 2000. 分段中和法处理重金属废水的研究. 湖南有色金属(S1): 91-92, 95.

袁林, 2007. 有色冶炼石灰中和净化废水生物制剂深度处理研究. 长沙: 中南大学.

郑洁, 孟佑婷, 方瑶瑶, 等, 2016. 一株锰氧化细菌的分离、鉴定及其锰氧化特性. 微生物学报, 56: 1699-1708.

AI C, HOU S, YAN Z, et al., 2019a. Recovery of metals from acid mine drainage by bioelectrochemical system inoculated with a novel exoelectrogen, *Pseudomonas* sp. E8. Microorganisms, 8(1): 41.

AI C, YAN Z, CHAI H, et al., 2019b. Increased chalcopyrite bioleaching capabilities of extremely thermoacidophilic Metallosphaera sedula inocula by mixotrophic propagation. Journal of Industrial Microbiology & Biotechnology, 46(8): 1113-1127.

CHAI L, DING C, LI J, et al., 2019. Multi-omics response of Pannonibacter phragmitetus BB to hexavalent chromium. Environmental Pollution, 249: 63-73.

CHAI L, DING C, TANG C, et al., 2018. Discerning three novel chromate reduce and transport genes of highly efficient Pannonibacter phragmitetus BB: From genome to gene and protein. Ecotoxicology and Environmental Safety, 162: 139-146.

CHAI L, TANG J, LIAO Y, et al., 2016. Biosynthesis of schwertmannite by *Acidithiobacillus ferrooxidans* and its application in arsenic immobilization in the contaminated soil. Journal of Soils and Sediments, 16(10): 2430-2438.

CHEN H, LEI J, TONG H, et al., 2019. Effects of Mn(II) on the oxidation of Fe in soils and the uptake of cadmium by rice (Oryza sativa). Water, Air, & Soil Pollution, 230(8): 190.

CHEN H, QU X, LIU N, et al., 2018. Study of the adsorption process of heavy metals cations on Kraft lignin. Chemical Engineering Research and Design, 139: 248-258.

DING F, NISBET M L, YU H, et al., 2018. Syntheses, structures, and properties of non-centrosymmetric quaternary tellurates $BiMTeO_6$ (M=Al, Ga). American Chemical Society, 57(13): 7950-7956.

HE J Z, MENG Y T, ZHENG Y M, et al., 2010. Cr(III) oxidation coupled with Mn(II) bacterial oxidation in the environment. Journal of Soils and Sediments, 10(4): 767-773.

HOU D, ZHANG P, ZHANG J, et al., 2019. Spatial variation of sediment bacterial community in an acid mine drainage contaminated area and surrounding river basin. Journal of Environmental Management, 251: 109542.

HOU D, ZHANG P, WEI D, et al., 2020. Simultaneous removal of iron and manganese from acid mine drainage by acclimated bacteria. Journal of Hazardous Materials, 396: 122631.

KWON K D, REFSON K, SPOSITO G, 2009. On the role of Mn(IV) vacancies in the photoreductive dissolution of hexagonal birnessite. Geochimica Et Cosmochimica Acta, 73(14): 4142-4150.

LI C, WANG S, DU X, et al., 2016. Immobilization of iron- and manganese-oxidizing bacteria with a biofilm-forming bacterium for the effective removal of iron and manganese from groundwater. Bioresource Technology, 220: 76-84.

LI H, CHAI L, YANG Z, et al., 2019. Seasonal and spatial contamination statuses and ecological risk of sediment cores highly contaminated by heavy metals and metalloids in the Xiangjiang River. Environmental Geochemistry and Health, 41(3): 1617-1633.

LIU M, ZHANG K, SI M, et al., 2019. Three-dimensional carbon nanosheets derived from micro-morphologically regulated biomass for ultrahigh-performance supercapacitors. Carbon, 153: 707-716.

LUO S, GAO L, WEI Z, et al., 2018. Kinetic and mechanistic aspects of hydroxyl radical−mediated degradation of naproxen and reaction intermediates. Water Research, 137: 233-241.

SHI Y, YAN X, LI Q, et al., 2017. Directed bioconversion of Kraft lignin to polyhydroxyalkanoate by Cupriavidus basilensis B-8 without any pretreatment. Process biochemistry, 52: 238-242.

SI M, LIU D, LIU M, et al., 2018. Complementary effect of combined bacterial-chemical pretreatment to promote enzymatic digestibility of lignocellulose biomass. Bioresource Technology, 272: 275-280.

TANG J, CHAI L, LI H, et al., 2018. A 10-year statistical analysis of heavy metals in river and sediment in Hengyang Segment, Xiangjiang River Basin, China. Sustainability, 10(4): 1057.

WANG H, HE Y, CHAI L, et al., 2019. Highly-dispersed $Fe_2O_3@C$ electrode materials for Pb^{2+} removal by capacitive deionization. Carbon, 153: 12-20.

WANG X, LIU Y, SUN Z, et al., 2017. Heap bioleaching of uranium from low-grade granite-type ore by mixed acidophilic microbes. Journal of Radioanalytical and Nuclear Chemistry, 314(1): 251-258.

WEBB S M, FULLER C C, TEBO B M, et al., 2006. Determination of uranyl incorporation into biogenic manganese oxides using X-ray absorption spectroscopy and scattering. Environmental Science & Technology, 40(3): 771-777.

YAN X, CHAI L, LI Q, et al., 2017a. Abiological granular sludge formation benefit for heavy metal wastewater treatment using sulfide precipitation. Clean-Soil, Air, Water, 45(4): 1500730.

YAN X, WANG Z, ZHANG K, et al., 2017b. Bacteria-enhanced dilute acid pretreatment of lignocellulosic biomass. Bioresource Technology, 245: 419-425.

YANG Z, LIU Y, LIAO Y, et al., 2017. Isolation and identification of two novel alkaligenous arsenic(III)-oxidizing bacteria from a Realgar Mine, China. CLEAN-Soil, Air, Water, 45(1): 1500918.

YANG Z, SHI W, YANG W, et al., 2018. Combination of bioleaching by gross bacterial biosurfactants and flocculation: a potential remediation for the heavy metal contaminated soils. Chemosphere, 206: 83-91.

YANG Z, ZHANG Z, CHAI L, et al., 2016. Bioleaching remediation of heavy metal-contaminated soils using *Burkholderia* sp. Z-90. Journal of Hazardous Materials, 301: 145-152.

ZHANG L, CHAI L, WANG M, et al., 2019. Controllable synthesis of carbon nanosheets derived from oxidative polymerisation of m-phenylenediamine. Journal of Colloid and Interface Science, 533: 437-444.

索　引